빅퀘스천

화성

MARS

MARS MAKING CONTACT

Text © Rod Pyle 2016

Design © Carlton Books Limited 2016

All rights reserved

This translated edition arranged with Carlton Books Ltd through Shinwon Agency Co.

Korean Edition © 2017 by Gbrain

빅퀘스천

화 성

ⓒ 로드 파일, 2021

초판 1쇄 인쇄일 2021년 3월 22일

초판 1쇄 발행일 2021년 4월 1일

지은이 로드 파일 **옮긴이** 곽영직

펴낸이 김지영 **펴낸곳** 지브레인^{Gbrain}

편집 김현주, 백상열

제작 · 관리 김동영 **마케팅** 조명구

출판등록 2001년 7월 3일 제2005-000022호

주소 04021 서울시 마포구 월드컵로7길 88 2층

전화 (02)2648-7224 **팩스** (02)2654-7696

ISBN 978-89-5979-586-4(04440)

978-89-5979-593-2 SET

• 책값은 뒤표지에 있습니다.

• 잘못된 책은 교환해 드립니다.

위 가운데 아래쪽에 보이는 분열된 지형인 게일 크레이터에 아침이 찾아오고 있다. 크레이터 한가운데에 퇴적작용으로 형성된 샤프 산이 보인다. 이 사진은 마스 글로벌 서베이어 탐사선이 찍은 사진을 디지털 기술을 이용해 처리한 것이다.

빅퀘스천

화 성

사진으로 이해하는 화성의 모든 것

MARS

로드 파일 지음 곽영직 옮김

지브레인

CONTENTS

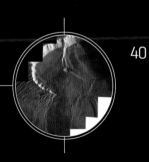
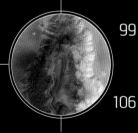

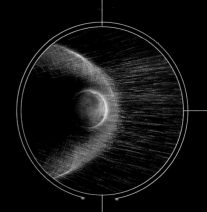

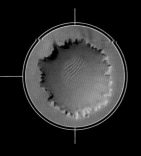

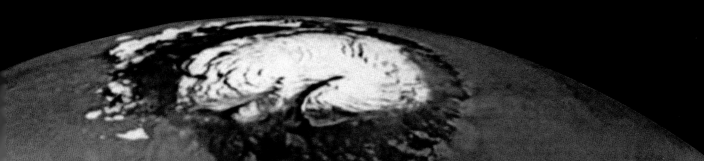

머리말

하늘을 처음 올려다보기 시작했을 때부터 인류는 화성이 특별한 천체라는 것을 알고 있었다. 화성은 인류 역사와 과학적 사고에서 특별한 역할을 했고, 다른 행성에서의 삶을 꿈꾸는 사람들에게 특별한 의미를 부여해왔다. 미국과 구소련은 달에 인간을 보낼 계획을 세우던 우주개발 프로그램 초기부터 화성에도 탐사선을 보냈다.

그러나 화성은 정말 어렵다. 여러 해 동안 많은 화성 탐사 프로젝트가 실행되었고, 그중 여러 프로젝트가 실패로 끝났다. 지구 중력을 벗어나 화성에 도달하기까지는 수많은 시행착오를 해야 했고 여러 단계의 발전과정을 거쳤다. 화성 근접 비행, 화성 궤도 진입, 화성 표면 착륙의 단계를 거친 후에 마침내 성공적인 화성 탐사로봇 로버를 화성에 보낼 수 있었다.

로드 파일은 로봇 탐사에 이르는 과정을 자세히 밝혀냄으로써 화성 탐사 이야기를 성공적으로 구성했다. 화성에 보낸 탐사 로봇들은 화성의 현재와 과거를 이해할 수 있는 자료를 수집했다. 2012년 8월에 큐리오시티 로버는 과거 강바닥이었던 곳에 착륙하여 주변의 암석 나이를 밝혀냈으며, 화성에 미생물이 살았을지도 모른다는 증거를 찾아냈다. 그리고 최초로 화성 표면의 방사선을 측정했고, 자연적인 침식작용으로 표면에 노출된 생명체 구성 물질을 찾아내기도 했다.

최근에 화성에서 수집한 자료에 의하면, 오래전의 화성은 강과 호수, 개울, 두꺼운 대기, 구름과 비 그리고 상당한 크기의 바다를 가지고 있어 지구와 매우 비슷했다. 현재의 화성은 메마른 행성이지만 과학자들은 화성의 지하와 극지방의 이산화탄소 얼음 속에 많은 양의 물이 숨겨져 있을 것으로 믿고 있다. 물은 화성에서 인간이 오랫동안 머무르며 활동하는 데 꼭 필요한 물질이다.

전 세계는 큐리오시티가 화성 대기 상층부로 진입한 후 화성 표면에 안전하게 착륙할 때까지의 '공포의 7분'을 지켜보았다. 이 짧은 순간은 이전의 모든 탐사 프로젝트가 겪었던 실패와 성공이 만들어낸 절정의 순간이었다.

로드 파일은 화성 탐사 프로젝트 구상에서 기획까지, 설계에서 수행 과정에 이르기까지 그리고 화성 탐사와 관련된 과학적 문제들을 자세히 다루고 있다.

나는 로드 파일의 저서를 여러 권 읽으면서 화성 탐사에 대한 폭넓은 이해와, 이야기를 쉽게 풀어나가는 능력에 감명받았다.

로드 파일의 책들은 화성 탐사에 대한 날카로운 통찰력과 지적인 분석 능력을 보여준다. 또한 독자들에게 우주 탐사 여행의 가능성을 느낄 수 있도록 해준다. 뿐만 아니라 모든 로봇 탐사 프로젝트를 아름다운 문체로 설명하여 독자들이 이 장엄한 모험에 동참하도록 한다. 확고한 전망을 가지고 용감하게 화성을 향해 여행하는 것은 인류 역사상 놀라운 경험이다.

짐 그린 Jim Green (NASA 행성과학부 책임자)

화성 무인 탐사

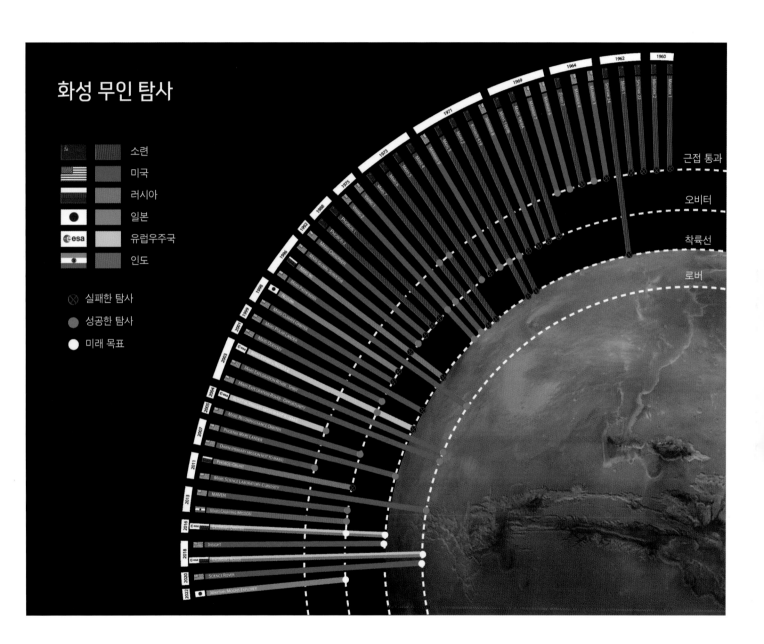

깜박이는 붉은 행성

화성은 항상 인류에게 특별한 의미를 가지는 천체였다. 여느 행성들과 달리 검붉게 보이는 모습과 특이한 운동(별들 사이의 경로가 규칙적으로 변하는 행성이다)으로 인해 화성은 오랫동안 경외와 공포의 대상이었다. 수천 년 동안 지구 상에 있었던 대부분의 문명에서 불, 피 그리고 폭력과 관련된 초자연적 존재로 인식되었던 화성은 전쟁의 신에서 이제 하나의 행성으로 진화했다.

별 사이를 이동하는 행성들을 망원경으로 관측하면 깜박이며 빛나는 하나의 점이 아니라 크기를 가지고 있는 원반 모양으로 보인다. 따라서 행성들은 운동에서뿐만 아니라 모양이나 크기에서도 다른 별들과 다른 종류의 천체라는 것을 알 수 있다. 행성은 하늘에 매달려 있는 구형의 천체라는 사실이 밝혀진 것이다.

오랫동안 화성과 금성은 태양에서 거의 같은 거리에 있고 기원이 같은 지구의 쌍둥이 행성이라고 생각해왔다. 따라서 지구와 마찬가지로 화성과 금성도 기후가 따뜻하고 습지가 많을 것이라고 믿었다. 그래서 붉은 토양에 추위에 잘 견디는 식물이 자라고, 이상하게 생긴 동물들이 살며, 우리와 크게 다르지 않지만 우리보다 더 발전한 화성인들이 살아가는 또 다른 지구일 것이라고 생각했던 화성의 실제 모습은 사실 크게 달랐다.

초기 우주 시대에 이루어낸 발견들 덕분에 화성에 대한 과학적인 인식은 생명체가 살아갈 수 있는 쌍둥이 행성에서 얼어붙은 사막과 같은 삭막한 행성으로 바뀌었다. 화성은 지질학과 물리학의 기본 법칙들이 적용된다는 면에서 지구와 비슷하지만 메마르고, 춥고, 바람이 부는 바위와 모래로 이루어진 행성이라는 점에서 지구와 다르다. 화성의 대기는 매우 엷어 표면에 노출되는 물은 순간적으로 증발해버린다. 격렬한 바람은 자주 화성 전체를 먼지와 모래로 덮어버린다. 큰 온도 변화는 붉은 사막에 노출된 암석으로 이루어진 경치를 바꾸어놓는다. 이것이 우리가 발전된 기술을 이용하여 좀 더 자세히 탐사하려는 화성의 실제 모습이다.

그러나 인류에게 화성은 메마른 암석과 모래로 이루어진 행성 이상의 의미를 가지고 있다. 태양계에서 화성은 우리가 잘 이해할 수 있고, 방문할 수 있고, 언젠가는 식민지를 개척할 수 있는 유일한 행성이다. 태양계 형성 초기의 격렬했던 충돌기를 잘 견뎌낸 화성은 지구를 둘러싼 우주 공간에서 유일한 인류의 피난처로 우리에게 다가오고 있다. 화성은 인류의 또 다른 고향이나 목적지가 될 수 있는 세상이다.

맞은편　1976년 바이킹 1호 화성 탐사선이 찍은 화성. 이 사진은 여러 사진을 합성한 후 표면의 검은색 물체가 더 뚜렷하게 보이도록 처리한 것이다. 바이킹은 최초로 화성 표면의 모습을 자세히 담은 컬러 사진을 지구로 전송했다.

고대 하늘

무더운 여름날 저녁, 21세기의 밤하늘을 물들이는 빛에서 멀리 벗어나 잠시 밤하늘을 올려다보자. 아직 많은 별들이 보이지 않는다면 밤하늘의 장관이 눈에 들어올 때까지 잠시 기다려보자. 하늘을 올려다보고 있으면 눈에 들어오는 별들의 수가 늘어나는 것을 볼 수 있을 것이다. 맑은 날에는 맨눈으로 3000개 정도의 별들을 볼 수 있다. 찬찬히 하늘을 살펴보고 있으면 이 중 몇몇은 주위의 다른 별들보다 훨씬 더 뚜렷하게 보이고, 따뜻한 색깔이며, 덜 반짝거린다는 것을 발견할 수 있다. 바로 우리 태양계의 행성으로, 금성, 목성, 토성 그리고 화성은 맨눈으로도 쉽게 찾아낼 수 있다.

행성은 별들과는 다르게 움직이기 때문에 움직이는 별이라는 뜻으로 '행성'이라고 부른다. 고대인들은 이 밝은 천체들이 다른 별들과 다른 움직임을 보이는 까닭을 이해하는 데 많은 어려움을 겪었다. 그들이 내린 결론은 대부분 잘못된 것이었지만 그들은 이 현상을 설명하기 위한 놀라운 시나리오를 만들어냈다. 그런데 수수께끼 같은 행성들의 운동 중에서도 화성의 운동은 가장 설명하기 어려웠다.

밤하늘의 모습에 흥미를 느꼈다면 과학 지식의 족쇄로부터 마음을 해방시켜보자. 그리고 고대 이집트나 그리스 또는 중국 한나라 시대의 궁정 천문학자들이 되어 밤하늘을 바라보자. 그 시대에는 집에서 새어 나오는 등잔불이나 마을 중심을 밝히는 횃불밖에는 없었을 것이다. 그들이 만든 작은 문명의 울타리 너머에는 어둠이 물들어 있었을 것이고, 하늘의 별들만 마음의 동반자가 되어주었을 것이다. 이렇게 하늘을 보면 반짝이는 수많은 별들 가운데 더 밝게 빛나는 행성들이 우리를 반기는 것을 발견할 수 있을 것이다.

그러나 여기에도 예외가 있다. 해석에 따라서는 화성이 행성들에 대한 환상을 깰 수 있을지도 모른다. 대기의 상태에 따라 달라지는 색깔 때문에 화성은 거의 핏빛으로 보일 수도 있고, 붉은 정도가 심할 때는 불에 타오르는 것처럼 보일 수도 있다. 고대사회에서 피는 중요한 의미를 가지고 있었다. 고대인들은 일상생활에서 오늘날보다 훨씬 더 많은 피를 보았을 것이다. 따라서 하늘에 보이는 핏빛으로 물든 붉은 천체는 많은 사람들을 공포에 떨게 했을 것이다.

몇 달 동안 꾸준히 화성을 관측하면 화성은 2년마다 이상한 행동을 한다는 것을 알 수 있다. 별들을 향해 매일 조금씩 위치를 이동해 가던 화성이 움직임을 멈추었다가 한동안 오던 길로 돌아가기 시작한다. 그러나 얼마 후에는 다시 원래 방향으로 움직인다.

이것은 고대인들에게 풀 수 없는 수수께끼였다. 오늘날 우리는 이 현상이 화성보다 안쪽에 있는 지구의 궤도 때문이라는 것을 알고 있다. 2년마다 지구는 더 큰 궤도를 천천히 운동하는 화성을 따라잡아 지나친다. 그러나 고대 관측자들에게 행성이 운동을 바꾸는 이런 현상은 호기심을 자극하는 한편 불안감을 가지게 하는 현상이었다. 따라서 화성은 여느 행성들과는 다르게 취급했다.

여러 문명에서 화성의 이상한 색깔과 행동을 설명하는 이야기들을 만들어냈다. 화성에 대한 전설의 대부분은 대량 학살과 관련되어 있다. 그중 몇 가지를 소개한다.

인도 - 망갈

화성과 관련된 고대 인도 동부 지방의 신화에서는 화성을 망갈, 망가라, 앙가라카 또는 브하우마 신이라고 했다. 인도인들은 이 신을 "타고 있는 석탄처럼 난폭한 존재, 또는 공정한 존재"로 여겼다.

잘 조직화되고 효율적이었던 이 신은 노골적으로 전쟁을 좋아하지는 않았지만 논쟁과 전투를 좋아했다.

메소포타미아 - 네르갈

고대 메소포타미아인들은 화성을 전쟁과 질병을 관장하는 네르갈 신이라고 생각했다. 사나운 사자나 커다란 새 또는 사자와 새의 결합체로 표현되었던 네르갈은 시간이 흐르면서 지하의 망자들을 감독하는 신으로 발전했다.

이집트 - 붉은 호루스

고대 이집트에서는 화성을 오시리스의 환생이라고 여기던 호루스 신과 연관시켰다(이 전설은 조금씩 다른 여러 가지 버전이 있다). 호루스는 붉은 호루스 또는 하르 데슈르^{Har} ^{Deshur}라고도 알려져 있었다. 초기 이집트 신전에서 호루스는 여러 번 환생하면서 추수, 하늘, 전쟁, 사냥을 상징하는 신이었다. 호루스의 머리는 상형문자에 자주 나타나는 새의 머리였다. 또 다른 전설에서는 화성이 전쟁의 신으로 일생을 시작한 악한 신으로 그려지거나, 보통 사람들을 지켜주는 '좋은 수호자'로 여겨지기도 했다.

그리스 - 아레스

고대 그리스인들은 화성의 신을 아레스라고 불렀다. 아레스는 전쟁의 참혹상을 상징했으므로 경멸이나 혐오의 대상이 되기도 했다. 그리스 신들의 왕 제우스는 아레스를 가장 혐오스러운 신으로 간주했으며 명령에

반발하는 존재로 보았다. 변덕스럽고 충동적이며 부정직한 신으로 인식되었던 아레스는 그리스 문화에서 필요하기는 하지만 혐오스러운 지리를 차지하고 있었다. 그래서 아레스를 '오만하며, 전투에서 만족할 줄 모르고, 파괴적이고, 살인적인' 존재로 묘사하기도 했다. 이와는 대조적으로 그의 자매인 아테나는 강력한 리더십과 뛰어난 전략가적 능력을 가진 군사 전문가를 대표하고 있었다.

로마 - 마르스

전체적으로 그리스 신화 체계를 받아들였던 고대 로마인들이지만 아레스는 마르스가 되었고, 필요악을 나타내는 존재에서 존경받는 존재로 격상되었다. 그리스인들이 혐오했던 특성들, 즉 호전적이고 거친 성격이 피비린내 나는 정복 전쟁을 계속해온 로마인들에게는 쉽게 공감할 수 있는 존재였던 모양이다.

서유럽 - 중세

16세기 말에 붉은 행성 관측자들은 화성에 부여된 많은 특성들의 목록을 만들었다.

"화성은 대재앙과 전쟁을 지배하고, 금요일의 어둠을 관장한다. 화성을 이루는 원소는 불이며, 화성의 금속은 철이다. 화성의 보석은 벽옥과 적철광이고, 붉은색을 지배한다. 화성은 따뜻하고 건조하며, 간과 혈관, 신장, 담낭 그리고 왼쪽 귀를 지배한다. 화를 잘 내는 특성을 가지고 있는 42세에서 57세 사이의 남성은 특히 화성의

지배를 받는다."

그 후 갈릴레이 시대가 되어 사람들이 망원경을 하늘로 돌리면서 화성은 점차 '인격적인 존재'에서 '물체'로 바뀌기 시작했다.

이성의 시대가 되자 화성에 대한 흥미가 줄어들었고, 화성과 인간의 관계를 나타내는 이야기도 줄어들었다. 조반니 스키아파렐리, 카미유 플라마리옹, 퍼시벌 로웰 같은 천문학자들이 망원경 관측으로 얻은 화성의 영상 자료를 바탕으로 화성에 지능을 가진 생명체가 존재해서 거대한 운하를 만드는 프로젝트를 진행하고 있다는

주장을 하기 시작한 19세기 말까지는 그랬다.

화성을 지능을 가진 생명체의 제국으로 만든 이런 주장들은 관측에 바탕을 둔 것들이었지만 화성에 여러 가지 의미를 부여했던 고대인들의 생각만큼이나 잘못된 것이었다.

위 안드레아스 셀라리우스(Andreas Cellarius)가 1661년경에 제작한 이 판화는 초기 망원경을 이용하여 우주를 관측하고 있는 천문학자를 묘사했다. 도구와 부품들이 바닥에 널려 있는 것으로 미루어 또 다른 망원경을 조립하고 있는 것으로 보인다.

붉은 행성 제국

———◆———

르네상스 운동이 진행되던 16세기에는 행성들이 초자연적인 신에서 태양계를 이루고 있는 하나의 장소로 바뀌었다. 이런 변화는 행성들에 대해 전혀 다른 생각을 가지게 했다. 1543년에 폴란드의 천문학자 니콜라우스 코페르니쿠스는 《천체 회전에 관하여》를 출판했다. 이 책에서 코페르니쿠스는 태양을 태양계의 중심에 옮겨놓았고, 행성들은 태양 주위를 돌도록 했다.

16세기 말에 독일의 천문학자 요하네스 케플러 Johannes Kepler는 행성 궤도의 성격을 밝혀냈다. 그는 관측결과를 바탕으로 화성 궤도를 결정하여 때때로 하늘을 거꾸로 가는 화성의 이상한 행동을 성공적으로 설명했다.

이탈리아의 천문학자 갈릴레오 갈릴레이 Galileo Galilei는 1609년에 스스로 제작한 망원경을 이용하여 천체를 관측하고 작은 점으로 보이는 별들과 달리 행성들은 원반 모양으로 보인다는 것을 알아냈다. 그가 사용한 망원경은 작은 것으로 배율은 3배에서 최대 30배까지였다. 이 망원경으로는 화성의 자세한 모습을 관측할 수 없었지만 금성의 위상 변화와 목성의 4대 위성 그리고 토성의 테를 관측하는 것은 가능했다.

화성이 지구에 근접했던 1659년에 네덜란드의 천문학자 크리스티안 하위헌스 Christiaan Huygens는 자신이 만든 망원경을 이용하여 화성 표면의 그림을 그렸다. 화성은 2년에 한 번씩 지구에 근접하는데 이때는 지구에서 화성까지의 거리가 최대 약 4억 1000만 km에서 약 5300만 km로 짧아진다. 하위헌스가 그린 간단한 화성 지도에는 후에 시르티스 메이저 Syrtis Major라고 이름 붙

인 커다란 검은 점이 포함되어 있었다. 그는 이 검은 지역이 매일 저녁 보인다는 것을 토대로 화성의 하루는 약 24시간일 것이라고 추정했으며 몇 년 후에는 남극의 극관을 발견하기도 했다. 화성은 망원경의 위력 앞에 자신의 비밀을 서서히 털어놓기 시작했다.

망원경의 발달과 진전된 지도 제작 기술

1777년에서 1783년 사이에 독일 출신의 영국 천문학자 윌리엄 허셜 William Herschel은 자체 제작한 큰 구경의 망원경을 이용하여 화성을 자세히 관측했다. 허셜이 만든 수백 개의 망원경 중에는 구경이 127cm나 되는 것도 있었다. 이 망원경은 그 당시로는 다른 망원경의 크기를 훨씬 능가하는 가장 큰 망원경이었다. 허셜은 이런 뛰어난 광학 기술을 이용해 화성 자전축의 기울기를 결정했고, 이를 통해 화성도 지구와 비슷한 계절을 가지고 있을 것으로 추정했다. 또한 성능 좋은 망원경으로 화성 뒤를 지나가는 별빛의 산란도 확인해 화성을 둘러싸고 있는 대기의 존재를 알아내기도 했다. 이런 발견들과 화성의 하루가 24시간 40분이라는 사실은 화성이

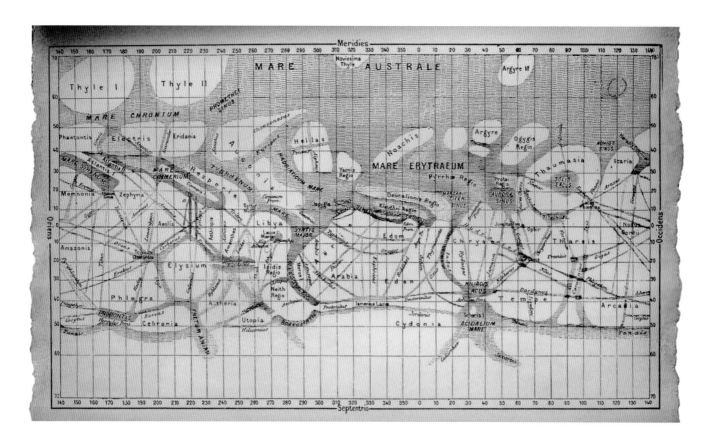

지구의 자매 행성이라는 생각을 가지도록 했다. 이런 생각은 19세기에 더욱 구체화되었다.

망원경 제작 기술의 발달로 화성의 자세한 지도를 그리는 일이 가능해지면서 화성 관찰자들은 망원경의 대안렌즈를 통해 본 화성의 지형지물을 종이에 그려 화성 지도를 제작했다. 관측자들은 매일 밤 망원경을 이용해 화성을 관측하면서 화성의 대략적인 모습을 그렸고, 오랫동안 그린 이 그림들을 종합하여 자세한 화성 지도를 만들 수 있었다.

영국의 천문학자 리처드 프록터^{Richard Proctor}나 미국의 천문학자 아사프 홀^{Asaph Hall}이 화성의 주요 지형지물을 명확하게 나타낸 화성 지도를 만들었다. 사람들은 화성 지도에 나타난 밝은 붉은색 지역은 육지이고 어둡게 보이는 지역은 바다라고 생각했다. 그러나 화성이 지구에 근접하는 2년 주기로 육지와 바다의 분포가 달라지는 까닭을 설명하지는 못했다. 일부 과학자들은 어두워 보이는 부분은 숲이나 육상식물로 덮여 있는 지역일 것이라고 주장했다.

이탈리아의 천문학자 조반니 스키아파렐리^{Giovanni Schiaparelli}는 1877년 화성이 지구에서 볼 때 태양의 반대편 위치에 오는 기간을 이용해 화성을 정밀하게 관측하는 프로그램을 진행했다. 관측자가 살던 나라의 전통이나 언어로 화성의 지형지물 이름을 붙였던 지금까지의 화성지도처럼 스키아파렐리 역시 이탈리아의 전통을 바탕으로 화성 지형지물의 이름을 정했다. 하지만 주요 지형지물은 라틴어를 이용해 붙였다. 이 이름들은 지금도 일반적으로 쓰이고 있다.

뛰어난 지도 제작 기술로 만든 스키아파렐리의 화성

위 1877년과 1886년에 그린 그림을 바탕으로 조반니 스키아파렐리가 만든 화성 지도. 화성 표면의 지형지물은 스키아파렐리에 의해 강조되었고, 실제론 존재하지 않는 수로와 같은 것들이 자세히 묘사되었다. 스키아파렐리는 화성의 지형지물 이름을 쓸 때 라틴어를 이용했다.

지도에는 화성의 자세한 구조들이 나타나 있었다. 그러나 불행하게도 오랫동안의 관측 결과를 합성해 만든 이런 종류의 그림에는 주관적 상상도 포함되어 있었다. 이 지도에는 일부 어두운 부분을 연결하는 선들이 그려져 있었다. 스키아파렐리는 이를 수로를 나타내는 이탈리아어인 카날리^{canali}라고 불렀다. 그러나 이 단어는 영어로 번역될 때 운하를 의미하는 커낼^{canals}이 되었다. 이러한 번역상의 실수가 단순한 착오였는지 아니면 사람들의 관심을 끌기 위해 일부러 저지른 실수였는지는 확실하지 않지만 그 영향은 매우 컸다. 수로는 자연적인 원인으로 만들어질 수 있지만, 운하는 지적인 생명체에 의해 만들어진 인공 구조물이기 때문이다.

화성에 지적인 생명체가 살고 있다는 생각에 반대하는 사람들도 있었지만 어느 누구도 정확한 것은 알 수 없었다. 가장 좋은 지도 역시 망원경을 통해 관찰한 것을 관찰자가 나름대로 해석하여 그림으로 나타낸 것이었다. 행성이나 별에서 오는 빛을 분석하여 행성이나 별을 구성하는 원소를 결정할 수 있는 초기의 분광학적 관측은 정확하지 않았다. 그러나 초기의 분석 결과는 화성 대기에 수증기가 포함되어 있다는 것을 보여주었다. 화성의 대기는 지구 대기보다 훨씬 엷다는 것을 알 수 있었지만 생명체가 살아가기에는 충분한 정도라고 생각되었다.

새로운 화성의 신화

프랑스의 천문학자이자 심령술사이며 초기 공상과학소설 작가이기도 했던 카미유 플라마리옹^{Camille Flammarion}은 화성 생명체를 좀 더 환상적으로 묘사했다. 그런데 그의 시력만큼이나 그의 지적 능력도 그다지 날카로웠던 것 같지는 않다. 1870년대 초에 그는 자신이 화성에서 관찰한 것과 다른 천문학자가 관찰한 것에 대

한 자세한 논평을 썼다. 그는 화성 표면을 지구의 대륙들과 비교하고 다음과 같은 기록을 남겼다.

화성의 표면은 다르다. 화성 표면에는 바다보다 육지가 많고, 섬보다는 대륙이 발달되어 있으며 바다는 대양이 아니라 대륙 사이에서 말 그대로 지중해를 이루고 있다. 화성에는 대서양이나 태평양이 없다. 따라서 화성 일주 여행은 육지 여행이 될 것이다. 지중해인 화성의 바다에는 지구의 홍해에서와 같이 내륙으로 뻗어 있는 여러 가지 모양의 만^灣이 있다.

플라마리옹은 화성에 대해 장황하게 설명하면서 관측으로 입증할 수 없는 결론을 이끌어냈다. 그의 추론은 관측결과에 그의 상상을 더한 것이었다. 하지만 그는 자신이 만들어낸 설명을 사실로 받아들이기 시작하고 그것을 정당화하려고 노력했다.

우리는 화성에 대하여, 화성의 극지방에 쌓여 있는 눈에 대하여, 화성의 바다에 대하여, 화성의 대기에 대하여, 그리고 화성의 구름에 대하여 그것을 본 것처럼 이야기한다. 우리는 이 모든 것의 유사성을 정당화할 수 있는가? 실제로 우리가 본 것은 화성의 작은 원반 위에 보이는 붉은색, 녹색 또는 흰색의 얼룩들뿐이다. 그렇다면 붉은색은 육지이고, 녹색은 물이며, 흰색은 눈일까? 그렇다. 현재 우리는 그렇다고 말할 수 있다. 2세기 동안 천문학자들은 달 표면에 보이는 점들을 바다라고 잘못 이해했다. 하지만 실제론 아무것도 없는 사막이었으며 바람이 조금도 불어오지 않는 황막한 장소였다. 그러나 화성의 점들은 달의 경우와는 다르다.

서양에서 플라마리옹의 생각에 동조하는 사람들이 늘

어났다. 그 당시 유럽과 미국에선 심령술 운동이 활발해져 기성 종교 대신 인기를 얻고 있었다. 그들의 가르침 중에는 지구 밖에 존재하는 지적 생명체도 포함되어 있었다. 화성이나 금성과 같은 이웃 행성에 우리의 먼 친척이 살고 있을지도 모른다는 생각은 무시하고 넘어가기에는 너무 매력적이었다.

다른 많은 천문학자들도 편견을 가지고 화성을 관찰했다. 19세기 말에 대형 렌즈와 거울을 이용하여 많은 빛을 모을 수 있는 개선된 망원경이 제작되었지만 지구 대기의 방해를 피할 수는 없었다. 태풍과 같은 대기의 소용돌이나 하늘을 덮는 구름과 같이 지구를 둘러싸고 있는 대기 중에 일어나는 변화들은 망원경을 이용하여 우주를 관찰하는 데 커다란 장애가 되었다. 지구 대기 상태에 따라 망원경으로 보는 영상의 질은 불과 몇 분 동안에도 최고 수준에서 최저 수준으로 떨어진다. 훌륭한 장비를 갖춘 높은 산 위의 천문 관측소에서 관측 여건이 가장 좋은 밤에 관찰해도 멀리 떨어져 있는 화성은 표면에 어두운 그림자가 몇 개 드리운 붉은 점으로 보일 뿐이다. 이 점들을 강, 바다 그리고 대륙이라고 해석한 것은 온갖 상상력이 작용한 결과였다.

붉은 행성에 대한 퍼시벌 로웰의 꿈

화성을 둘러싸고 있는 신비한 오로라가 젊은 미국인 퍼시벌 로웰Percival Rowell의 마음속을 파고들었다. 로웰은 화성에 살고 있는 지적 생명체의 외침을 들을 수 있는 적당한 시기에 적당한 장소에 있던 사람이었다. 보스턴의 부유한 가정에서 태어난 로웰은 하버드 대학을 졸업하고, 여러 해 동안 아시아를 여행한 후 일본 문화에 대한 인기 있는 책을 출판하기도 했다(미국에서 출판된 최초의 우리나라에 관한 책 《조선》을 펴내기도 했다 – 옮긴이). 미국으로 돌아온 로웰은 천문학에 대한 많은 책을 읽으며 상

상력을 키워나갔다. 그가 읽은 책에는 플라마리옹의 책이 한 권 이상 포함되어 있었다. 스키아파렐리의 화성 지도 그리고 그의 관측 결과와 결합된 플라마리옹의 생각은 로웰에게 깊은 인상을 남겼다.

1894년 로웰은 재산의 상당 부분을 화성을 관측하는 데 사용하기로 결정하고 애리조나 주 플래그스태프 외곽에 있는 산 정상을 구입하여 화성 관측을 위한 천문대를 설치했다. 그리고는 집중적인 관측을 통해 스키아파렐리가 만들었던 것보다 훨씬 복잡한 화성 지도를 만들었다.

그는 망원경을 통해 본 운하에 번호를 매겨 화성 표면 전체를 연결하는 거대한 운하 체계를 구축했다. 이로 인해 화성에 살고 있는 지적인 생명체에 대한 논란은 더욱 뜨겁게 달아올랐다. 그의 화성 사회에 대한 복잡한 생각들이 담긴 여러 권의 저서들은 많은 사람들의 관심을 끌었다. 그중에는 그가 망원경을 통해 보았다고 믿었던 거

대한 운하 체계를 만들 수 있는 중앙 정부와 발달한 토목공학에 관한 내용도 포함되어 있었다.

로웰은 화성인들이 황폐해져가는 행성에서 살아남기 위해 몸부림치는 마지막 단계에 있다고 생각했다. 허버트 조지 웰스Herbert George Wells가 쓴 공상과학소설 《세상들의 전쟁》에는 화성의 운하들이 얼음으로 뒤덮인 극지방에서 건조한 적도 지방으로 물을 끌어오기 위한 대규모 토목공사로 만들어진 것으로 설명되어 있다.

웰스의 소설이 로웰의 책과 같은 시기에 출판된 것은 우연의 일치가 아니었을 것이다. 로웰은 망원경을 통해 본 희미한 영상에 나타난 점들을 바탕으로 화성 문명의 시나리오를 만들어냈다. 그의 작품 내용은 당시로서는 많은 과학적 열정을 필요로 하는 일이었다.

그가 쓴 책에 포함된 이야기들이 대부분 사실과 다른 것으로 밝혀진 오늘날에도 그가 쓴 책은 화성에 대한 흥미를 더해주고 있다. 세밀한 계획 하에 건설되었다고 믿었던 화성 제국의 운하에 대해 로웰은 다음과 같이 설명했다.

> 운하들이 보여주는 특징들은 자연적 원인에 의해 만들어졌다고 주장한 지금까지 제안되었던 모든 이론들을 제외시키기에 충분하다. (……) 첫 번째로 운하가 직선으로 이루어져 있으며, 두 번째는 운하들의 너비가 일정하고, 특정한 점으로부터 뻗어나가고 있다.

그는 관측된 구조적 특징으로 미루어볼 때 운하가 자연적인 원인에 의해 만들어진 것이 아니라 지적인 존재가 만든 것이 확실하다고 주장했다. 1900년대 초에 그

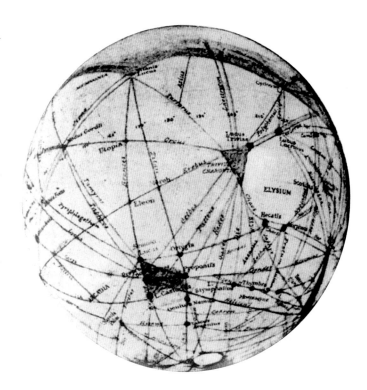

는 다음과 같은 기록을 남겼다.

> 화성에는 우리가 확신하는 것만큼 불확실한 구조가 가득하다. (……) 이 구조는 화성을 둘러싸고 있으며 극지방까지 뻗어 있다. 화성의 운하 체계는 화성 전체를 둘러싸고 있을 뿐만 아니라 매우 조직적이다. 서로 연결된 각각의 운하는 제3의 운하와도 연결되어 화성 전체의 운하들이 연결되어 있다. 이러한 건설의 연속성은 매우 흥미 있는 사회를 연상시킨다. (……) 우리는 이런 사실들을 바탕으로 화성 문명이 지성적이며, 우호적이며, 화성 전체가 하나의 공동체라는 결론을 내릴 수 있다.

불행히도 스키아파렐리를 비롯한 다른 천문학자들의 관측처럼 로웰의 관측도 당시의 제한적인 광학 기술의 한계와 환상적인 사고의 굴레를 벗어날 수 없었다. 그

맞은편 1914년에 미국 애리조나 플래그스태프에 있는, 자신이 설립한 천문대에서 화성 관측을 위해 제작된 24인치 굴절망원경을 들여다보고 있는 퍼시벌 로웰.

위 여러 번에 걸친 관측 결과를 결합하여 만든 로웰의 화성 지도 중 하나. 로웰은 선배들이 제안했던 선형 지형지물을 강조했다.

러나 이후 망원경 기술의 발전과 전파망원경이나 분광학적 분석 방법과 같은 다른 관측 기술의 향상으로 화성에 바위에 붙어 있는 지의류 이상의 생명체가 살고 있을 것이라는 생각에 의문을 품게 되었다. 운하도, 화성 정부도, 화성인도 없는 것이 확실해졌다.

화성에 생명체가 살고 있지 않을 것이라는 늘어나는 증거에도 불구하고 로웰의 책을 접한 많은 독자들과 일부 과학자들은 희망을 버리지 않았다. 그러나 화성에 생명체가 존재하느냐 또는 존재하지 않느냐를 결정하기 위해서는 화성에 직접 가보는 수밖에 없었다. 결국 몇십 년 후부터 사람들은 화성으로 비행하는 문제, 특히 유인 탐사선을 보내는 문제를 생각하기 시작했다.

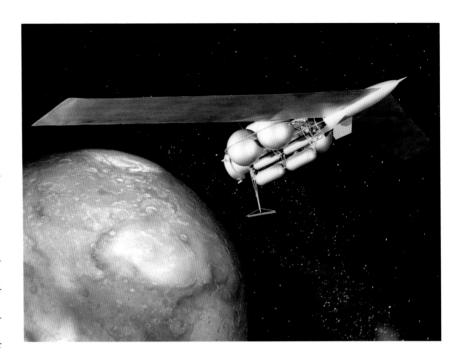

초기의 우주여행 개념

러시아의 과학자 콘스탄틴 치올콥스키^{Konstantin Tsiolkovsky}가 1900년대 초에 유인 우주 비행에 대해 쓴 글은 많은 과학자들과 공학자들에게 영감을 주었다. 독일의 젊은 공학자 베르너 폰 브라운^{Wernher von Braun}은 1948년에서 1952년 사이에 완성한 책에서 처음으로 이 문제를 구체적으로 다루었다. 처음에는 《화성 프로젝트^{Das Marsprojekt}》라는 제목으로 독일어로 출판되었다가, 후에 영문판 《화성 프로젝트^{The Mars Project}》로 출판된 이 책은 우주 비행을 위해 필요한 것들에 대해 설명했다. 그중에는 복잡한 우주선의 설계, 필요한 질량을 궤도에 올리기 위해 필요한 로켓 발사의 수(950), 그가 생각했던 열 대의 우주선으로 구성된 함대가 화성까지 비행하는 데 걸리는 시간 등이 설명되어 있었다. 그는 비교적 평평한 화성의 극지방에 우주인들을 안착시키기 위한 날개가 달린 글라이더를 설계하기도 했다. 우주인들은 극지방에 안착한 후 적도 지방까지 진출할 예정이었다. 화성 탐사에 참여하는 우주인은 70명으로 구성되어 화성에 도달한 뒤 약 1년 후에 화성 궤도를 돌고 있는 우주 함대와 합류해 지구를 향해 출발하는 것으로 예정되어 있었다.

폰 브라운의 화성 탐사 계획은 잡지 〈콜리어^{Collier}〉에 발표되었고, 월트 디즈니가 제작한 텔레비전 프로그램에서 다루어지기도 했다. 제2차 세계대전이 기억에서 멀어지던 1950년대 말에 원자의 시대가 도래하자 모든 것이 가능해 보였다. 그리고 1965년에 삭은 탐사선이 화성 근접 비행에 성공하여 화성 제국에 대한 빅토리아 시대의 환상과 폰 브라운의 화성 탐사 계획을 붉은 모래 속에 처박았다.

위 독일 출신의 미국 로켓 엔지니어 베르너 폰 브라운이 유인 화성 탐사의 일부분으로 설계한 화물선과 글라이더를 컴퓨터를 이용하여 그린 상상도.

달리기 선수: 매리너 4호가 화성으로

우주 시대는 거대한 폭발과 함께 시작된 것이 아니라 작은 전파 신호음으로부터 시작되었다. 1957년 10월에 소련은 스푸트니크(러시아어로 '달'을 뜻하는) 우주선을 지구 궤도에 올려놓는 데 성공했다. 최초로 지구 궤도에 진입한 이 단순한 형태의 인공위성은 소련이 새로 개발한 핵미사일 R-7 ICBM을 이용하여 궤도에 올려졌다. 스푸트니크는 궤도에 진입한 후 전파 송신기를 통해 몇 초마다 한 번씩 신호를 보내는 일 외에 따로 한 것이 없었지만 그것만으로도 충분했다. 스푸트니크가 발신한 전파는 전 세계에서 수신되었고, 이는 서방 국가들을 자극해 적극적으로 우주개발에 뛰어들게 했다.

미국이 소련을 따라잡으려고 애쓰는 동안 캘리포니아 공과대학의 과학자들을 비롯한 일부 과학자들도 지구 궤도 너머와 행성을 좀 더 잘 관찰할 수 있는 방법들을 생각하고 있었다. 일단 미국이 소련을 따라잡기 위해 새로 만들어진 미국항공우주국(NASA)은 우주개발 목표를 우주에 인간을 진입시키는 것(이 분야에서도 소련이 미국을 앞질렀다)과 지구의 이웃 행성인 금성과 화성을 근거리에서 관측하는 무인 탐사선을 설계하는 것으로 이원화했다. 물론 소련도 이들 행성을 탐사할 계획을 세우고 있었다.

초기의 화성 탐사선

화성을 자세히 관찰하기 위해 NASA가 맨 처음 보낸 탐사선은 매리너였다. 화성 탐사를 위해 제작된 탐사선은 평평한 고리 모양의 몸체에 카메라와 전파 송수신 안테나, 태양전지판이 부착되어 있었다(금성 탐사를 위해 설계된 탐사선은 다른 구조였다). 우주의 진공상태와 방사선 그리고 극심한 온도 변화에 대처할 수 있도록 만들어진 매리너는 해골 같은 모양으로, 가볍지만 매우 튼튼한 구조를 가지고 있었다. 소련은 큰 압력에 견딜 수 있는 단단

하고 무거운 외벽을 가진 탐사선을 이용하는 조금 다른 기술적 발전 과정을 거쳤다. 그것은 무거웠지만 민감한 부품을 보호할 수 있다는 장점을 가지고 있었다.

미국의 로켓보다 더 큰 로켓을 사용했던 소련은 추진력에서 미국을 앞질렀기 때문에 더 무거운 탐사선을 발사하는 것이 가능했다. 따라서 소련은 행성에 탐사선을 충돌시키거나 초보적인 착륙과 같은 좀 더 정교한 탐사 프로젝트를 구상할 수 있었다. 하지만 이런 탐사 계획의 대부분은 실패로 끝났다.

처음 발사된 두 번의 매리너 탐사선은 금성으로 보내졌다. 매리너 1호는 1961년 7월에 발사되었지만 발사 직후 실패로 끝났다. 매리너 2호는 1962년 8월 발사되어 4개월 후 다른 행성을 근접 비행한 첫 번째 탐사선이 되어 간단하지만 금성에 관한 중요한 측정 자료를 보내왔다. 그러나 카메라가 장착되어 있지 않아 사진은 보내올 수 없었다. 소련도 1961년부터 금성에 베네라 탐사선을 보내기 시작했지만 처음 세 번의 시도는 금성에 도달하기 전에 실패로 끝났다. 그리고 1967년 베네라 4호가 금성에 도달하는 데 성공했다.

매리너 2호의 성공으로 두 강대국은 화성을 놓고 경쟁하기 시작했다. 그러나 화성으로 향하는 우주여행은 금성으로 가는 것보다 훨씬 어려웠다. 화성은 금성까지 거리의 두 배나 되었다. 때문에 화성에 도달하기 위해서는 탐사선을 지구의 관제소로부터 훨씬 더 멀리 떨어진 곳까지 보내야 했다. 그리고 화성에 도달하기 위해서는 태양으로부터 훨씬 더 멀리 있는 곳까지 가야 했다. 따라서 많은 에너지를 사용하던 당시의 전자 장비 작동에 필요한 에너지 공급을 위해 더 큰 태양전지를 필요로 했다.

캘리포니아 패서디나에 있는 제트추진연구소(JPL)는 무인 탐사선 프로젝트를 담당하고 있던 서해안의 NASA 기지였다. 이 시기에 미국과 소련은 우주 탐사를 유인 탐사와 무인 탐사로 분리했다.

1961년 말 존 F. 케네디$^{John F. Kennedy}$ 대통령은 달에 우주인을 보내는 경쟁에서 소련을 이기겠다고 공약했다. 이 때문에 달로 우주인을 보내는 프로젝트에 NASA의 예산 대부분이 쓰였고, 남은 예산의 대부분은 화성 탐사를 주목표로 하는 행성 탐사 프로젝트에 사용되었다.

널리 알려진 플로리다의 케이프 캐너버럴 센터(후에 케네디 우주센터로 이름을 바꿈)나 휴스턴의 우주비행센터(후에 존슨 우주비행센터로 이름을 바꿈)와 같은 다른 NASA의 센터들과 달리 제트추진연구소는 NASA가 직접 운영하지 않았다. 여러 가지 현실적 그리고 역사적인 이유로 NASA는 패서디나에 있던 캘리포니아 공과대학이 제트추진연구소를 운영하도록 했다. 이로 인해 캘리포니아 공과대학 교수들의 수준 높은 행성 과학 지식과 공학적 노하우를 제공받을 수 있었다.

기술 개발

화성 근접 비행에 필요한 매리너 탐사선을 설계하기 위해 교수들로 이루어진 연구팀이 꾸려졌다. 1960년대 초에는 다른 행성의 궤도를 도는 것은 아직 논의되고 있지 않았다. 화성 궤도에 도달하는 것도 커다란 도전이었다. 따라서 당시의 행성 탐사는 단순한 근접 비행을 목표로 하고 있었다. 매리너는 화성에 접근하여 빠른 속도로 지나가면서 여러 가지 측정을 하고 사진을 찍었다. 제트추진연구소에서 일하는 캘리포니아 공과대학 교수 연구팀은 매리너 3호와 매리너 4호를 제작하는 일에 몰

위　캘리포니아 모하비 사막에 있는 골드스톤 딥(Deep) 스페이스 통신 시설. 세계 세 곳에 설치되어 있는 우주 통신 시설 중 하나다. 다른 두 곳은 스페인 마드리드와 오스트레일리아의 캔버라이다.

두했다. 이 탐사선들은 금성을 탐사하는 데 사용된 매리너 탐사선처럼 카메라를 설치하지 않는 설계를 채택했다.

그들의 제안서를 검토하던 세 명의 캘리포니아 공과대학 교수가 이에 항의했다. 로버트 레이턴$^{Robert Leighton}$은 관측천문학에 관심을 가지고 있던 물리학 교수였다. 게리 노이게바우어$^{Gerry Neugebauer}$는 지질학자였으며, 브루스 머리$^{Bruce Murray}$는 최근 교수가 된 젊은 교수로 후에 제트추진연구소 소장이 되었다. 그들은 복잡해 보이는 화성 표면을 탐사하려면 지구로 사진을 전송해줄 카메라가 필요하다고 생각했다.

항상 구름이 덮여 있는 금성은 사진이 그리 중요하지 않았기 때문에 다른 관측 장비만으로도 충분했다. 그러나 망원경으로 본 화성 표면에서는 밝고 어두운 부분과, 붉은색과 회색 지역이 계속 변하고 있었다. 화성의 이런 변화는 무엇 때문일까? 분광학적 자료를 포함한 다른 관측 자료들이 표면에서 일어나는 일들에 대한 정보를 제공하겠지만 이런 자료들을 사진과 대조해보는 것이 매우 중요했다. 레이턴은 우주 탐사를 위해 많은 세금을 사용하도록 하고 있는 일반 시민들이 행성 근접 사진에 열광할 것이라고 생각했다.

모두 옳은 이야기였다. 그러나 1960년대 텔레비전 카메라는 접시 세척기 크기로 매우 무거웠다. 그리고 깨지기 쉬운 유리 진공관을 사용하고 있었다. 진공관 부품은 많은 전력을 소비했고, 가열되기 쉬웠다. 이것은 카메라를 우주로 가져가는 데 커다란 장애가 되었다.

이런 문제들을 해결하기 위해 레이턴 연구팀은 처음부터 가벼우면서도 적은 에너지를 사용하는 카메라를 개발했다. 그들이 개발한 카메라는 해상도가 낮은 흑백 카메라로 느리게 작동했다. 이 카메라로 찍은 사진의 해상도는 200×200 픽셀이었지만 비교적 튼튼했으며 모의 비행 실험에서 잘 작동했다. 매리너 탐사선에는 이외

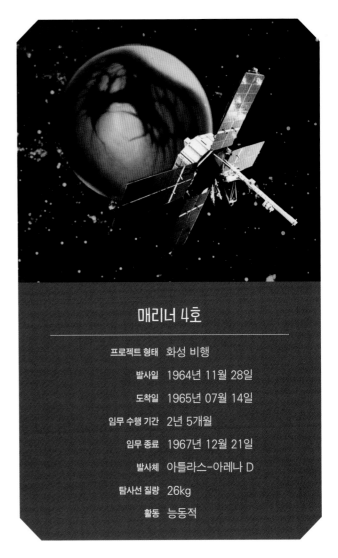

매리너 4호

프로젝트 형태	화성 비행
발사일	1964년 11월 28일
도착일	1965년 07월 14일
임무 수행 기간	2년 5개월
임무 종료	1967년 12월 21일
발사체	아틀라스-아레나 D
탐사선 질량	26kg
활동	능동적

에도 자기장의 세기를 측정하기 위한 자기력계, 먼지와 미세 운석 감지 장치, 우주 복사선 망원경, 방사선 측정 장치, 태양전지판 감지기를 포함한 많은 장비들이 실려 있다. 이 장비들을 작동시키는 데 필요한 전력은 총 2만 8244개의 태양전지로 이루어진 접을 수 있는 네 개의 태양전지판으로 공급했다.

재미있는 것은 최초 화성 탐사선에만 평평한 태양전지판 끝에 팬 모양의 '꽃잎'이 달려 있었다. 이것은 조절할 수 있는 바람개비로, 태양에서 불어오는 하전입자의 흐름인 태양풍의 약한 압력을 이용하여 탐사선을 운용하거나 안정시키기 위해 설치한 것이었다. 하지만 효과는 작아 바람개비는 무게와 설치상의 어려움을 보상해

주지 못했다. 결국 매리너 3호와 4호 이후에는 더 이상 설치되지 않았다.

매리너 프로그램을 시작할 때 NASA(그리고 소련)는 하나의 탐사 프로젝트마다 두 개의 탐사선을 제작하기로 결정했다. 우주 탐사선은 위험하고 비쌌으므로 하나가 실패한 뒤 처음부터 다시 시작하는 것보다 동시에 두 대를 제작하는 것이 장기적으로는 경제적이라고 생각한 것이다.

행성 탐사를 시작하고 첫 10년 동안은 한 탐사선이 실패했을 때 예비 탐사선이 그 임무를 대신했다. 최초의 행성 탐사선 매리너 1호가 발사 직후 실패로 끝나자 매리너 1호의 쌍둥이라 할 수 있는 매리너 2호가 탐사 임무를 완수했다. 화성 탐사를 위한 매리너 탐사선의 경우도 마찬가지였다. 1964년 11월 5일 매리너 3호가 플로리다 케이프 캐너버럴에서 아틀라스 로켓을 이용해 발사되었다. 지구 궤도에 진입한 후(문제가 많았던 당시의 아틀라스로서는 성공을 장담할 수 없었다) 매리너 3호는 발사 때 발생하는 열로부터 보호하기 위한 덮개를 분리할 준비를 했다. 매리너 탐사선은 화성으로 향하기 전에 두 개의 유선형 금속판으로 된 덮개를 연 다음 분리해야 했다. ……그러나 이 일은 순조롭게 진행되지 않았다. 로켓이 지구 궤도에 도달하면 유선형 판들을 묶고 있던 금속 밴드가 풀어져 덮개를 분리하도록 되어 있었지만 금속 밴드가 단단히 고정되어 엔지니어들은 태양전지를 펼치거나 조종할 수 없었다. 결국 첫 화성 탐사선의 전지가 서서히 방전되는 것을 지켜볼 수밖에 없었다. 이 탐사선은 우주에서 에너지가 서서히 고갈되어 죽어갔다.

문제의 원인을 파악한 설계자들은 새로운 덮개를 설계했다(특히 덮개 재질을 금속에서 유리섬유로 바꾸었다). 새로운 덮개를 설계하는 데 걸린 시간은 3주로, 이것은 기록적인 빠르기였다. 매리너 3호가 실패하고 몇 주 후인

1964년 11월 28일 새로운 덮개를 부착한 매리너 4호가 케이프 캐너버럴의 발사대 위에서 발사되었다. 궤도에 도달한 후 덮개는 설계대로 분리되었고, 매리너 4호는 지구 궤도를 떠나 화성을 향한 항해를 시작했다.

화성 탐사

그러나 지구를 떠난 것은 드라마의 시작에 불과했다. 화성까지 항해하기 위해서는 탐사선이 우주에서의 자기 위치를 정확히 알고 있어야 했다. 이를 위해 매리너 탐사선은 알려진 밝기의 목표물을 추적하는 두 개의 광전지가 설치되었다.

위 1964년 11월 23일 매리너 4호가 발사대에서 발사를 기다리고 있다. 매리너 4호는 상부가 아제나 로켓으로 이루어진 아틀라스 로켓을 이용하여 발사되었다.

로버트 레이턴
Robert Leighton
캘리포니아 공과대학 교수

매리너 4호 프로젝트 참여 요청을 받았을 때 도버트 레이턴은 캘리포니아 공과대학에서 10년 넘게 교수로 재직하고 있었다.

"이유는 확실하지 않지만, 아마 내가 태양과 행성을 연구하고 있었기 때문이었을 것이다. (……) 브루스 머리Bruce Murray와 게리 노이게바우어Gerry Neugebauer는 매리너 4호를 위한 텔레비전 실험에 참여 요청을 받았다."

이때까지도 NASA는 매리너 탐사선이 카메라를 장착하지 않은 채 화성을 근접 비행할 계획을 가지고 있었다.

"텔레비전이나 영상 연구를 위한 카메라를 추가하는 방법에 대한 그럴듯한 제안을 하는 사람이 없었다."

그런 제안은 받아들여질 것 같지 않았다.

숱한 시행착오를 거친 끝에 레이턴이 이끄는 연구팀은 우주로 가지고 갈 최초의 텔레비전 카메라를 만드는 데 성공했다. 그는 화성에서 보내온 첫 번째 사진을 보던 때를 생생하게 기억하고 있다. (……) 그는 그 뉴스를 한동안 보관했었다.

"우리는 화성에 크레이터가 있으리라는 것을 알고 있었다. 그럼에도 불구하고 사진을 통해 사실을 확인한 것과, 크레이터가 화성 표면의 많은 부분을 차지하고 있다는 사실을 발견한 것은 놀라운 일이었다."

하지만 그는 영상의 질에 만족할 수 없었다.

"사진들의 질이 형편없었다고는 말할 수 없지만 기술적 한계가 심각했다. (……) 그래서 화성에 크레이터가 있다는 사실을 알아낸 후에도 공식적으로 발표할 때까지 일주일 이상을 기다렸다."

사진이 보도되자 엄청난 반향을 불러일으켰다. 레이턴은 화성 사진을 처음 본 오리건의 목장 주인이 보낸 편지를 특별히 기억하고 있다.

"나는 당신들의 세상과는 멀리 떨어져 있지만 진심으로 감사드립니다. 계속 노력해주시기 바랍니다." 후에 레이턴은 "그 편지는 매우 고마운 격려였다"라고 말했다.

지구 궤도를 떠나고 약 30분 후에 매리너는 이 추적 센서 중 하나를 가장 발견하기 쉬운 목표물인 태양을 향하도록 했다. 그런 다음 태양을 향한 축을 중심으로 회전하여 또 다른 목표 별을 찾아냈다. 매리너 탐사선이 이용한 목표물은 밝은 별인 카노푸스였다. 그러나 센서는 모든 별들의 밝기 차이를 구별하지 못해 비슷한 밝기의 별들 중에서 카노푸스를 찾아내 방향을 고정하는 데는 꼬박 하루가 걸렸다. 또한 매리너가 카노푸스의 추적에 자주 실패했기 때문에 6주 동안 며칠에 한 번씩 이 일을 반복해야 했다. 방향을 알려주는 별을 찾아내지 못하면 항해는 추측에 의존하게 된다. 별 추적 장치가 카노푸스를 놓칠 때마다 컨트롤러는 다시 카노푸스를 찾아내는 작업을 처음부터 시작해야 했다.

추적 장치는 제대로 작동함에도 매리너가 계속해서 목표 별에 고정시키는 데 실패하는 이유를 분석하기 시작했다. 많은 문제 제기를 거친 후 결국 엔지니어들은 무엇이 문제인지 알아냈다. 매리너 탐사선이 아틀라스 로켓 상부와 분리될 때 덮개에 붙어 올라간 먼지와 부스러기 그리고 페인트 조각들로 이루어진 작은 구름도 함께 방출된 것이 원인이었다. 우주에는 이 구름을 흩어버릴 공기가 없기 때문에 매리너 4호 주변에 남아 있었던 것이다. 만약 충분한 크기의 부스러기가 추적 장치 앞을 지나가면 추적 센서는 희미하게 보이는 카노푸스 대신 이 부스러기를 쫓아가려 했다. 매리너 4호는 대오를 이루어 함께 항해하고 있는 초미니 별들의 군단을 이끌고 있었던 것이다. 카노푸스 추적 장치의 민감도를 다시 설정하기 위한 조치가 매리너 4호에 전달된 후에는 훨씬 안정적으로 화성을 향해 항해할 수 있었다.

LAB·ORATORY JAN 1965

JET PROPULSION LABORATORY · CALIFORNIA INSTITUTE OF TECHNOLOGY · PASADENA, CALIFORNIA

위 제트추진연구소 사보인 〈랩오러토리(Lab-Oratory)〉는 독자들에게 매리너 4호 소식을 빠르게 전해주었다. 사진은 1965년 1월호 표지.

맞은편 위 '세계가 화성 소식을 애타게 기다리고 있다.' 이 기사의 제목은 매리너가 항해하고 있던 시기에 일반인들의 화성에 대한 관심을 잘 보여주고 있다. 이 기사는 일부 세세한 부분은 간과한 반면 제트추진연구소의 기술적 성취에 대해서는 자세히 다루고 있다.

맞은편 아래 '매리너 4호의 일정.' 256단어로 된 이 짧은 기사는 중앙 통제 컴퓨터 시퀀서(CC&C)와 관련하여 탐사선의 비행 통제 방법이나 비행 시간과 관련된 문제들을 심도 있게 다루고 있다.

IMPATIENT WORLD WAITS TO "TUNE-IN" ON MARS

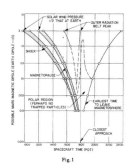

Fig. 1

As Mariner IV races towards its July encounter with Mars, encounter planning continues a space at JPL Pasadena and at the far-flung elements of the JPL Deep Space Net. When Mariner IV passes within 5700 miles of the Martian surface on July 14, its scientific instruments will provide man with his first close-up look at the Red Planet.

Near-Mars Cruise Science Observations. The Mariner scientific instruments have been discussed in detail in previous Lab-Oratories, however, some comment may be made on their expected behavior as the spacecraft nears Mars. Figure 1 summarizes the expected performance of the cruise science instruments (cosmic dust detector, cosmic ray telescope, ion chamber, magnetometer, plasma probe, and trapped radiation detector) during the Mars flyby. If the region surrounding Mars is similar to that near Earth, the detection of magnetic effects and associated trapped particle densities is determined largely by the strength of Mars' magnetic dipole. Possible Mars magnetic dipole strengths compared with that of Earth are shown on the vertical axis. The horizontal scale shows the Pacific Daylight Time at which the event can be expected to occur at the spacecraft. The various effects expected near Mars are plotted as a family of lines, each of which represents the expected time of occurrence of that particular event, assuming various magnetic moments. The shock area represents the magnetohydrodynamic shockfront where an abrupt change in the plasma spectrum occurs as the solar plasma impinges on the Mars magnetic field. The magnetopause represents the transition region between the interplanetary magnetic field and the planetary field.

Near-Mars effects would be observed in order by the plasma probe, magnetometer, and trapped radiation detector. Some changes in the cosmic dust background may also be observed due to possible dust belts in orbit around Mars.

The investigators responsible for the cruise science experiments will be present at JPL Pasadena during the encounter operations and may be able to give a preliminary summary of their observations to the public on the day after encounter.

The Encounter Sequence. The encounter sequence consists of a series of spacecraft events required to properly position the television camera and record and playback television pictures of Mars. The events will be initiated either by command from Earth or by signals from equipment on board the spacecraft, depending on the options chosen by project management. The nominal encounter sequence includes:

(1) turn-on of encounter equipment about 9 hr before closest approach.
(2) acquiring the planet and stopping the planetary scan platform (Fig. 2) in the proper position for television pictures of Mars.
(3) recording the television pictures on the dual-track video tape storage tape recorder.
(4) stopping the recording sequence after the video tape is filled with pictures (about 20 minutes before closest approach).
(5) turning off the encounter equipment.
(6) playing back the television pictures stored on the video tape.

Closest Approach. At 1802 PDT on 14 July, Mariner IV will make its closest approach to Mars, passing within 5700 miles of the surface.

Occultation. About 1 hr after closest approach to Mars, the Mariner spacecraft will disappear behind the planet as seen from Earth and remain hidden (occulted) for about 50 minutes before emerging again. Sophisticated equipment at DSIF stations in California and Australia will record changes in the spacecraft radio signal caused by refraction (bending) by the Martian atmosphere and ionosphere. These data will be used to construct a more accurate model of the Martian atmosphere for use on future missions.

Picture Recovery. Picture playback will begin at about 0453 PDT on July 15 when the data encoder is transferred to Mode 4 (8-1/2 hr of picture data followed by 2 hr of engineering data).

The first picture will be received by the Johannesburg, South Africa DSIF station and transmitted via teletype to the Space Flight Operations Facility (SFOF), where the data will be processed into a television picture 200 elements square. If all goes well, the first close-up television picture ever taken of the planet Mars may be available for public viewing within 24 hr after closest approach.

NOTE: Video and audio coverage will be provided for JPL employees on July 14 in 180-101 and in the main cafeteria. The Von Karman Auditorium is reserved for the press. Details and schedules for encounter will be provided on a Mariner-Mars (green sheet) prior to encounter sequence.

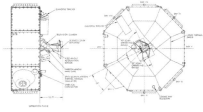

Fig. 2a - The planetary scan platform is shown in a side view with the science cover deployed, revealing the wide and narrow angle planet sensors and the TV camera.

Fig. 2b - A view of the bottom of the Mariner spacecraft showing the 180 degree field through which the scan platform can move in search of the planet.

8   9

이 같은 항해상의 문제를 제외한다 해도 화성을 향한 7개월 동안의 항해는 순조롭지 않았다. 예를 들면 방사선 센서가 몇 달 뒤에 고장이 났다. 그러나 이런 문제들은 예상한 것이었다. 매리너 4호는 지구를 떠나 다른 행성을 항하는 두 번째 탐사선이었다. 그리고 태양계 바깥쪽을 향해 나아가는 데 성공한 첫 번째 탐사선으로, 매 순간 어떤 일이 일어날지 알 수 없는 상황과 마주하면서 화성을 향한 항해를 계속했다.

임무 완수

1965년 7월 14일과 15일에 매리너 4호는 화성을 근접 비행하여 지나가는 데 성공했다. 암흑 속에서 화성이 나타나자 탐사선 장비들이 작동하기 시작했다. 매리너 4호는 화성을 지나가는 단 한 번의 기회에 모든 측정을 마쳐야 했다. 두 번째 기회는 없었다.

Return Requested

SEQUENCE OF EVENTS FOR MARINER IV

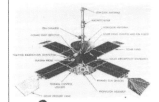

On January 9, 1965, the CC&S will transfer the spacecraft Data Encoder from the 33-1/3 bits per second to 8-1/3 bits per second. At this time the spacecraft will have travelled far enough from the Earth so that the signal received from its radio subsystem will no longer be strong enough to support the higher information rate. On March 4, 1965, the CC&S will command a transfer from the omni antenna to the high gain antenna in order to maintain sufficient signal strength for the balance of the mission.

As the spacecraft moves around the Sun toward its encounter with the planet Mars, the position of its star tracker will change relative to the star Canopus. As a result the angle of the Canopus tracker view window relative to the spacecraft - Sun line will have to be updated periodically through the mission. These cone angle updates occur on February 27, April 2, May 7, and June 14, 1965. The capability also exists to update the cone angle by ground command.

On July 14, 1965, as the spacecraft approaches Mars, the CC&S will command the turn-on of encounter science. At this time the scan cover will drop, and the scan platform will begin its search for the planet. When the platforms wide angle sensor acquires the planet, the scan subsystem will stop searching, and begin to track the planet. As soon as the spacecraft is close enough to Mars, sometime early on July 15, a narrow angle sensor will see the planet and command the start of the picture recording sequence, which requires some 25 minutes to record up to 22 pictures.

Within an hour after the closest approach to Mars, the spacecraft will fly behind the planet. The radio signals broadcast through the atmosphere of the planet are expected to yield information on the nature of the Martian atmosphere. Approximately an hour later, the CC&S will command the turn-off of encounter science, and 6-2/3 hours after that will command the start of the picture playback. To receive a single playback of all pictures at SFOF will require nearly ten days. After the playback is complete, the spacecraft will continue to return to earth scientific data as long as communications can be maintained.

매리너 4호가 촬영한 화성 지역

1965년 7월 15일

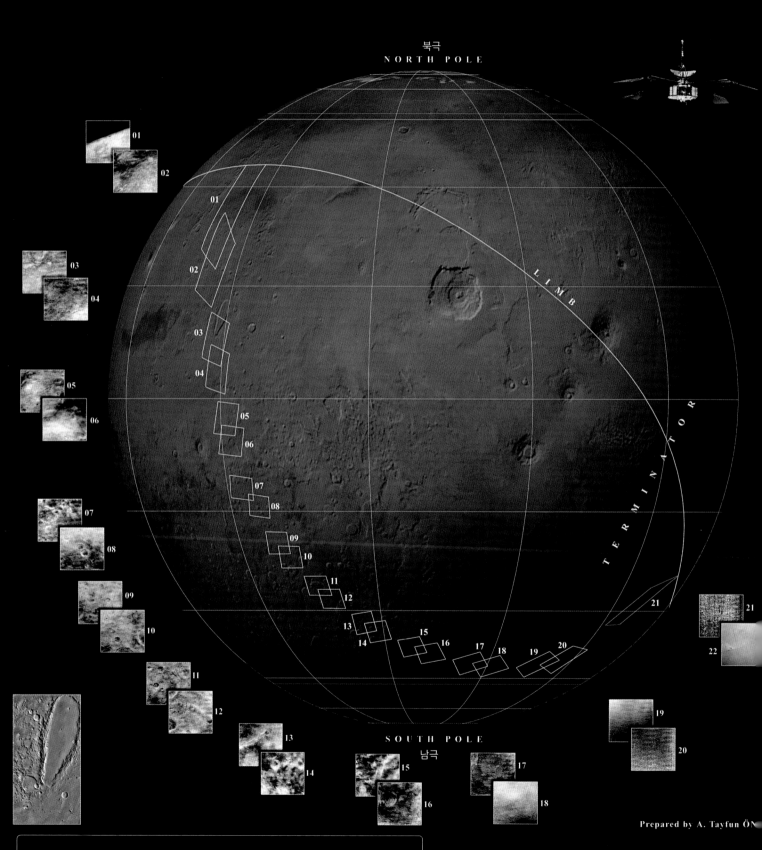

북극
NORTH POLE

L I M B

T E R M I N A T O R

SOUTH POLE
남극

Prepared by A. Tayfun ÖN

오르쿠스 파테라
바이킹 탐사선이 찍은 사진으로 만든 이 모자이크 사진은 매리너가 찍은 화성 사진에서 최초로
확인할 수 있었던 화성 지형(오르쿠스 파테라)을 보여주고 있다. (매리너 4-03 프레임)

탐사선이 화성에 가장 가까이 접근하기 직전, 텔레비전 카메라를 켰다. 매리너 4호가 화성 표면에서 9800km 떨어진 곳을 1만 9300km/h의 속력으로 지나가는 약 25분 동안 카메라는 화성 표면을 찍었다. 영상 자료는 지구로 전송하기 위해 100m 길이의 자기테이프에 저장되었다. 200×200픽셀로 구성된 한 장의 영상을 내려받는 데는 아홉 시간이 걸렸다.

매리너 4호가 화성 뒤로 사라진 후에도 매리너 4호가 전송한 전파를 분석하는 실험이 남아 있었다. 짧은 시간 동안 전파가 약해지는 정도를 측정하여 화성 대기 밀도의 대략적인 값을 알아내려는 것이다. 여러 해 동안의 분석을 거쳐 한때 지구의 높은 산 정상에서의 압력과 비슷할 것으로 생각했던 화성 대기의 압력이 지구 대기압의 1000분의 1 정도라는 것을 알게 되었다. 이로써 퍼시벌 로웰의 화성 문명이 관에 들어가 첫 번째 못이 박혔다.

화성을 지나간 매리너는 우주의 심연 속에 뛰어들면서 느린 속도로 영상 자료를 지구로 전송했다. 제트추진연구소 과학자들은 지구 상에 멀리 떨어진 지역들에 위치한 추적 센터의 전신 수신기가 인쇄한 숫자들로 이루어진 긴 디지털신호 자료를 받았다. 이 자료는 영상이 아니라 숫자였기 때문에 이 숫자들은 다시 실험실 컴퓨터에 입력시키는 오랜 작업을 거쳐 영상으로 전환되었다. 컴퓨터가 22장의 흑백사진 중 첫 번째 사진을 인쇄하는 것을 기다릴 수 없었던 몇몇 과학자들은 숫자로 표시되어 있는 영상 자료에 손으로 직접 색칠을 했다. 각 숫자들은 색깔을 나타냈다. 그 결과는 놀랍게도 컴퓨터가 인쇄한 사진과 비슷했다. 그렇게 만든 사진은 아직도 제트추진연구소에 자랑스럽게 걸려 있다.

컴퓨터가 숫자들을 모두 삼킨 후 마침내 사진과 자료들을 인쇄했다. 결과물에 대한 초기 분석 결과가 매스컴에 천천히 전달되었다. 유령 같은 모습을 담은 사진은 지구에서 망원경으로 관찰한 화성과는 다른 모습을 보여주었다. 화성은 건조했고, 바위투성이였으며, 생각했던 것보다 훨씬 많은 크레이터를 가지고 있었다. 운하도, 바다도, 대륙도 없었다. 화성 표면은 달과 비슷한 모습이었다. 과학자들은 의기양양했고, 매스컴은 새로운 사실에 열광했으며, 일반인들은 화성에 대한 환상에서 벗어나 기술적 승리가 안겨준 화성의 황량한 풍경에 충격을 받았다. 금성과 화성을 탐사한 결과, 두 행성은 지구의 쌍둥이가 아니라는 것이 확실해졌고 우리 이웃에 외계 문명이 존재하지 않는다는 것도 밝혀졌다. 우리는 적어도 태양계 안에서는 외로운 지적인 존재였다.

그러나 이것은 단지 첫 번째 외출일 뿐이었다. 매리너 4호가 찍은 사진들은 불연속적이었고, 표면을 대각선으로 찍은 낮은 해상도의 사진이었다. 놀라운 성공에도 불구하고 매리너 탐사선은 화성 표면의 1%만 찍을 수 있었고, 특히 크레이터가 많은 지역이 찍혔다. 자세한 지형지물은 거의 파악할 수 없었기 때문에 대부분 지구의 지형과 대조하여 분석되었다. 사진에 찍힌 화성 표면 일부분을 통해 본 화성은 완전히 죽어 있는 세상이었다. 그것은 화성에 대한 전설들 중 가장 재미없는 이야기였다.

그러나 다음 10년 동안 이루어낸 화성에 대한 새로운 이해는 사라졌던 환상과 열정을 다시 불러온다.

화성은 붉지 않다: 마스닉은 실패하고 매리너는 부상하다

매리너 4호의 성공에 고무된 NASA는 매리너의 설계를 향상시켰다. 매리너 4호를 약간 수정한 매리너 5호가 금성에 보내졌다. 매리너 5호는 성공적이어서 매리너 프로젝트에 대한 신뢰도가 높아졌다. 1969년에 또 한 번의 화성 근접 비행에 나설 매리너 6호와 7호를 위해 재설계를 통한 탐사선 구조의 개선이 계속 이루어졌다.

미국이 매리너 탐사선을 화성에 보내는 동안 소련도 놀고 있진 않았다. 1957년에 스푸트니크 우주선 발사에 성공한 이후 소련은 유인 우주 프로그램에서도 대단한 성공을 이루어냈다. 소련은 1960년대 초반에도 연이어 새로운 우주 프로그램을 성공시켰다. 1961년 최초로 유인 우주 비행의 성공을 시작으로 1963년에는 최초로 여성을 우주에 올려 보냈으며, 1965년에는 최초로 우주 유영에 성공했다. 하지만 그들의 무인 우주 탐사는 성공적이지 못했다.

소련의 우세?

처음엔 무인 우주 탐사선 프로젝트에서도 소련이 우세한 듯 보였다. 소련은 우주선과 미사일 프로그램을 위해 개발한 비행 장비와 함께 훨씬 더 무거운 탐사 장비를 우주로 올려 보낼 수 있는 대형 로켓을 보유하고 있었다. 그들은 이런 장점을 최대한 활용하여 1960년까지 금성과 화성을 향해 많은 탐사선을 발사하는 야심 찬 프로그램을 진행했다.

그러나 실제 내용은 겉으로 보이는 것과 달랐다. 대형

로켓이 실어 나른 탐사선은 경쟁자인 미국 탐사선들의 상대가 되지 못했다.

초기 소련 무인 탐사 계획은 희망적이었다. 달에 보낸 작은 탐사선 루나 1호는 1959년에 발사되었고, 지구 궤도를 떠난 최초의 우주선이 되었다. 하지만 목표대로 달에 충돌하는 데에는 실패했다. 발사 시간의 착오로 달을 지나쳐버린 것이다. 1959년 9월, 최초로 달에 충돌하는 영광을 차지한 것은 루나 2호였다. 그 직후 루나

위 마르스 2호 탐사선이 화성을 향하는 것을 기념하는 소련 우표. 마르스 2호는 1971년에 궤도에 진입해 6개월 동안 지구로 자료를 전송했다. 착륙선은 부서졌다.

매리너 6호와 7호

프로젝트 임무	화성 근접 비행
발사	매리너 6호: 1969년 2월 24일
	매리너 7호: 1969년 3월 27일
도착	매리너 6호: 1969년 7월 30일
	매리너 7호: 1969년 8월 4일
임무 수행 기간	6개월
임무 종료	매리너 6호: 1969년 7월 31일
	매리너 7호: 1969년 8월 5일
발사체	아틀라스 센타우르Atlas-Centaur 로켓
탐사선 질량	412kg

3호가 이전에는 볼 수 없었던 달 뒤쪽 사진을 찍는 데 성공했다.

소련의 무인 탐사 프로그램의 다음 목표는 화성이었다. 소련 탐사선의 번호를 매기는 방법은 미국과 달랐다. 마르스 1M 프로젝트는 모두 두 개의 탐사선으로 이루어져 있었다. 두 개의 탐사선을 쌍으로 발사하는 이유는 미국과 비슷했다. 마르스 탐사선은 그때까지 발사된 탐사선들 중에서 가장 큰 탐사선으로 무게가 644kg이나 되고 매리너 4호보다 훨씬 무거웠다.

1960년 말에 소련은 마르스 탐사선을 발사하려고 두 번 시도했지만 두 번 모두 목표 궤도에 도달하지 못하고 지구로 추락했다. 서방 매스컴은 이들을 마르스니크스Marsniks라고 불렀다. 소련 총리 흐루쇼프Khrushchev의 지시에 의해 서둘러 세 번째 탐사선 발사를 준비하던 중 발사대에 문제가 발생했다. 그러자 아직 연료를 주입 중임에도 문제가 무엇인지 조사하기 위해 기술자들을 로켓에 접근시켰다. 이는 안전 규칙에 어긋나는 행동이었다. 기술자들이 접근했을 때 로켓이 발사대에서 폭발해 모두 사망했다.

1962년 말에 소련은 화성으로 향하는 또 다른 쌍둥이 탐사선 마르스 2MV-4 3호와 마르스 2MV-4 4호를 발사했다. 이번에도 하나는 지구 궤도를 떠나기 전에 실패했다. 두 번째 탐사선은 성공적으로 지구 궤도를 떠났지만 화성으로 향하는 도중 통신이 끊겼다.

1962년에 명예 회복을 위한 마지막 탐사선인 마르스 2MV-3 1호가 발사되었다. 비슷한 명칭으로 불렸지만 이것은 전혀 다른 탐사선으로, 근접 비행체와 초보적인 착륙선을 포함하고 있었다. 탐사선의 질량은 900kg이나 되었다. 당시 이것은 매우 야심적인 프로젝트로 그때까지도 지구 밖의 천체에 착륙한 탐사선이 없었다. 하지만 이 탐사선도 지구 궤도를 벗어나는 데 실패했다. 1962년에는 화성의 대기 압력을 제대로 이해하지 못하고 있었기 때문에 이 탐사선이 화성에 도달했다 해도 착륙에 성공하지 못하고 부서져버렸을 것이다.

다음 시도는 2년 후인 1964년 11월 매리너 4호가 발사되고 며칠 후 이루어졌다. 이 프로젝트는 존드 2호라고 불렸지만 기본적으로 마르스 2MV-3와 같은 것이어서 준연착륙을 위한 모듈을 싣고 있었다.

이번 발사는 화성을 향한 경로에 진입하는 데 성공했다. 그러나 1965년 5월, 존드 2호와의 통신이 두절되었다. 존드 2호는 매리너 4호가 화성을 스쳐 지나가고 한 달 후에 조용히 화성을 지나갔다.

지상 발사 과정에서 일어나는 문제, 지구 궤도를 벗어나는 문제, 화성으로 향하는 도중에 발생하는 문제, 이 세 가지 문제는 소련 무인 탐사 프로젝트, 특히 화성 탐사 프로젝트의 상징처럼 되었다. 그러나 믿을 수 없을 정도의 집념과 고도의 기술보다는 반복적인 시도를 통해 우주개발에서 우위를 차지하려는 소련은 또 다른 탐사선을 준비했다.

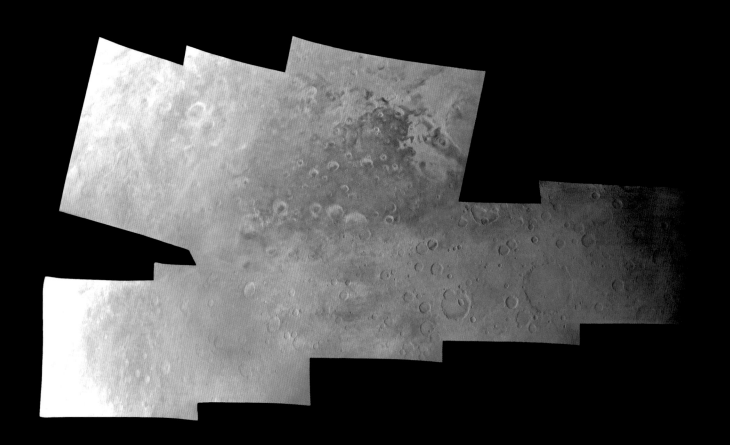

NASA의 반응

그동안 NASA는 마지막 화성 근접 비행이 될 다음번 탐사선을 준비하고 있었다. 매리너 6호와 7호는 전체적으로 매리너 4호와 비슷했지만 무게는 매리너 4호의 두 배나 되었고, 태양전지판을 펼치면 탐사선의 너비는 6m, 높이는 3m나 되었다. 전력은 태양전지로 전지를 충전하여 사용했다. 이것은 그때까지 미국이 발사한 가장 무거운 근접 비행을 위한 무인 탐사선이었다.

매리너 6호와 7호에 실린 실험 장비에는 적외선 분광기, 화성 표면의 온도를 측정하는 장비, 향상된 텔레비전 카메라, 매리너 4호가 가져갔던 것과 비슷한, 전파가 대기에 의해 약해지는 정도를 측정하는 데 필요한 장비 등이 포함되어 있었다. 전파는 훨씬 강력해졌고 전송속도도 크게 향상되었다. 매리너 4호가 사용했던 것과 비슷한 테이프리코더가 탐사선이 화성을 지나간 후 해상도가 훨씬 향상된 영상 자료를 전송했다.

매리너 6호는 1969년 2월 24일에 발사되었고, 매리너 7호는 한 달 후인 3월 27일에 발사되었다. 이번에는 위치 결정의 기준이 되는 별 측정 장치가 완벽하게 작동했다.

매리너 7호 전지의 액체가 새어 나와서 화성 근접 비행 며칠 전부터 통신이 두절되는 사고가 나기 전까지는 화성을 향한 항해가 순조롭게 이루어졌다. 통제사들이 주 안테나를 보조 안테나로 교체했고, 엔지니어들은 문제를 해결하기 위해 노력했다. 시간이 얼마 남아 있지 않았다. 매리너 6호가 화성을 지나간 직후 매리너 7호와의 통신이 재개되었다. 긴급 상황이었지만 매리너 7호는 제대로 작동하고 있는 것 같았다. 매리너 6호가 보내온 자료의 기초적인 해석을 바탕으로 매리너 7호에 새로운 명령을 보내 변수를 수정하여 특정 지역의 사진을 찍도록 했다. 프로그램을 수정할 수 있는 컴퓨터를 가진 것이 NASA 무인 탐사 프로그램의 장점이었다. 소

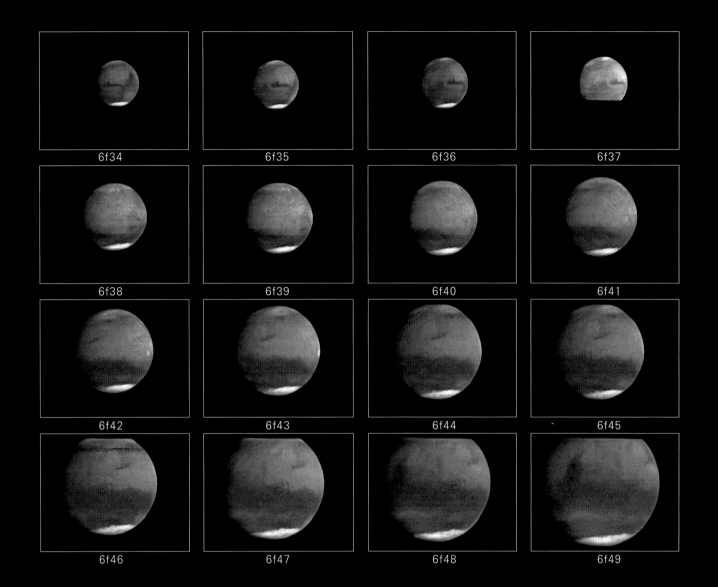

6f34	6f35	6f36	6f37
6f38	6f39	6f40	6f41
6f42	6f43	6f44	6f45
6f46	6f47	6f48	6f49

련의 유연성이 떨어지는 컴퓨터는 주로 발사 전에 입력시킨 변경 불가능한 명령 체계에 의존해 작동했다.

탐사선이 해상도가 훨씬 좋아진 210장의 사진을 전송해왔다. 각각의 사진은 945×704 픽셀로 이루어져 있었다(매리너 4호가 찍은 사진의 해상도는 200×200 픽셀이었다). 가장 좋은 사진의 한 픽셀은 305m를 나타냈는데(매리너 4호가 찍은 사진에서 한 픽셀은 1.6km를 나타냈다), 매리너 4호보다 화성에 더 근접하여 비행했기 때문이었다. 두 탐사선은 화성 표면 3380km 상공을 지나갔다. 두 탐사선이 모두 화성 근접 비행에 성공한 것은 초기 무인 탐사 프로젝트에서는 드문 일이었다.

선수들의 수준

소련은 부러움에 찬 눈으로 바라볼 수밖에 없었다. 유

맞은편 매리너 6호가 화성을 근접 비행하면서 찍은 사진들을 결합하여 만든 사진. 이 사진은 매리너 6호가 찍은 사진을 경계면이 없도록 현대적 기술로 재구성한 것이다.

위 매리너 6호가 화성에 접근하면서 차례로 찍은 사진들. 가장 인상적인 것은 아래쪽에 보이는 극관이다. 각 사진에 나타난 지형들을 추적해볼 수 있다.

존 카사니
John Casani

매리너 화성 6호와 7호 프로젝트의
탐사선 시스템 부책임자

매리너 6호와 7호가 화성에 접근하자 제트추진연구소의 정보 수신 장치에 모두의 시선이 집중됐다. 2년 전에 매리너 3호가 실종되었고, 소련의 실패가 거의 예측되고 있었다. "이 모든 실패로 인해 사람들은 화성에서 무슨 일이 일어나는지 궁금해했다. 거대한 은하 악마 이야기가 떠돌기 시작한 것은 그때쯤이었다. (……) 이 이야기는 매리너 4호가 화성에 접근할 때쯤부터 사람들 사이에 회자되기 시작했다. 소련이 보낸 두 대의 탐사선이 화성 근처에서 사라지자 사람들은 화성 주변에 운석 구름이 떠돌고 있거나 문제를 일으키는 화성의 환경 문제가 있을 것이라고 생각했다. 〈타임〉지에 기사를 쓰고 있던 한 작가가 이런 생각들이 사실일 가능성이 있느냐고 질문해왔다. 나는 그에게 '화성 환경에는 문제를 일으킬 만한 것이 없습니다. 나는 화성 탐사선들이 왜 실패했는지 설명할 수 없습니다. (……) 아마 그곳에 문제를 일으키는 괴물이 있나 보지요'라고 대답했다. 그러자 그 작가는 '아, 위대한 우주 괴물Great Galactic Ghoul!'이라고 말했다."

위대한 우주 괴물이라는 말은 이렇게 해서 생겨났다.

"몇 년 후 매리너 7호가 화성에 접근하던 중에 문제가 발생하자 위대한 우주 괴물에 대한 생각이 다시 떠올랐다. 어떤 화가가 괴물이 화성에 접근하는 매리너 7호를 삼키고 있는 환상적인 그림을 그렸다. (……) 그러자 사람들은 소련이 화성 근처에서 잃어버린 탐사선들을 생각하게 되었고, 괴물은 이 탐사선들을 먹이로 자체 생존이 가능하게 되었다."

인 지구 궤도 비행에서는 큰 성공을 거두었지만 미국 우주 프로그램이 소련과의 기술적 갭을 극복한 이후 소련의 초기 성공을 앞질러 가기 시작했다. NASA는 무인 우주선을 좀 더 정교하게 통제할 수 있었다. 우주 프로그램에서 소련이 다시 한 번 선두로 나가기를 바랐던 소련 지도자 레오니트 브레즈네프Leonid Brezhnev는 어려움을 겪고 있던 유인 달 착륙 계획(결국 실패로 끝난)과 무인 금성·화성 탐사 계획에 압력을 가했다.

1969년 소련 우주 프로그램의 최우선 과제는 또 다른 쌍둥이 탐사선인 마르스 2M 프로그램이었다. 이 탐사선들은 소련의 기준으로 볼 때도 크고 무거웠다. 무게가 4853kg이나 되었으며 각 탐사선에는 분리된 세 개의 카메라, 수증기 검출 장치, 분광기가 있었다. 이 탐사선들은 화성 근접 비행이 아니라 화성 궤도를 도는 것을 목표로 했다.

첫 번째 마르스 2M 탐사선은 1969년 3월 27일에 발사대를 떠나는 데는 성공했지만 3단 로켓이 폭발해 실패로 끝났다. 소련은 4월 2일에 재발사를 시도했지만 지상 91m에서 폭발하고 말았다. 그 결과, 많은 사람들이 다친 것은 물론 소련 우주 프로그램도 큰 상처를 받았다. 그리고 프로톤 로켓 폭발 때 새어 나온 부식성 강한 연료로 인해 여러 달 동안 발사대를 사용할 수 없었기 때문에 다른 프로그램도 연기하지 않을 수 없었다.

결국 소련 우주 프로그램은 일시 중단되었고, 달 궤도를 도는 경쟁에서 미국을 이길 수 없었다. 그리고 곧 달에 우주인을 보내는 경쟁에서도 미국에 뒤처졌다. 무인과 유인 우주 비행에서 소련이 초기에 거둔 성공들은 역사 속으로 사라져갔다. NASA는 모든 우주 프로그램애서 소련을 앞질렀다. 소련의 우주 프로그램은 발사 전까지 거의 발표하지 않았지만 실패 소식은 결국 알려졌다(미국은 군사적인 목적으로 사용된 것을 제외하고는 항상 공식적으로 발표했다). 이렇게 해서 노동자의 천국은 뒤로 처졌고, 그들의 화성 탐사 프로젝트는 실패를 거듭했다.

습하고 거칠다:
매리너 9호가 보내온 놀라운 풍경

1971년 초에 케이프 캐너버럴에서 발사된 매리너 8호가 발사 직후 대서양에 추락하여 실패로 끝난 뒤, 매리너 9호가 두 번째로 발사대에 자리 잡았다. 매리너 9호는 새로운 세대의 매리너 탐사선을 대표하는 것으로, 이전 탐사선들보다 크고 무거웠다. 새로운 장비들이 많았던 매리너 9호는 매리너 6호와 7호의 무게를 합한 것보다 무거웠다. 이는 가지고 갈 과학 장비가 많아진 때문이기도 했지만 더 중요한 이유는 화성을 근접 비행하여 지나가는 것이 아니라 화성 궤도 비행을 하도록 설계되었기 때문이었다.

1960년대는 화성 근접 비행의 마지막 단계를 장식했다. 근접 비행은 매우 빠르게 지나가면서 어깨 너머로 행성을 보는 것이어서 보내오는 자료에 한계가 있었다. 새로운 매리너 탐사선이 무거워진 것은 브레이크로 작동하여 화성 궤도에 진입하는 데 사용할 로켓엔진과 연료 때문이었다. 탐사선 무게의 거의 반은 연료 무게였다.

5월 30일 매리너 9호가 연기와 불꽃을 뒤로하고 케이프 캐너버럴을 이륙한 지 여섯 달 만에 화성에 접근했다. 화성 궤도 진입을 위한 역추진 로켓의 점화가 몇 주일 앞으로 다가왔다. 역추진 로켓이 제대로 작동한다면 탐사선에 브레이크를 걸어 속도를 늦춘 뒤 화성 궤도에 진입할 수 있을 것이다. 그러나 실패한다면 이전의 탐사선들처럼 화성을 지나쳐버릴 것이다

11월 14일, 예정대로 점화된 역추진 로켓이 15분 동안 작동하면서 탐사선의 속도를 충분히 낮추어 매리너 9호가 화성 중력에 의해 잡힐 수 있도록 했다. 이로써 매리너 9호는 다른 행성 궤도에 진입한 최초의 탐사선이 되었다. (……) 그리고 오래지 않아 다른 탐사선들도 화성 궤도에 진입했다.

우주 경쟁이 가열되다

소련은 화성 탐사와 관련해서 끈질기게 비슷한 목표에 매달렸지만 운이 따르지 않았다. 그러나 실패는 더 큰 야심을 불러오는 듯했다. 초기 우주 경쟁에서의 따라잡기 역할이 바뀐 것 같았다. 소련은 한발 앞서가고 있는 미국을 따라잡기 위해 점점 더 공격적인 새로운 프로그램을 만들었다. 그 결과, 12월 2일에 소련의 마르스 2

위 　마르스 2호와 마르스 3호를 기념하기 위해 발행한 소련 우표. 마르스 2호 착륙선은 궤도를 도는 탐사선을 떠나 먼지로 둘러싸인 화성을 조사하다가 부서졌고, 마르스 3호의 착륙선은 성공적으로 하강했지만 몇 초 만에 실패로 끝났다. 궤도를 돌고 있던 탐사선도 아무것도 나타나지 않은 사진을 찍는 데 그쳤다.

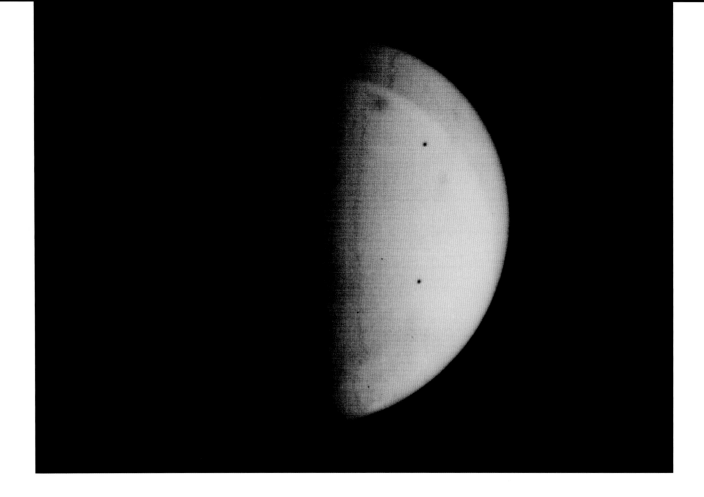

호와 마르스 3호가 매리너 9호의 뒤를 따라 화성 궤도 진입에 성공했다. 하지만 이 탐사선들은 단순히 화성 궤도를 도는 것이 아니었다. 소련 탐사선들은 화성 연착륙을 위한 착륙선과 작은 로버도 가지고 갔다. 1971년의 기술로는 매우 야심적인 것이었다. 만약 화성 연착륙에 성공한다면 대단한 성공이 될 것이 분명했다.

미국과 소련이 보낸 세 개의 탐사선이 화성 궤도를 돌고 있는 동안 예상치 못한 일이 발생했다. 매리너 9호가 화성을 궤도 비행하면서 보내온 사진에는 아무것도 나타나 있지 않았다. 과학자들은 곧 9월부터 걱정했던 일이 일어났다는 것을 알아차렸다. 화성 전체에 거대한 모래 폭풍이 불기 시작한 것이다. 원하면 얼마든지 사진을 찍을 수 있었음에도 화성 전체를 덮고 있는 모래 구름의 상층부 사진밖에는 찍을 수 없었다. 매우 실망스러운 일이었다. 제트추진연구소의 엔지니어들과 통제사들은 바쁘게 매리너 9호에 보낼 새로운 프로그램을 준비했다.

화성 지도를 작성하는 작업을 연기하기 위한 것이었다.

그들은 영상 장치를 제한적으로 사용하면서 6주 후 폭풍이 걷힐 때까지 모든 장비의 운용 능력을 저축해두었다. 그러나 소련의 마르스 탐사선은 다시 프로그램할 수 없었기 때문에 예정대로 탐사 작업을 진행하여 모래 구름 상층부 사진을 수백 장 전송했다. 그중에는 유용한 정보도 포함되어 있었지만 그들이 기대했던 과학적 결과는 얻을 수 없었다. 반면에 매리너 9호는 아래 세상이 깨끗해질 때까지 기다렸다.

그렇다면 소련의 착륙선은 어떻게 되었을까? 당시로서는 놀랍게도 화성에 도달하기 네 시간 반 전쯤에 착륙선은 탐사선에서 분리된 후 화성 대기 속에 뛰어들어 화성 표면으로 향하도록 되어 있었다. 화성 궤도를 돌고 있는 탐사선과 착륙선을 합한 무게는 매리너 9호의 다섯 배나 되는 4535kg이 넘었다. 착륙선도 연료를 가득 채웠을 때 1225kg이 넘는 공룡이었다. 이들은 다른 소

련 탐사선들과 마찬가지로 거의 공처럼 둥근 모양을 하고 있었다.

착륙선은 화성 표면에 접근하면 역추진 로켓을 이용해 브레이크를 걸고 속도를 늦춘 후 대기에 진입한 뒤 역추진 로켓과 낙하산을 이용하여 표면에 안착하도록 되어 있었다. 일단 표면에 도달하면 네 개의 발이 펴져서 작동 가능한 자세를 잡도록 했다.

이 착륙이 성공했더라면 서방 세계를 놀라게 할 또 다른 것이 준비되어 있었다. 소련 착륙선들은 현대 게임기 크기로 5kg 정도 되는 로버를 가지고 있었다. 이 로버

들은 착륙선이 착륙하면 로봇 팔을 이용하여 화성 표면에 내려질 예정이었다. 화성 표면에 내려진 로버는 들어 올리고 미는 막대를 교대로 작동시켜 앞으로 나가도록 설계되어 있었다. 그것은 바다거북이 부화된 후 바다를 향해 나가는 것과 비슷한 방법이었다. 로버는 15m 길이의 줄로 착륙선과 연결되어 있었고 전면에 충격 센서가 있어 자동적으로 작동했다. 그것은 초보적이지만 매우 창의적인 것이었다. 그러나 착륙선과 로버 모두 실패로 끝나고 말았다.

소련의 침체와 미국의 성공

마르스 2호의 착륙선은 화성 대기 속으로 돌진한 후 작동 오류로 부서지고 말았다. 마르스 3호의 착륙선은

자동 항해 시스템으로 적절한 경로를 따라 날아가 화성 표면에 부딪히며 착륙했다. 기계적인 발판이 아래로 향한 착륙선을 똑바로 세운 후 원형 파노라마 카메라가 설치되었다. 화성 표면에서 찍은 첫 텔레비전 영상이 지구로 전송된 것은 놀라운 일이었다. (……) 그러나 15초 후 모든 것이 끝나버렸다. 70줄의 비디오 자료를 전송한 후 착륙선은 작동을 멈췄다. 고장 원인에 대해서는 먼지 폭풍으로 인한 방전 때문이라는 것에서부터 잘못된 설계 때문이라는 것까지 다양한 의견이 제시되었다. 어찌 되었든 마르스 2호와 3호의 야심 찬 화성 착륙 프로그램은 이로써 끝나버리고, 화성 상공을 돌고 있던 탐사선은 아무것도 나타나지 않은 구름 사진을 찍는 데 그쳤다. 소련의 마르스 3호 착륙선이 아래에서 드라마를 끝

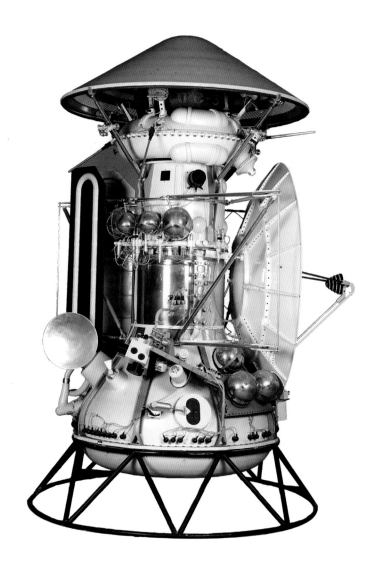

우측 소련의 마르스 2호와 3호는 똑같이 궤도 비행선과 착륙선으로 이루어져 있었다. 이 탐사선은 매우 크고 무거웠으며, 전체가 한 덩어리를 이루고 있으며 정밀한 전자 장비를 보호하기 위해 압력에 견딜 수 있는 덮개를 사용했다. 하지만 두 탐사선 모두 목적을 충분히 달성하지 못했다.

아래 매리너 9호가 찍은 사진을 이용하여 만든 화성의 상세한 메르카토르 지도. 모두 정확한 것은 아니지만 이러한 합성 이미지는 화성의 지질학적 비밀을 밝혀내려는 행성 과학자들에게 유용한 도구가 되고 있다.

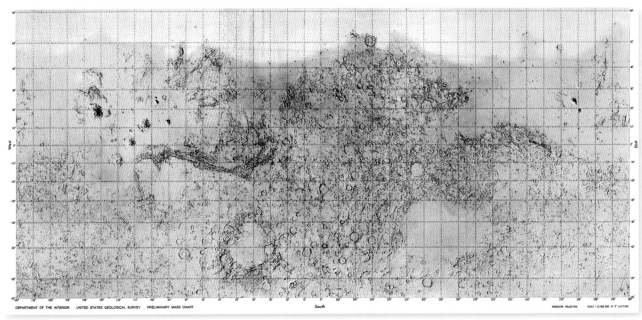

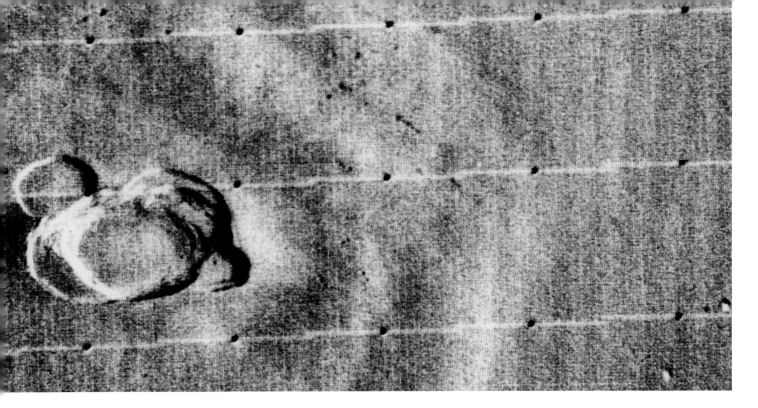

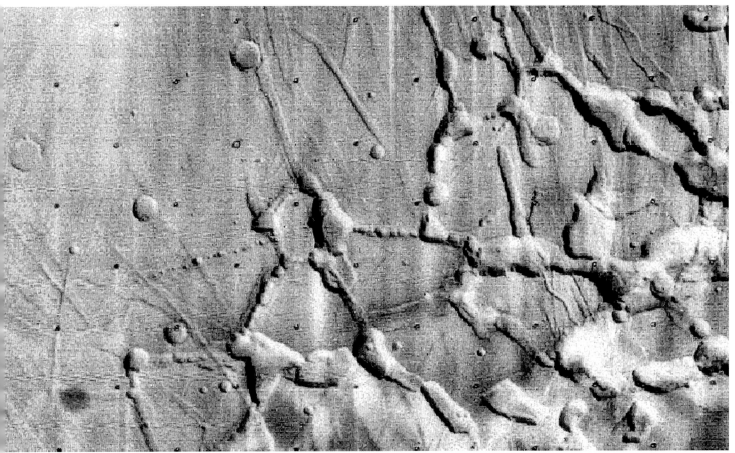

맨 위　높이가 2만 1330m나 되는 거대한 화성 화산인 올림푸스 산 정상의 칼데라. 이 사진은 영상 처리 작업 중이어서 TV 전송선들이 나타나 있다.

위　마리네리스 협곡 끝부분에 있는 녹티스 라비린투스 또는 라비린스라고 부르는 지형의 모습. 이 지형은 이상한 구조로 인해 형성 과정에 의문을 품게 한다. 그러나 사진에 보이는 가장자리는 침식작용으로 붕괴되어 만들어진 것으로 추정된다.

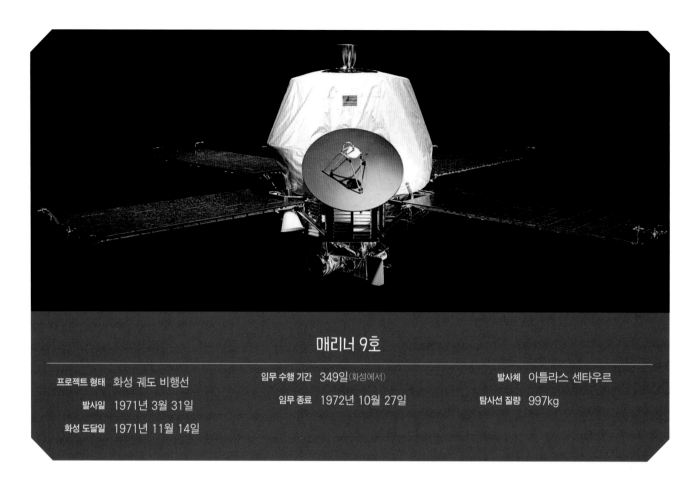

매리너 9호

프로젝트 형태	화성 궤도 비행선	임무 수행 기간	349일 (화성에서)	발사체	아틀라스 센타우르
발사일	1971년 3월 31일	임무 종료	1972년 10월 27일	탐사선 질량	997kg
화성 도달일	1971년 11월 14일				

내고 있는 동안 매리너 9호는 화성 궤도 위에서 과학적 측정을 하며 먼지 폭풍의 상태를 파악하기 위해 가끔씩 사진을 찍고 있었다.

제트추진연구소 과학자들은 화성의 먼지 폭풍이 얼마나 오래 지속될지 알 수 없었다. 그런데 몇 주 후 기상 상태를 확인하기 위해 찍은 사진에 이상한 물체가 나타나 있었다. 알 수 없는 세 개의 원형 점이 사진에 보였다가 이내 다른 것과 합쳐졌다. 이전에 만들어진 지도 위에서 이들의 위치를 확인한 후에야 과학자들은 자신들이 본 것이 무엇인지 알아냈다. 구름 위로 내민 거대한 고대 화산의 정상들이었다. 이 중 하나인 올림푸스 산은 높이가 2만 5000m나 되었다. 이는 지구에서 가장 높은 에베레스트 산보다 네 배 높으며 태양계에서 가장 높았다. 이것이 먼지구름을 뚫고 나타난 거대한 화산이라는 것을 알아낸 것은 놀라운 발견이었다. 이 화산들은

화성의 지질학적 특징을 나타내는 놀라운 지질학적 구조였다.

먼지 폭풍이 가라앉자 프로젝트를 담당한 사람들은 매리너 9호를 이용한 본격적인 화성 탐사를 시작할 수 있었다. 초기 계획은 매리너 8호가 화성 궤도를 반복해 돌면서 화성 표면의 70%에 해당하는 지역의 지도를 작성하는 것이었다(이전의 근접 비행으로는 가능하지 않은 일이었다). 그리고 매리너 9호는 장기간에 걸친 대기와 화성 표면의 변화를 조사하도록 되어 있었다.

그러나 매리너 8호가 실패로 끝났기 때문에 매리너 9호가 두 탐사선의 가장 중요한 임무를 결합하여 수행하도록 했다. 이것은 어려운 주문이었지만 매리너 9호에 실려 있는 컴퓨터 프로그램을 바꿀 수 있었기 때문에 가능한 일이었다. 화성의 기상 상태가 표면 사진 촬영이 가능할 만큼 좋아질 때쯤 제트추진연구소는 새로운 프

로그램을 전송할 모든 준비를 마치고 있었다.

다음 해에 매리너 9호는 화성 궤도를 돌면서 표면에 1600km까지 접근했다. 이 지점에서 찍어 전송한 사진은 놀라운 것이었다. 매리너 9호는 거의 전체 화성 표면 지도를 작성했다. 두 탐사선이 수행하려고 계획했던 것들을 하나의 탐사선이 모두 해냈기 때문에 질에서는 어느 정도 양보해야 했다. 탐사선이 이심률이 큰 타원 궤도를 돌았으므로 극지방 사진의 해상도는 기대에 못 미쳤다. 그럼에도 불구하고 결과는 놀라운 것이었다.

매리너 4호가 찍은 21장의 사진에 나타난, 달과 같이 황폐한 세상은 매리너 6호와 7호가 찍어 전송한 향상된 해상도의 사진으로 어느 정도 완화되었다. 그럼에도 매리너 9호가 화성을 계속 돌면서 보내온 사진은 화성 표면 위에서 진행되고 있는 일들에 대한 많은 설명들을 완전히 수정하도록 하기에 충분했다.

카메라 아래 펼쳐진 세상은 충돌로 생긴 것이 아닌 수많은 지형을 가지고 있었다. 한때 활동적인 환경에 의해 형성된 것이 분명한 길고 구불구불한 수로가 화성 표면 여기저기에서 발견되었다. 강이나 강이 만든 삼각주처럼 보이는 지형도 발견되었다. 이런 지형들이 물에 의해 형성되었는지 바람에 의해 만들어진 것인지는 확실하지 않았지만 지구 궤도에서 볼 때 물에 의해 만들어진 지구의 지형들과 아주 비슷해 보였다. 지질학자들은 고무되었다. 대답해야 할 새로운 질문들만큼 행성 과학자들을 들뜨게 만드는 것은 없을 것이나.

화성 지도를 작성하는 일과 함께 화성 대기의 조성을 조사하는 연구도 진행되었다. 여기에는 온도 측정, 밀도와 압력을 조사하는 작업도 포함되어 있었다. 이로 인해 화성 기후에 대한 기초적인 이해가 가능해졌고 계절적 변화도 알 수 있게 되었다.

7329장의 화성 사진과 함께 많은 양의 관측 자료가 지구로 전송되었다. 이것은 여러 해 동안 연구할 자료를 제공했을 뿐만 아니라 4년 후로 계획된 다음 화성 탐사선의 변수들을 정하는 기초 자료로도 사용되었다. 매리너 9호는 대중들의 갈채를 한 몸에 받은 뛰어난 연기자였다.

한 시대의 종말

1년이 채 안 되어 매리너 9호의 고도 컨트롤 시스템 연료가 바닥나 탐사선의 방향을 변경하는 것이 불가능해졌다. 아쉬움이 남았지만 나름대로의 성취감을 만끽하며 1972년 10월 통제사들은 매리너 9호의 작동을 중지했다. 매리너 9호는 초기 우주 탐사의 조용한 기념비가 되어 화성 궤도를 계속 돌고 있다. 그리고 2020년 초에 화성 대기에 진입할 것으로 보인다. 그렇게 되면 매리너 9호의 잔해가 아직 알려지지 않은 화성 표면 어딘가에 충돌할 것이다. 그러나 현재 화성 궤도를 돌고 있는 해상도 좋은 카메라가 그 광경을 포착할 것이 확실하다.

겨우 6년 동안 화성은 망원경에 보이는 얼룩에서 달 표면과 같이 크레이터가 흩어져 있는 황폐한 풍경으로 진화했다가 다시 강력한 기상 현상에 의해 침식되고 마모된 표면을 가진 행성으로 바뀌었다. 지질학이나 기상학적 관점에서 볼 때 화성은 살아 숨 쉬는 생태계를 형성하고 있다.

이 놀라운 풍경은 물이 만들었을까 아니면 바람이 만들었을까? 그리고 화성은 아직도 활동적일까 아니면 이 모든 것들이 격렬했던 과거의 흔적들일까? 이런 질문들의 해답은 크게 진보된 기술(그리고 지나칠 정도로 야심적인)로 제작되어 1976년 화성 표면 도달에 성공한 새로운 탐사선 바이킹에 의해 밝혀진다.

미지의 세계로: 위대한 바이킹

그들은 1950년대부터 이 순간을 기다려왔다. 우선 화성 지도를 조사했다. 처음엔 망원경 관측을 통해 만든 지도를 조사했고, 다음에는 매리너 탐사선들이 보내온 사진을 종합하여 만든 좀 더 자세한 지도를 조사했다. 탐사선에 실릴 장비 목록에 대한 토론이 끝없이 계속되었다. 임무를 위한 변수들이 정해지고, 수정되고, 다시 조정되었다. 착륙 지점이 반복적으로 검토되었다. 장비들이 제작되었고, 제대로 작동하는지 시험해본 다음 살균 처리를 거쳐 준비가 완료되었다.

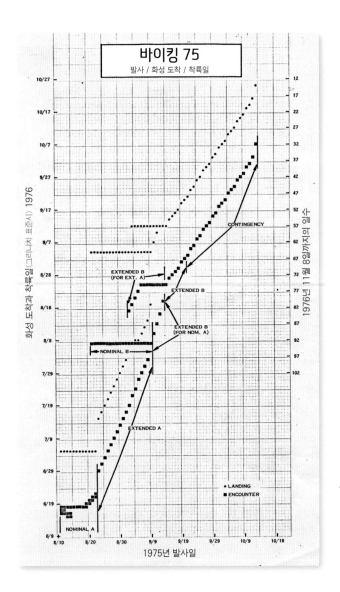

그리고 1975년 8월과 9월에 무거운 화물을 지구 궤도에 올려놓기 위해 두 대의 타이탄 III 로켓이 케이프 캐너버럴에서 발사되었다. 지구 궤도에 진입한 후에는 탐사선이 분리되어 화성으로 향했다.

6월에 궤도 비행선과 착륙선으로 이루어진 두 대의 바이킹 탐사선 중 첫 번째 탐사선이 브레이크 역할을 하는 역추진 로켓을 점화하여 화성 궤도에 진입했다. 화성 궤도를 돌면서 해상도가 높아진 카메라로 찍어 보내온

좌측 바이킹 프로젝트의 추진 과정 – 바이킹 프로젝트의 준비는 모든 과정을 자세히 기록으로 남기면서 발사 직전까지 계속되었다.

위　미국에서 발행된 이 기념우표에서는 바이킹 착륙선이 '세상의 꼭대기에 있고', 작은 화성이 샘플 채취를 기다리고 있다.

사진을 이용해 제트추진연구소 과학자들은 한 달 동안 화성 표면을 면밀하게 검토했다. 이것은 착륙 지점을 변경할 마지막 기회였다.

그런 다음 미국 캘리포니아 시간으로 1976년 7월 20일 오전 1시 정도에 바이킹 1호가 궤도 비행선에서 분리된 후 역추진 로켓을 점화하여 속도를 줄이고 화성 표면을 향해 하강하기 시작했다. 오늘날의 기준으로 보면, 크고 무거우며 별로 지능적이지 못한 기계를 미지의 세계로 내려보내는 것이었다. 그 당시에는 화성 표면에 대해 알려진 것이 별로 없어 착륙선을 파괴할 수도 있는 바위나 크레이터 가장자리에 걸리지 않고 성공적으로 착륙하는 것은 순전히 운에 달려 있었다. 그래서 제트추진연구소에서는 바이킹 탐사선을 '커다란 얼간이 착륙선Big Dumb Landers'이라는 뜻의 BDL이라는 애칭으로 부르고 있다.

이제부터 세 시간 동안 바이킹 1호는 자체적으로 운행하여 화성 표면으로 향할 것이다. 그러고는 화성 표면에 안전하게 내려앉거나 충돌로 인해 산산조각 나면서 마지막을 장식할 것이다. 화성에서 지구까지 전자기파가 전달되는 데 걸리는 시간 때문에 제트추진연구소에서는 착륙선이 표면에 도달한 후에도 19분 동안은 그 결과를 알 수 없다(화성에서 지구까지 전파가 전달되는 데 걸리는 시간은 지구와 화성까지의 거리에 따라 달라진다. 화성이 지구에 가장 가까이 있을 때는 5분 정도 걸리지만 가장 멀리 떨어져 있을 때는 21분 이상의 시간이 걸린다 - 옮긴이). 비행 통제사들은 그동안 안절부절못하면서 착륙선의 운명을 알려줄 화성 표면으로부터 보내올 첫 번째 통신을 기다리고 있었다. (……)

새로운 출발

바이킹 프로젝트는 10년 이상의 계획과 준비 과정을 통해 구체화되었다. 최초의 매리너 탐사선이 화성을 근

위 바이킹 착륙선과 기술자들. 장비들 아래는 지름이 3.5m인 단열판이 있다. NASA는 이 같은 구조를 지구 밖의 모든 대기에서 사용했다.

아래 기술자가 바이킹 착륙선의 토양 샘플 채취기의 기능을 확인하고 있다. 이 샘플 채취기는 강철로 만든 로봇 팔에 고정되어 있었다.

접 비행하기 전부터 이미 NASA와 많은 대학의 연구원들이 화성 표면을 탐사하기 위한 무인 착륙선 프로젝트를 계획하고 있었다. 매리너 9호가 화성 궤도를 돌면서 화성을 조사하는 것은 과학적 조사를 위해 좋은 방법이다. 그러나 궤도 비행만으로는 화성을 모두 이야기할 수 없었다. 궤도 비행선이 관측한 자료는 궤도 비행선과 착륙선을 모두 가지고 있는 탐사선의 관측 자료와 비교할 수 없을 것이다. 바이킹 프로젝트는 화성에 관한 인간의 호기심을 풀어줄 궁극적인 해결책이었다.

표면에서 보내오는 자료와 궤도 비행선에서 계속 관측한 자료를 종합하면 화성의 지형이나 기후 변화에 대한 우리의 이해가 크게 증진될 것이다. 궤도 비행선에 실려 있는 새로운 고화질 카메라는 이전 탐사선들이 찍은 사진들과는 비교할 수 없을 정도로 선명한 컬러 사진을 보내올 것이다. 착륙선은 토양 성분에서 화성의 기후와 지진에 이르기까지 모든 것을 측정할 장비를 가지고 있었다. 그러나 가장 중요한 임무는 지구 밖 생명체, 즉 외계 생명체를 찾아내기 위한 조사를 진행하는 것이었다.

바이킹 프로젝트를 계획하고 있던 처음 몇 년 동안에는 화성 생명체를 찾아내기 위한 탐사도 여러 가지 탐사 항목 중 하나에 불과했다. 그러나 프로젝트가 진행되면서 우선적인 과제로 떠올랐다. 적어도 매스컴에서는 그랬다. 물을 찾아내기 위한 조사에 집중하느냐, 토양에서 미생물을 찾아내기 위한 조사를 우선적으로 하느냐 하는 문제를 놓고 많은 토론을 벌였다. 오늘날의 입장에서 보면 과학적 오만처럼 보일지 모르지만 그 당시의 화성에 대한 이해를 기초로, 화성 토양에서 미생물의 징후를 찾는 조사를 우선 진행하기로 결정했다.

그러나 생명체의 징후를 찾아내는 것은 흑백논리처럼 분명한 답을 얻을 수 있는 문제가 아니었다.

궤도 비행선과 착륙선을 설계하고 제작하는 동안 착륙 지점에 대한 탐색이 진행되었다. 매리너 6호와 7호가 보내온 자료는 많은 정보를 제공했지만 착륙선을 표면에 안전하게 착륙시켜야 할 책임을 진 사람들에겐 큰 도움이 되지 못했다. 탐사선들이 찍은 사진들은 화성의 일부만을 찍은 것이었고, 단지 작은 도시 크기의 지역에 착륙하는 것을 피할 수 있도록 하는 정도가 전부였다. 따라서 자료를 바탕으로 착륙 지점을 결정하는 것은 가능하지 않았다.

1971년에 매리너 9호로부터 새로운 자료가 송신되었다. 이 자료들은 해상도가 나은 사진과 더 많은 지역의 사진을 제공했지만 여전히 지름이 1.1km보다 작은 물체는 식별할 수 없었다. 따라서 착륙 지점의 선택은 직관에 의존해야 했다.

다양한 의견들

안전 문제와 함께 과학자들이 선호하는 착륙 지점이 달라 연구원들 사이에는 긴장이 감돌았다. 그들 모두 가장 좋은 과학적 관측 결과를 원했지만 전공 분야에 따라 원하는 착륙 지점이 달랐다. 기상학자들은 주변 몇 km까지의 기상 자료를 수집할 수 있는 평평한 지점에 착륙시키기를 원했다. 하지만 그런 지점은 흥미 있는 다양한 지형의 관찰을 원하는 지질학자에게는 최악이었다. 상당한 크기의 크레이터 부근지역이라면 충돌 시에 표면 아래 있던 물질이 표면에 흩어져 있어 로봇팔을 이용하여 화성 표면 아래 있는 물질을 채취할 수 있을 것이다. 해상도가 낮은 궤도에서 찍은 사진을 이용하여 검토를 시작한 생물학 팀은 착륙선 중 하나는 밝은 색 지역에, 다른 하나는 어두운 색 지역에 착륙하길 원했다. 그것이 생명체를 발견할 가능성을 높여줄 것이라고 생각했지만 밝은 색으로 보이는 지역과 어두운 색으로 보이는 지역의 색깔이 다른 이유를 알지 못했다. 화학자들은 대기

노먼 호로위츠
Norman Horowitz
캘리포니아 공과대학 생물학 교수

호로위츠는 바이킹 탐사선을 위한 생물학 실험의 개발을 책임졌다.

"화성에 생명체가 있을 것이라는 생각은 300년 전부터 있었다. 이제 우리는 최초로 실험을 통해 그것을 확인해볼 수 있는 능력을 갖게 되었다. 매리너 9호는 화성에 한때 물이 있었다는 것을 발견하여 화성에 가야 하는 객관적인 이유를 제공했다. 화성에는 물에 의해 깎인 말라버린 강바닥이 있다. 모든 지질학자들은 이 지형이 물에 의해 만들어졌다는 데 동의했다. 과거 한때 화성에는 물이 있었다. 화성에 물이 있었다면 생명체가 있었을지 모르고, 그리고 지금도 생명체가 존재할 수 있다고 생각했다. 매리너 9호는 궤도 비행선으로, 1971년에 화성 궤도를 비행했다. 매리너 9호가 화성 사진을 찍기 전까지 나는 화성에 생명체가 존재할 확률이 0에 가깝다고 생각했다. 지구는 태양계에서 유일하게 생명체를 가지고 있는 행성이고, 지구에는 단 한 가지 형태의 생명체만 존재한다. 지구 생명체들이 모두 같은 아미노산으로 이루어진 단백질과 같은 유전자로 작동하는 유전 체계를 가지고 있다. 그런 의미에서 지구에 살고 있는 생명체는 모두 한 종류의 생명체라고 할 수 있다. 그렇다면 지구 생명체는 모두 친척이라고 할 수 있다. 생명의 창조는 단 한 번만 있었고, 생명의 창조는 지구 밖에서는 어디에서도 일어나지 않았다. 다른 곳에서도 생명의 창조가 있었다면 살아남지 못했을 것이다. 이것은 우주적으로 매우 중요한 결론이다. 만약 사람들이 이런 사실을 안다면 지구를 파괴하는 일은 하지 않을 것이다."

의 밀도와 압력이 높고, 온도가 높으며, 젖어 있을 가능성이 있는 고도가 낮은 곳이 가장 좋은 착륙 지점이라고 생각했다.

1970년까지도 회의가 계속되었다. 매리너 6호, 7호 그리고 9호가 보내온 사진을 가지고 끊임없는 논의를 벌였지만 착륙 지점에 대한 최종 결정은 바이킹의 궤도 비행선이 보내오는 사진을 확인한 후에야 이루어졌다. 그 사이 NASA 지휘부가 폭탄을 투하했다. 바이킹 팀에 경비 삭감을 요구한 것이다. 이로 인해 향상된 궤도 비행선 카메라는 사용할 수 없게 되었다. 그들은 매리너 9호가 사용했던 카메라를 재사용하거나 아예 포기해야 했다. 매리너 4호 때 했던 논쟁이 프로젝트의 규모가 커진 만큼 더 격렬하게 재현되었다. 바이킹을 위해 설계 중이던 카메라를 사용할 수 없게 된다면 추측에 의존해 착륙 위치를 선정해야 했다.

제트추진연구소 과학자들과 엔지니어들은 지휘부에 항의했고, 또다시 길고 격렬한 논쟁이 이어졌다. 결국

매리너 9호가 사용했던 카메라보다 해상도가 훨씬 좋아진 궤도 비행선 카메라가 도입되었다. 단순한 카메라를 사용하거나 아예 카메라를 사용하지 않으면 착륙 지점

맞은편 바이킹 궤도 비행선의 스테레오 카메라는 망원렌즈가 달려 있는 고해상도 저속 스캔 텔레비전 카메라였다. 이 카메라는 여섯 가지 색깔의 필터를 회전시킬 수 있어 특정 색깔의 빛만 받아들일 수 있었다.

선정뿐만 아니라 과학적 측정에서도 잃을 것이 너무 많았기 때문이다(1980년 운용을 정지할 때까지 바이킹 궤도 비행선이 찍은 9000장의 화성 사진은 해상도가 낮은 카메라 사진으로는 찾을 수 없었던 많은 것들을 발견할 수 있도록 했다).

그러나 궤도 비행선이 보내올 좋은 해상도의 사진은 바이킹이 화성에 도달한 다음에야 볼 수 있었다. 따라서 준비 단계에서는 그런 사진 없이 착륙 지점에 대한 논의를 계속해야 했다. 핵심적인 문제는 생물학 실험이었다. 기상학과 지질학 실험도 중요했지만 바이킹 프로젝트의 가장 중요한 과제로 떠오른 생물학 실험이 더욱 중요

했다. 문제는 제트추진연구소가 사용할 수 있는 제한된 예산과 기술을 이용하여 어떤 실험을 하는 것이 다른 세상에서 생명체를 찾아내는 최선의 방법이냐 하는 것이었다. 아폴로 프로그램이 대부분의 예산을 쓸어갔기 때문에 바이킹 프로젝트에는 제한적인 예산만 배정되는 상황에서 생명체를 찾아내는 최선의 방법을 알아내기 위한 논쟁이 생물학자들 사이에서 계속되었다.

진보된 기술

바이킹 탐사선이 싣고 갈 장비의 초기 선정 과정에서

명하는 데 필요한 장비였다. 이런 종류의 장비 중에서 최초로 우주에 설치되었던 두 장비는 진화를 거듭하여 2012년에 실시된 큐리오시티 프로젝트에서는 좀 더 발전된 형태로 다시 화성에 보내졌다.

다른 실험 종류 선정에서 핵심적으로 논의된 것은 화성에 살고 있을지도 모르는 미생물이 지구에 살고 있는 생명체들과 같은 대사 작용을 통해 영양분을 소비할 것인가 하는 문제였다. 최종안에서는 생물학 실험 장비에 화성 토양 샘플에 주입한 양분을 사용하여 대사 작용을 하거나 사용하지 않을 경우에도 생명체를 찾아낼 수 있도록 하는 실험 장비를 포함시켰다. 이런 중재안은 양쪽 모두 만족시킬 수 없었지만 양쪽을 설득시켜 일을 진전

두 개의 장비가 필수적인 것으로 결정되었다. 하나는 기체 크로마토그래프였고 또 하나는 질량분석기였다. 둘 다 토양을 가열할 때 방출되는 소량의 기체 성분을 규

맞은편　바이킹 1호가 찍은 화성의 합성사진. 특히 흥미를 끄는 것은 위 중앙 부분에 보이는 북극을 덮고 있는 극관과 화성의 아래쪽 반을 길게 가로지르는 마리네리스 협곡이다.

위　22장의 사진을 결합하여 만든 올림푸스 산 정상 사진. 이것은 칼데라 또는 화산의 분화구다. 올림푸스 산 정상에는 일곱 개의 분화구들이 합쳐져서 하나의 커다란 낮은 지형을 만들고 있다. 칼데라의 바닥은 가장자리보다 4000m나 낮다.

바이킹 1호와 2호	
프로젝트 형태	화성 궤도 비행선, 화성 착륙
발사일	바이킹 1호: 1975년 8월 20일 바이킹 2호: 1975년 9월 9일
도착일	바이킹 1호 : 1976년 7월 19일 바이킹 2호 : 1976년 8월 7일
착륙일	바이킹 1호 착륙: 1976년 7월 20일 바이킹 2호 착륙: 1976년 9월 3일
임무 수행 기간	2307일; 6년, 화성 위에서 4개월(바이킹 1호 착륙선)
임무 종료	바이킹 1호 궤도 비행선: 1980년 8월 17일 바이킹 1호 착륙선: 1982년 11월 13일 바이킹 2호 궤도 비행선: 1978년 7월 25일 바이킹 2호 착륙선: 1980년 4월11일
발사체	타이탄 3-센타우르 로켓
탐사선 무게	궤도 비행선: 883kg, 착륙선: 572kg

시키기에는 충분했다.

토양에 포함되어 있을지도 모르는 미생물을 찾아내기 위해 세 가지 실험 장비가 추가되었다. 그리고 기상 관측 장비, 지진 관측 장비, 엑스선을 이용하는 또 다른 분광기 그리고 카메라가 착륙선이 가져갈 과학 측정 장비에 포함되었다. 이 장비들은 매일매일 기상 상태를 측정하고, 화성 내부 구조에 대한 정보를 제공할 화성의 지진을 감시하며, 화성 토양에 포함된 일반적인 광물의 성분을 밝혀내는 데 사용될 것들이었다.

바이킹 탐사선 제작이 완료되어 시험을 거친 후에는 화성으로의 여행을 위한 준비를 해야 했다. 착륙 몇 초후에 실패로 끝난 1971년의 소련 마르스 3호와 통제할수 없어 부서지고 만 마르스 2호 외에는 다른 행성에 기계를 착륙시킨 적이 없었다. NASA는 착륙선이 화성 환경을 오염시키거나 파괴할 가능성에 대해 많이 고심했다. 탐사선이나 장비에 묻어 지구로부터 옮겨온 미생물

이 생명체를 찾아내기 위한 실험에서 화성 생명체에 대한 잘못된 정보를 제공할 위험뿐만 아니라 화성을 영구히 오염시킬 가능성도 있었다. 많은 과학자들은 이런 일이 일어날 가능성이 매우 낮다고 생각했지만 NASA는 확신할 수 없었다. 바이킹 착륙선 멸균 작업에 소요된 비용은 바이킹 프로젝트 전체에 소요된 비용의 10분의 1이나 되었다. 그리고 이러한 조치는 아직까지 모든 행성 착륙 프로그램의 기준으로 사용되고 있다. 이렇게 많은 비용을 들여 멸균 작업을 해야 할 필요가 있느냐에 대해서는 행성 탐사를 연구하는 사람들 사이에서 많은 논쟁이 벌어지고 있다. 그러나 NASA는 안전이 후회하는 것보다 낫다는 입장을 견지하고 있다.

착륙선은 부품의 준비 과정과 조립 과정에서 수많은 세척 과정을 거쳤다. 그 후에도 제트추진연구소의 거대한 멸균실로 들어가기 전에 다시 한 번 마지막 세척 과정을 거쳤다. 멸균실에서는 착륙선을 112℃에서 30시

간 30분 동안 구운 뒤 보호막으로 감쌌다. 착륙선은 화성에 도착한 후에야 이 보호막에서 나와 화성 표면에 내려설 것이다. 오늘날의 착륙선이나 로버들은 경비 문제와 내부에 포함된 민감한 전자 장비로 인해 이 정도의 멸균 과정을 거치지는 않는다. 그러나 부근에 물이 있어 생명체가 존재할 가능성이 있는 곳에 착륙할 예정인 착륙선은 바이킹에 적용되었던 멸균 과정을 참고해야 할 것이다.

일단 조립을 마치고 세척과 멸균 과정을 거친 후에는 착륙선 전체가 플로리다의 케네디 우주센터로 보내졌다. 그곳에서 확인 작업을 거친 뒤 그 당시 NASA가 가지고 있던 가장 강력한 로켓인 타이탄 III 로켓 꼭대기에 올려졌다.

1975년 8월 20일에 바이킹 1호가 발사되었고, 9월 9일에 바이킹 2호가 따라갔다. 반년이 지나 화성에 도착한 후 두 탐사선은 한 달 동안 화성 궤도를 돌았다. 그동안 과학자들은 화성의 지형을 조사했다. 정확한 착륙 지점을 정하기에는 사진 해상도가 아직도 너무 낮았다. 그러나 매리너 9가 보내온 사진들보다는 해상도가 높아 마지막 세밀한 조정 작업을 할 수 있었다.

아폴로 11호가 달에 착륙하고 7년이 지난 후 바이킹 1호 착륙선이 화성 표면으로 향했다. 그다음 며칠 동안 일어난 일들이 전 세계를 깜짝 놀라게 했다.

위 　보호막인 에어로셸 안에 들어 있는 바이킹 착륙선이 제트추진연구소의 가열 시설에서 멸균 작업을 하고 있다. 바이킹 프로젝트의 10억 달러 예산 중 약 10%가 세척과 멸균 처리를 위해 사용되었다.

핑크빛 하늘, 붉은 모래

2×3m 크기의 착륙선이 브레이크로 작동하는 역추진 로켓을 점화시킨 후 1만 6000km/h의 속력으로 화성 대기 속에 뛰어들었다. 바이킹 착륙선이 궤도 비행선에서 분리되어 화성을 향해 하강을 시작한 후 세 시간이 지났다. 착륙선은 18kb 컴퓨터를 이용해 보호막 주위에 설치된 열두 개의 역추진 엔진을 점화하여 어려운 비행 구간을 통과했다. 단열판은 제 기능을 다해 1482℃까지 올라간 외부의 열로부터 착륙선을 보호해주었다.

제트추진연구소 통제실에서 기술자들은 착륙선이 19분 전에 전송한 자료를 검토하면서 잔뜩 긴장한 가운데 스크린을 바라보고 있었다. 화성에서 지구까지 자료가 전송되는 데는 19분이나 걸렸다. 따라서 그것은 이미 새로운 소식이 아니었다. 그들이 할 수 있는 일은 스크린을 바라보며 기다리는 것뿐이었다. (……) 바이킹은 스스로 해야 할 일을 하고 있었다.

화성궤도로부터 수백 km를 하강하여 고도 27km에 이르렀을 때 바이킹은 경로를 바꾸어 빠르게 하강하면서 속도를 줄였다. 단열판을 통해 양력을 발생시켜 몇 km 동안 수평 비행을 하면서 대기로 진입할 때 빨랐던 속도를 계속 줄여나갔다. 고도가 6000m에 이르러 속도가 1만 6000km/h까지 느려졌을 때 에어로셸 위에 설치되었던 무거운 낙하산이 펴졌다. 길이가 16m인 천

좌측 바이킹 프로젝트가 진행되는 동안 달고 다녔던 NASA의 제트추진연구소 바이킹 프로젝트 휘장.

우측 바이킹 프로그램 엔지니어들이 1976년 7월 20일 바이킹 1호가 착륙하는 광경을 바라보고 있다.

으로 만든 낙하산은 제작과 시험을 담당했던 사람들의 염려에도 불구하고 찢어지거나 파괴되지 않고 착륙선의 속도를 줄였다. 단열판이 분리되어 투하되었고, 착륙선 아래쪽에 있는 세 개의 착륙용 역추진 엔진이 점화되었다. 레이더 고도 측정계가 착륙선의 고도를 측정하여 컴퓨터에 전달했다. 그러나 착륙 지점의 표면 상태는 측정할 수 없었다. 그것은 운에 맡기는 수밖에 없었다.

진리의 순간

이러한 기계적이고 전자적인 발레가 연출되고 있는 동안에도 착륙선은 과학적 조사를 수행하고 있었다. 착륙선은 대기에 진입한 직후부터 화성 대기의 압력과 조성을 계속 측정했다. 우주 탐사선에서는 아무것도 낭비할 수 없었다. 최초로 화성 대기에 진입하는 복잡하고 긴박한 순간에 수집한 자료도 놓치지 않았다.

착륙 45초 전에 낙하산과 덮개를 분리하고 수직 하강했다. 수직으로 하강하는 이유는 수평 방향의 운동이 착륙용 다리를 연약한 나뭇가지처럼 부러뜨릴 수 있었기 때문이었다.

좀 더 속도를 줄인 후 빨리 걷는 정도인 10km/h의 속력으로 화성 표면에 착륙했다. 착륙 후 즉시 엔진을 정지하자 사방이 조용해졌다. 7억 800만 km를 여행한 후 바이킹이 마침내 화성 위에 서게 된 것이다.

지구에서는 바이킹 프로젝트 통제사들이 환호성을 지르고 손뼉을 치면서 바이킹의 착륙을 축하했다. 어떤 이들은 헤드폰이 제어장치에 연결되어 있다는 것도 잊은 채 벌떡 일어나 환호성을 질렀다.

대놓고 말하지는 않았지만 통제실에 있던 많은 사람들이 착륙의 성공 확률을 50% 정도로 보고 있었다. 긴장했던 시간은 이제 지나갔다. 지금 화성 위에서 천천히 착륙의 열기를 식히고 있는 바이킹 착륙선이 곧 활동을 개시할 것이다.

바이킹은 예정했던 대로 화성 적도로부터 북쪽으로 22.8도 떨어져 있는, 그리스어로 금색 평원이라는 뜻을 가진 크리세 플라니티아에 착륙했다. 크리세 플라니티아가 안전과 함께 과학적 탐사 목표를 달성하기에 가장 적절한 장소로 판단되었기 때문이다. 이곳은 다른 지점보다 낮아 고대에 여러 곳으로부터 물이 흘러들었을 가능성이 있고, 대체적으로 평평해 보였으며 크레이터가 많지 않은 지역이었다. 또한 바람과 물이 날라온 여러 종류의 물질들이 있을 것이다. 화성에 최초로 착륙한 기계를 기다리고 있는 것은 어떤 물질일까?

바이킹 착륙선은 90일 동안 임무를 수행하도록 설계되었다. 착륙선은 필요한 경우 설계자가 입력시킨 기초적인 프로그램에 의해 자체적으로 기능을 수행할 수 있었다. 그러나 화성 궤도를 선회하고 있는 궤도 비행선 덕분에 그럴 필요가 없었다. 궤도 비행선이 하늘에서 화성 표면을 관찰하여 지도를 작성하는 임무를 수행하면서 착륙선과 지구 사이의 통신 중계 역할도 했기 때문이다.

맨 처음 해야 할 일은 착륙선에 실려 있는 두 대의 카메라를 시험하고 지구의 엔지니어들에게 사진을 전송하는 것이었다. 전 세계 매스컴이 화성 표면에서 보내올 첫 번째 사진을 애타게 기다리고 있었다. 당시에는 바이킹의 임무 수행을 실시간으로 보여줄 인터넷이 없었기 때문에 NASA에 직접 연결할 수 있는 사람들만 실시간 영상을 볼 수 있었다. 바이킹이 가지고 있던 새로운 형태의 카메라는 이전 탐사선에 장착된 카메라와 같은 렌즈를 이용해 비디오 영상을 담는 카메라가 아니라 커피 캔을 수직으로 쌓아놓고 옆에 슬릿을 만들어놓은 듯한 형태였다. 내부에는 축 위에 거울이 달려 있어 원하는 양의 빛을 바로 아래 있는 렌즈로 보냈다. 렌즈를 통과한 빛은 광다이오드로 이루어진 영상 장치에 전달되

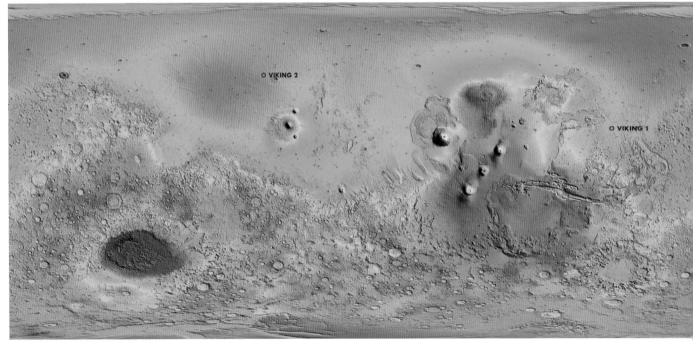

위 바이킹 1호가 1976년에 보낸 사진. 화성 가장자리에 엷은 화성의 대기가 선명하게 보인다.

중앙 두 바이킹 착륙선의 착륙 지점은 서로 거의 화성 반대편에 위치해 있다.

아래 바이킹 궤도 비행선에서 본 올림푸스 산. 정상에 있는 칼데라 크레이터의 지름은 80km나 된다.

었다. 거울은 지형을 수직으로 스캔한 후 약간 회전하여 다시 수직으로 스캔했다. 이런 과정이 수십 번 반복되었다.

어둡고 밝은 정도는 숫자로 나타낸 자료로 전환되어 지구로 전송되었다. 영상 정보를 만들어내는 이 과정은 느리게 진행됐지만 이전보다 훨씬 해상도가 좋은 컬러 사진을 찍을 수 있었으며 3차원 사진도 가능했다.

한 장의 사진은 수천 마디 말을 대신한다……

프로젝트를 기획한 사람들은 즉시 두 장의 사진이 전송되기를 바랐다. 자료를 중계해줄 궤도 비행선은 15분 후면 지평선 너머로 사라질 것이다. 만약 궤도 비행선이 다시 착륙선 상공으로 돌아오기 전에 착륙선에 무슨 일이 생긴다면 이 두 장의 사진이 화성에서 받는 자료의 전부가 될 수도 있었다.

착륙선이 보낸 첫 영상 자료가 긴 전파 지연을 거친 후 지구에서 수신되었다. 수직 방향으로 한 줄씩 전송된 자료들이 좌측에서부터 우측으로 사진을 만들어갔다. 화성 표면에서 보내온 역사적인 첫 번째 사진은 흑백사진이었다. 완성하는 데 훨씬 더 오랜 시간이 걸리는 컬러 사진은 후에 찍었다. 흑백 선들이 모여 사진이 완성되었다. 화성 표면에서 보내온 첫 번째 사진은…… 바위투성이 표면에 박힌 바이킹의 다리 부분이었다.

모여든 기자들이 엄청난 세금을 사용해가면서 찍고 싶어 했던 화성의 지평선 사진은 어디 있느냐고 불평했다. 실제로 사람들이 원하는 사진을 먼저 찍는 것에 대해서도 논의가 있었다. 그러나 프로젝트 기획자들은 착륙선이 화성 표면에 단단히 고정되어 있는지를 확인하는 것이 우선이라는 결정을 내렸다. 그 다음이 화성 풍경이므로 기자들도 기다려야 했다.

즉시 카메라 위치를 새로 조정하여 화성 지평선의 첫

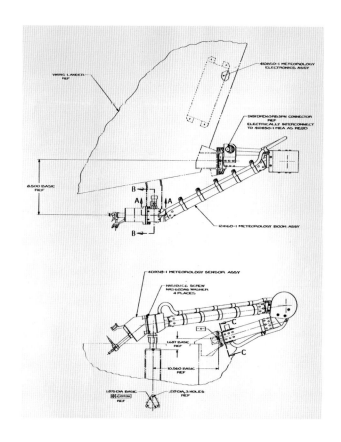

사진을 찍었다. 바위와 흙으로 이루어진 언덕이 흐릿하게 보이는 지평선까지 뻗어 있는 놀라운 풍경 사진이었다. 이 사진 역시 흑백이었다. 나중에 컬러 사진이 전송되었다. 자료 처리 과정을 거쳐 나타난 사진 속 하늘은 연어의 핑크빛으로 물들어 있었고, 고도로 산화된 토양과 암석으로 이루어진 화성 표면은 적벽돌과 같은 붉은색을 띠고 있었다. 이 사진은 큰 감동을 주었다.

확인 작업이 끝난 후 착륙선의 여러 가지 부품들을 제자리에 설치하는 장비 설치에 사용될 소형 엔진이 점화되었다. 기상 관측에 사용되는 금속 팔이 펴져서 제자리를 잡았다. 착륙선이 곧 화성의 바람 속도, 대기의 압력, 습도, 온도와 같은 기상 관측 자료를 지구로 전송하기 시작했다. 화성의 기상 상황은 매일 뉴스로 사

위　기상 측정 장치 그림. 이 기상 측정 장치는 착륙선이 화성에 착륙한 직후 설치되었다.

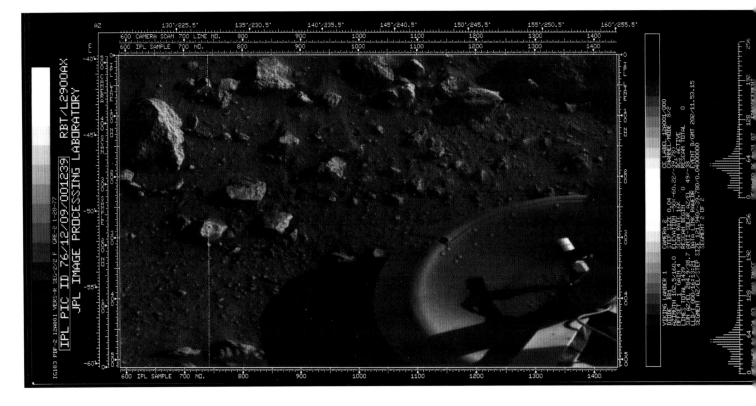

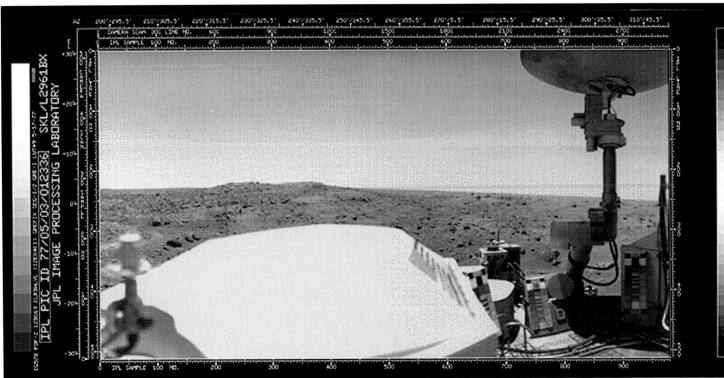

위 화성 표면에서 보내온 첫 번째 사진으로, 바이킹 1호의 발 중 하나를 찍은 것이다. 매스컴에서는 화성의 컬러 풍경 사진을 원했지만 엔지니어들은 착륙선이 화성 표면에 단단하게 고정되어 있는지를 먼저 확인하고 싶어 했다.

아래 바이킹 2호 착륙 지점인 유토피아 플라니티아의 풍경. 사진 주변의 여러 가지 숫자들과 위의 자료는 사진 처리 작업과 관련된 것들이다.

맞은편 좌측 바이킹 1호가 샘플을 채취하면서 만든 고랑. 이 사진은 하나 또는 몇 개의 수직 주사선을 이용하여 만든 것이다. 컬러 사진 주변에는 사진 처리 과정 자료가 나타나 있다.

맞은편 우측 샘플을 채취하기 위해 로봇 팔을 뻗어 화성 바닥에 대고 있는 사진(좌)과 샘플을 채취한 후 만들어진 고랑(우). 샘플 채취용 팔은 착륙선 한쪽의 작은 호 안에서 활동할 수 있었다.

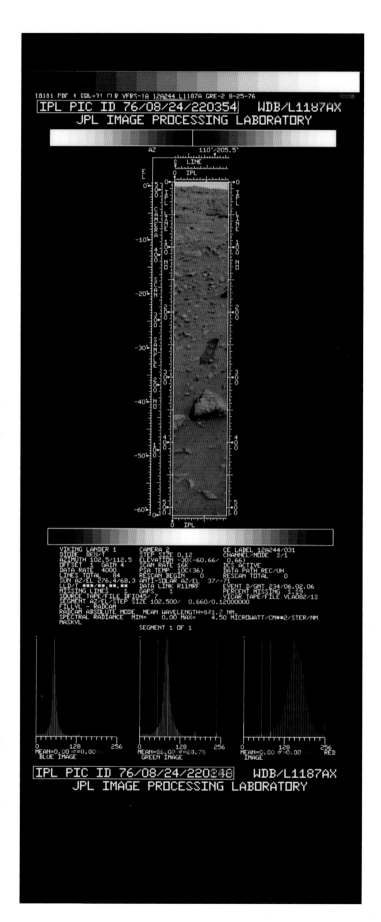

18101 PDF 4 GOL=71 CI R VERS-1A 12A244 L1187A GRE-2 8-25-76

IPL PIC ID 76/08/24/220354 WDB/L1187AX
JPL IMAGE PROCESSING LABORATORY

AZ   110°/205.5°

VIKING LANDER 1   CAMERA 2   CE LABEL 12A244/031
DIODE   BEU/T   STEP SIZE 0.12   CHANNEL/MODE 2/1
AZIMUTH 102.5/112.5   ELEVATION -30(-60.66/ 0.66)
OFFSET 1 GAIN 4   SCAN RATE 16K   DCS ACTIVE
DATA RATE 4000   PSA TEMP 10C(36)   DATA PATH REC/UH
LINES TOTAL 84   RESCAN BEGIN   0   RESCAN TOTAL   0
SUN AZ/EL 276.4/68.3   ANTI-SOLAR AZ/EL   37/-7
LLD/T ■/T ■■.■■.■■   DATA LINK R11MRF   EVENT D/GMT 234/06.02.06
MISSING LINES   1   GAPS   1   PERCENT MISSING 4.19
SOURCE TAPE/FILE BFI045/ 7   VICAR TAPE/FILE VLA082/12
SEGMENT AZ/EL/STEP SIZE 102.500/ 0.660/0.12000000
FILLVL - RADCAM
RADCAM ABSOLUTE MODE   MEAN WAVELENGTH=671.2 NM.
SPECTRAL RADIANCE MIN= 0.00 MAX=   4.50 MICROWATT/CM■■2/STER/NM
MASKVL
                    SEGMENT 1 OF 1

0   128   256   0   128   256   0   128   256
MEAN=0.00 σ=0.00   MEAN=86.03 σ=8.76   MEAN=0.00 σ=0.00
BLUE IMAGE   GREEN IMAGE   RED IMAGE

IPL PIC ID 76/08/24/220248 WDB/L1187AX
JPL IMAGE PROCESSING LABORATORY

람들에게 전해졌다. 평균 온도 −55℃, 온도 변화 범위 −30~−95℃, 대기압 0.09psi. 바람 속도와 습도 역시 여러 달 그리고 여러 해 동안 정확하게 관측하여 기록되었다.

그런데 지진계를 설치할 차례가 되었을 때 문제가 발생했다. 민감하게 작동하는 지진 센서는 화성 궤도에 진입할 때와 화성 표면으로 하강할 때의 격렬한 움직임 때문에 손상될 가능성이 있었다. 따라서 하강하는 동안 단단하게 고정되도록 설계되었다. 그러나 줄로 묶여 있던 고정 핀이 풀어지지 않았다. 이로 인해 바이킹 1호는 화성의 지진 활동을 측정할 수 없게 되었다. NASA로선 두 번째 착륙선은 같은 문제가 일어나지 않기를 바랄 뿐이었다.

극적인 드라마는 아직도 남아 있었다. 착륙선의 샘플 채취용 팔이 제대로 펴지지 않는 사고가 일어난 것이다. 토양 샘플을 시험하기 위해서는 샘플 채취용 팔을 충분히 펴서 샘플을 채취한 다음 착륙선 안에 있는 실험 기기로 전달해야 한다. 따라서 샘플 채취용 팔이 제대로 펴지지 않는 것은 심각한 문제였다. 에어로셸을 고정하

고 있던 핀이 붙어서 부분적으로 팔이 펴지는 것을 막고 있었다. 제트추진연구소의 엔지니어들은 착륙선 제작 팀과 마틴마리에타(록하드 마틴)에 모여 팔을 펴는 방법을 연구했다.

팔을 조금 뒤로 후퇴시켜 핀이 빠지도록 시도하는 명령이 포함된 수정된 소프트웨어가 며칠 안에 착륙선에 전달되었다. 명령대로 수행하자 핀이 빠졌고 샘플 채취용 팔은 제대로 작동했다. 덕분에 바이킹은 토양을 채취하여 실험하고 분석하는 기본 임무를 수행할 수 있게 되었다.

샘플 채취용 팔이 완전히 펴진 것은 착륙선이 화성에 착륙하고 일주일이 조금 더 지난 7월 28일이었다. 착륙선의 '행동반경', 즉 정지한 착륙선에서 샘플 채취용 팔을 뻗어 도달할 수 있는 범위 안에서 토양의 특징을 가장 잘 반영한다고 생각되는 샘플을 채취했다. 착륙선이 채취하려는 토양은 지구의 사막에서 발견되는 것과 역

학적으로 비슷하다는 것을 이해하고 있었기 때문에 천천히 작동하는 흡입기를 통해 적은 양의 토양 샘플을 채취한 후 분석 장비로 전달했다.

통제사, 엔지니어, 과학자 팀이 모여 결과를 기다렸다. 이것은 여러 가지 과학 실험의 일부였지만 실제로는 바이킹 프로젝트의 성배였다. 화성에서 생명체를 발견할 수 있을까?

그러나 우주 탐사에서 간단히 답을 얻을 수 있는 것은 거의 없다. 그리고 한 가지 질문의 답을 얻으면 곧바로 더 많은 의문이 생기게 마련이었다. 많은 경우, 분석 결과 자체가 명확한 결론을 내릴 만큼 간단하지 않았다. 바이킹 생물학 실험 결과가 바로 이런 경우에 해당했다. 바이킹의 생물학 실험 결과에 대해서는 오늘날까지도 많은 새로운 해석과 이에 대한 반론이 계속 제기되고 있다.

위 좌측 바이킹 1호와 크리세 플라니티아에 있는 빅 조라고 이름 붙인 바위.

위 우측 화성에 착륙하고 한 달이 지난 1976년 8월 21일 태양이 지기 15분 전에 바이킹 1호가 찍은 사진.

이것이 생명체인가?

토양이 안전하게 분석장치에 전달된 후에는 과학자 팀이 바쁘게 실험을 시작했다. 어떤 실험은 다른 실험보다 빨리 진행되었다. 두 가지 생물학적 실험은 자료를 얻기까지 시간이 필요했다. 기체 크로마토그래프와 질량분석기(GCMS)는 처리되지 않은 채취 토양을 분석한 후 다양한 온도로 가열하며 토양에서 방출되는 기체를 분석했다.

분석 결과는 유기물이 존재하지 않는다는 것이었다. 분석 장비의 정밀도는 10억분의 1을 감지할 수 있을 만큼 정밀했다. 따라서 이는 생명체 가능성의 측면에서 바람직하지 않은 소식이었다. 그러나 아직 세 가지 생물학 실험이 더 남아 있었다. 생물학 실험들은 모든 미생물이 양분으로부터 에너지를 얻는 과정에서 부산물을 방출한다는 점을 전제로 한 것이었다.

1960년대와 1970년대에는 그 이후에 발견된 여러 형태의 극한 생명체에 대해 알려진 것이 거의 없었다. 극한 생명체는 남극의 암석 속이나 빛이 전혀 없는 어둠 속 또는 심해 배출구와 같은 극한상황에서 살아가는 생명체들이다. 당시에는 전통적인 미생물의 대사 작용을 시험하면 화성 토양에 있을지도 모르는 생명체를 찾아낼 수 있을 것이라고 생각했다. 화성에 생명체가 있고, 화성 토양의 화학이 지구 토양의 화학과 약간만 달랐다면 이 방법은 성공했을지도 모른다.

기체 교환 실험(GEX)은 토양 샘플을 채취한 후 시험 용기에서 화성 공기를 빼내고, 헬륨으로 채운 다음 영양 물질과 순수한 물을 넣어준 후 며칠 동안 시험 용기 안의 공기를 분석하여 산소, 질소, 수소, 메테인과 같은 기체가 포함되어 있는지를 알아보는 실험이었다. 토양 안에 생명체가 있어서 양분을 분해하는 대사 작용을 했다면 이때 만들어져 방출된 부산물을 찾아내려는 것이다. 그러나 여러 차례의 실험 결과는 생명체 존재에 대해 부정적이었다.

좌측 바이킹 착륙선의 샘플 채취 장치는 땅을 파고 모래와 토양을 모았고 바위를 깨뜨려 표면 아래 신선한 면이 드러나게 했으며 샘플을 착륙선 안에 있는 분석장치에 전달하기 위해 채취한 토양을 수집 용기로 흘러들어가게 할 수 있었다.

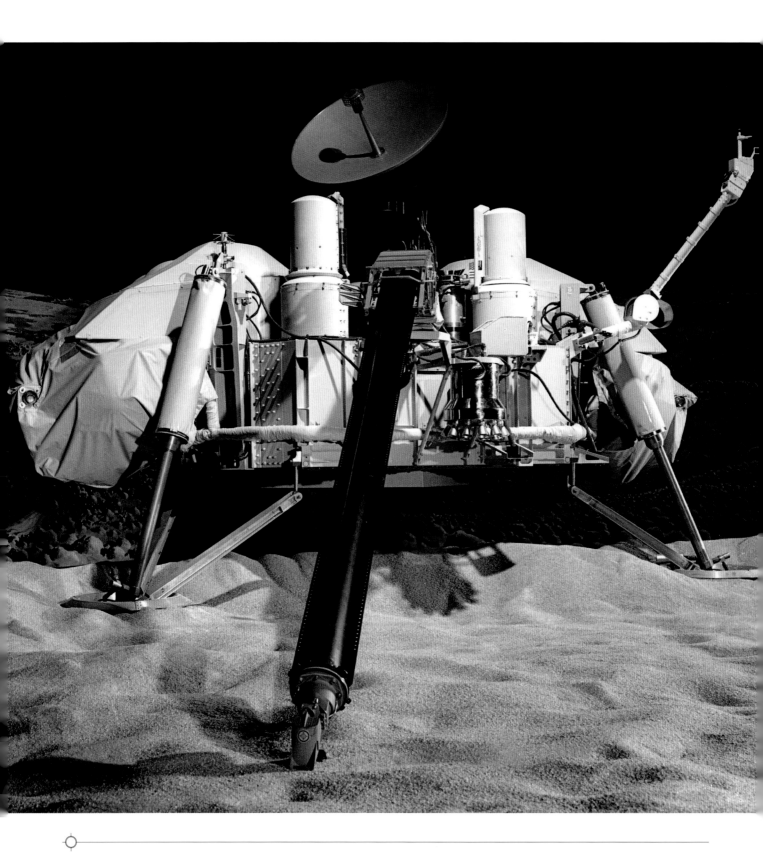

위　샘플 채취용 팔 전체가 보이는 바이킹 착륙선 사진. 샘플 채취용 팔은 강철로 만든 두 개의 금속 줄자가 서로 마주 보고 있는 형태를 이루고 있었다. 주축에 감겨 있던 것을 풀면 두 부분이 맞물려 관 모양의 팔로 변했다.

맞은편　바이킹 착륙선의 생물학 실험 장비는 네 가지 실험을 했다. 이 실험들은 화성 토양에서 미생물을 발견하기 위해 약간 다른 방향에서 접근했다. 실험 결과는 부정적이었지만 일부 과학자들은 그렇게 생각하지 않았다.

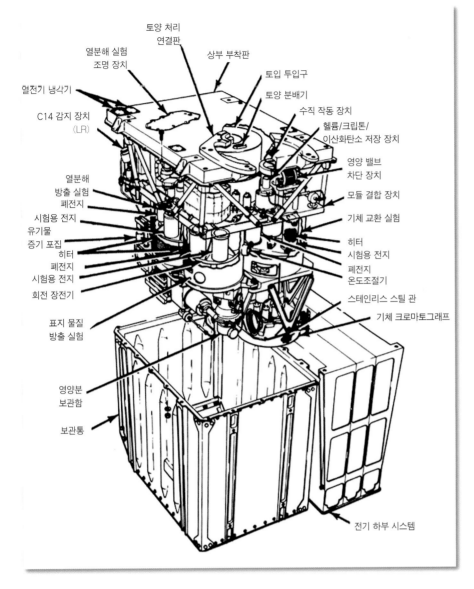

열분해 실험
조명 장치

토양 처리
연결판

상부 부착판

토입 투입구

열전기 냉각기

토양 분배기

수직 작동 장치

C14 감지 장치
(LR)

헬륨/크립톤/
이산화탄소 저장 장치

영양 밸브
차단 장치

열분해
방출 실험
폐전지

모듈 결합 장치

시험용 전지
유기물
증기 포집

기체 교환 실험

히터

히터
시험용 전지

폐전지
시험용 전지

폐전지
온도조절기

회전 장전기

스테인리스 스틸 관

표지 물질
방출 실험

기체 크로마토그래프

영양분
보관함

보관통

전기 하부 시스템

계속되는 실험

열분해 방출 실험(PR, 탄소동화작용 실험이라고도 알려진)에서는 화성 토양에 물, 빛, 탄소 14 동위원소를 포함한 화성 대기를 넣어주었다. 며칠 후에 시험 용기 안의 공기를 빼낸 후 남아 있는 토양 샘플을 646℃로 가열할 때 방출되는 기체를 분석했다. 미생물이 탄소 14를 대사 작용에 사용했다면 공기를 빼낸 후에도 미생물의 체내에 남아 있다가 생명체가 연소할 때 방출되리라고 생각한 것이다. 하지만 그 결과 역시 부정적이었다. 이 실험에서도 화성 생명체가 존재한다는 어떤 징후도 발견

할 수 없었다.

세 번째 생물학 실험인 방사성 탄소 방출 실험은 외계 생명체가 존재한다는 것을 확인할 수 있는 마지막 희망이었다. 이 실험에서는 GEX에서 했던 것과 같이 화성 토양에 양분을 주입시켰다. 이번에 주입한 양분에는 탄소 14 동위원소가 포함되어 있었다. 그 후 과학자들은 토양 안에 있을지도 모르는 생명체의 대사 작용으로 방출된 부산물을 찾아 시험 용기 안의 공기를 계속 조사했다.

첫 단계에서 방사성동위원소를 포함하고 있는 이산화탄소(CO_2)가 검출되었다. 토양 안의 무엇인가가 영양분과 상호작용하고 있는 듯했다. 이것은 미생물이 동위원소를 포함하고 있는 양분을 소비한다는 것을 나타낼 수도 있었다. 그래프가 계속 상승했다. 제트추진연구소에서는 조심스러운 웃음기가 돌았다.

며칠 후 두 번째 영양분이 투입되었다. 그러자 다시 그래프가 올라가기 시작했다. 그것은 매우 인상적인 결과였다. 하지만 조금 이상했다. 이산화탄소 수치가 세균의 대사 작용으로 인한 것으로 보기에는 너무 빠르게 변했다. 하지만 여기는 화성이었다. 따라서 어떤 일도 일어날 수 있었다.

약 일주일 뒤 시험 용기에 열을 가해 살균 처리한 후 같은 실험을 반복했다. 기대했던 대로 이번에는 대사 작용에서 방출된 기체가 검출되지 않았다. 따라서 영양분

을 소비해 이산화탄소를 방출했던 미생물이 열에 의해 죽었다고 결론지을 수 있었다.

이 실험을 주도했던 길버트 레빈[Gilbert Levin]은 전율을 느꼈다. 그의 눈에는 화성의 생명체를 발견한 것이 확실해 보였다. 그러나 다른 사람들은 아직 생명체를 발견했다고 단정하기엔 이르다고 생각했다. PR 실험을 책임진 노먼 호로위츠[Norman Horowitz]도 그중 한 명으로 그들은 이 실험을 통해 발견한 이산화탄소는 영양분 안에 포함된 물과 토양 성분이 반응하여 만들어진 것일 수 있다고 주장했다.

이 문제에 대해서는 오랫동안 토론이 벌어졌다. 그러나 곧 과학자들 대부분은 다른 임무에 집중하기 위해 이 문제를 제쳐두기를 원했다. 아직 더 해야 할 실험이 많이 남아 있었고, 두 번째 착륙선을 착륙시키는 문제도 남아 있었다. 그러나 실험 결과에 확신을 가지고 있었던 레빈은 주장을 굽히지 않았다. 호로위츠는 반대 입장을 고수했다. 그가 보기에 이 결과는 토양에 포함되었던 과염소산염과 같은 부식성 강한 물질이 산화하면서 내놓은 것이 분명했다. 실험 결과의 서로 다른 해석에 대한 논쟁은 2005년 호로위츠가 사망한 후에도 계속되었다. 레빈은 끝까지 자신의 주장을 굽히지 않았다.

실험 결과를 여러 가지로 다르게 해석하는 것은 있을 수 있다. 레빈도 그것은 인정했다. 하지만 레빈은 그런 여러 가지 해석들 가운데 가장 그럴듯한 해석은 이 실험 결과가 화성 생명체가 존재한다는 증거라고 주장했다. 최근 연구에서는 과염소산이 존재하는 특별한 조건에서 미생물이

1976년에 얻은 것과 비슷한 결과를 만들어낼 수 있다는 것을 보여주었다.

레빈은 그 후 화성 착륙선 임무에 새로운 생물학 실험을 포함해야 한다는 캠페인을 벌였다. 그러나 NASA는 다른 실험에 우선순위를 두었다. 화성에 과염소산염이 존재한다는 것은 후에 피닉스 착륙선이 확인했다.

바이킹 2호가 도전하다

9월 3일. 이제 바이킹 2호가 착륙할 차례였다. 바이킹 1호 때와 마찬가지로 궤도 비행선이 찍은 사진들을 정밀 조사한 후, 착륙 지점을 선정하기 위한 열띤 토론이 벌어졌다. 처음에는 시도니아라고 불리는 곳이 착륙 지

점으로 선정되었다. 그러나 과학자들은 새로 입수된 사진 때문에 고심하지 않을 수 없었다. 이 지역은 갈수록 문제가 많아 보였다. 너무 많은 장애물이 보였다. 사진에 나타난 가장 작은 점들의 크기도 로즈볼 구장이나 웸블리 스타디움 크기여서 단지 전체적인 지형의 특징만 알 수 있을 뿐 실제로 그곳에 무엇이 있는지 알 수는 없었다. 이전과 마찬가지로 과학자들은 경험을 토대로 안전한 착륙을 보장하면서도 과학적 정보를 가장 많이 수집할 수 있는 지점을 택해야 했다. 이번에도 안전한 착륙 지점을 선정하는 데 레이더를 이용한 관측 자료가 이용되었다.

과학자들은 투표를 통해 착륙 지점을 최종 확정했다. 바이킹 2호는 화성 북반구에 위치해 있지만 바이킹 1호가 착륙한 크리세 플라니티아로부터 7725km 떨어진 유토피아 플라니티아에 착륙하기로 결정했다. 바이킹 2호는 화성 표면을 향해 안전하게 하강했지만 아무 문제도 없었던 것은 아니었다. 궤도 비행선에서 분리된 직후 착륙선의 유도 자이로스에 전력이 끊기는 문제가 발생해 착륙선이 흔들리면서 지구와의 통신이 끊겼다. 그러나 몇 분 안에 예비 유도 자이로스가 작동하여 착륙선을 안정시킨 후 지구로부터의 지시 없이도 안전하게 착륙시켰다. 바이킹 1호가 착륙할 때와 마찬가지로 착륙선이 스스로 결정을 내리고 화성 표면으로 향하는 동안

맞은편 매일매일 하는 실험들은 조심스럽게 계획되었고, 실험 과정은 직접 손으로 쓴 메모를 통해 기록으로 남겼다. 착륙 9개월 후인 1977년에 기록된 이 메모에는 착륙선에 설치된 스위치를 차단하라는 요구가 기록되어 있다.

위 바이킹 2호가 찍은 유토피아 플라니티아 풍경. 착륙 몇 달 후에 약간의 먼지가 착륙선에 내려앉았다. 이 사진은 화성의 실제 색깔을 보여주고 있다.

중앙 바이킹 2호 착륙선이 늦은 오후에 유토피아 플라니티아 북동쪽을 바라보고 있다.

아래 바이킹 2호 착륙선이 1979년 5월 이른 아침에 근처 땅 위에 내린 서리의 사진을 찍었다.

MARTIN MARIETTA CORPORATION

6801 ROCKLEDGE DRIVE
BETHESDA, MARYLAND 20034
TELEPHONE (301) 897-6101

J. DONALD RAUTH
PRESIDENT

March 9, 1977

Dear Shareholder:

The National Aeronautics and Space Administration has awarded Martin Marietta the maximum performance fee for its accomplishment in Project Viking, the exploration of Mars.

The amount of this award, $14.8 million, is gratifying, of course, but hardly more so than that it represents 100 per cent of the sum available to us for accomplishment in one of the most difficult and most sophisticated projects ever undertaken.

I have conveyed again my deep feeling of admiration to literally thousands of dedicated men and women in the Denver Division of our Aerospace company, whose singular excellence as members of our Project Viking team have led to this further recognition for extraordinary achievement.

They, and all of us, were acutely aware in the long, sometime frustrating but always challenging years of the Viking development that this was a high-risk undertaking. In the end, as the whole world knows, there came in 1976 the exhilaration of total success as the Viking opened--for the first time in human history--a close-up window through which we are obtaining our first factual knowledge of another world.

Our men and women and their exquisite machines, the Viking landers, did everything required of them--and more. They were an integral part of a NASA, industrial, and academic combination that produced a triumph of intellect and ingenuity.

Sincerely,

J. Donald Rauth

위 　1977년에 마틴마리에타(지금의 록히드 마틴)가 주주들에게 보낸 이 편지는 NASA가 작은 보너스로 '감사합니다. 바이킹이 제대로 작동합니다'라는 메시지를 회사에 전달했다고 알리고 있다.

지구의 통제사들은 지켜보는 것 외에는 할 수 있는 일이 없었다.

착륙 과정과 결과는 바이킹 1호 때와 거의 같았다. 생물학 실험 장치는 거의 같은 결과를 보내왔다. 심지어는 방사성동위원소를 포함한 이산화탄소 방출 실험 결과도 이전과 동일했다. 그러나 이 결과는 과학자들의 생각을 거의 바꾸어놓지 못했다. 환경 조건이 조금 달라졌지만 바이킹 1호가 보내온 자료를 분석하고 2주 뒤에 한 실험에서 얻은 결과도 예상 범위 안에 있었다.

바이킹 2호의 지진계가 이번에는 제대로 설치되어 지질학자들을 안심시켰다. 덕분에 바이킹 탐사선이 활동하는 동안 지진 활동 자료를 수집할 수 있었다.

다음 몇 년 동안 바이킹 궤도 비행선과 착륙선이 화성 표면과 화성 궤도에서 화성과 화성 환경을 분석하는 일을 했다. 토양 샘플은 철을 많이 포함하고 있었으며, 고도로 산화된 화산 활동에 기원을 둔 토양이었다. 바이킹 2호 착륙선은 화성의 지진활동을 감지했다. 화성의 반대편에서 측정한 자료들을 토대로 시간이 감에 따라 좀 더 완전한 대기와 기상 현상을 이해할 수 있게 되었다.

그리고 사진들이 있었다. 착륙선이 쉬지 않고 임무를 수행하여 수천 장의 사진을 전송했고, 궤도 비행선도 많은 사진을 전송했다. 바이킹 탐사선이 보내온 사진은 모두 5만 장에 달했다. 대부분은 컬러 사진이었고, 일부는 입체사진이었다. 10억 달러(1970년대 가치로)의 연구비를 사용한 탐사선으로서는 성공적인 결과였다.

대단원의 막을 내리는 바이킹

바이킹 탐사선의 모든 실험 장비는 90일로 정했던 활동 기간을 넘겨 몇 년 후까지도 작동했다. 그러나 시간이 지나면서 하나둘 작동이 중지되었다. 바이킹 2호의 궤도 비행선이 가장 먼저 작동을 멈추었다. 화성의 위성

인 데이모스의 사진을 최초로 찍는 데 성공하고 몇 달 후 기체 누출 문제가 발생해 연료가 떨어졌다. 바이킹 2호 궤도 비행선은 화성을 700번 돈 후 1978년 7월에 정지했다.

바이킹 2호 착륙선과 남아 있는 궤도 비행선은 1980년까지 활동했다. 그러나 1980년 4월에 착륙선의 전지가 고장 나서 자료 전송이 중지되었다. 그리고 8월에 바이킹 1호 궤도 비행선의 연료가 바닥났다.

이제 인류가 화성에 보낸 사절 중 남은 것은 바이킹 1호 착륙선뿐이었다. 바이킹 1호 착륙선은 반감기가 87.7년인 플루토늄 238을 연료로 사용했다. 따라서 이론적으로는 90일 동안 했던 임무를 앞으로도 수십 년 더 수행할 수 있을 것이다. 그러나 플루토늄이 모두 소모되기 전에 열을 전기에너지로 전환하는 열전쌍이 먼저 망가질 것이다.

1982년에 일상적인 관리의 일환으로 제트추진연구소에서 착륙선으로 많은 양의 컴퓨터 코드가 전송되었다. 그로 인해 지구를 향하고 있던 전파 송수신 안테나가 갑자기 다른 방향을 향하게 되었다. 이 문제를 알아차렸을 때는 이미 늦은 뒤였다. 다음 통신 시도에서 착륙선은 아무 반응도 보이지 않았다. 부근에 있는 땅에서 전파가 반사되도록 시도해 보았지만 성공하지 못했다. 이것은 탐사 프로젝트를 계획했던 사람들이 원한 결말이 아니었다. 자신들이 보내는 마지막 명령을 통해 착륙선의 활동이 정지되기를 원했던 그들에게 이런 방법으로 착륙선을 잃는 것은 개운치 않은 일이었다.

현재까지도 바이킹 1호 착륙선은 화성 표면에서 안테나를 붉은 모래 쪽으로 향한 채 마지막 명령을 기다리고 있지만 바이킹 탐사선의 화려한 활동은 대단원의 막을 내렸다. 그리고 15년 동안 화성은 다시 적막 속으로 빠져들었다.

용감한 패스파인더

바이킹 1호와의 통신이 끊어진 후 15년 동안 화성은 침묵 속에 있었다. 매리너 4호 이후 가장 긴 휴식 기간이었다. 바이킹은 임무를 성공적으로 수행했다. 그러나 곧바로 후속 탐사 계획이 수립되지 않았다. 화성에 관한 한 생명체 징후를 발견하는 데 실패한 것이 NASA의 순항에 지장을 주었다.

그동안 NASA는 대부분의 시간과 예산을 다른 프로젝트에 사용했다. 보이저 1호와 2호가 수십 년이나 걸리는 태양계 바깥쪽으로의 여행을 시작했고, 곧 행성 탐사의 중앙 무대를 점령했다.

그러나 1989년에 보이저 2호가 해왕성을 근접 비행함으로써 명왕성을 제외한 태양계의 모든 행성 탐사가 일단 마무리되었다. 이 기간 동안에도 다른 탐사선들이 화성으로 향했다. 소련도 화성 탐사의 성공을 위한 노력을 계속했다. 1988년에 소련은 포보스 1호와 포보스 2호를 화성에 보냈다. 이 탐사선들의 임무는 궤도 비행을 하면서 화성을 관찰하고, 화성의 위성 중 하나인 포보스에 착륙선을 보내는 것이었다. 그러나 포보스 1호는 발사 도중 실종되었고, 포보스 2호는 착륙선을 보내기 직전에 실종되었다.

좌절을 경험한 것은 소련만이 아니었다. NASA가 4년 후인 1992년에 추진했던 마스 옵저버 프로젝트도 실패로 끝났다. 궤도 비행선과의 통신이 화성 도착 3일 전에 중단되었다. 연료가 새어 나가면서 탐사선을 회전시킨 것으로 추정되는 사고였다. 후속 조사에서는 하드웨어에 초점이 맞춰졌다. 1990년대에 있었던 NASA 예산 절감의 일환으로 궤도 비행선은 지구 궤도를 돌도록 제작된 인공위성을 개조하여 화성 궤도 비행선으로 전환했다. 만들어둔 인공위성을 개조하여 재사용하는 것은 행성 탐사용으로는 적절한 선택이 아니었다. 그 후에는 이런 일이 다시는 없었다.

위 NASA가 추진했던 마스 패스파인더 프로젝트의 휘장

실패 뒤의 성공

다른 태양계 탐사는 매우 성공적이었다. 목성 탐사 임무를 띤 갈릴레오 탐사선은 우주 왕복선 챌린저호 사고로 오랫동안 시연된 끝에 아틀란티스 로켓을 이용하여 1989년 발사되었다. 갈릴레오 탐사선은 안테나 설치의 부분적 실패로 송신기 운용에 어려움을 겪었지만 주요 임무를 성공적으로 수행했다.

금성에도 여러 번 탐사선을 보내 놀라운 결과를 얻었다. NASA의 파이오니어 비너스 탐사선은 1988년에 금성 궤도 비행과 탐사봉을 금성 대기에 투하하는 임무를 성공적으로 수행했다. 소련도 베네라와 베가 프로젝트를 통해 1981년 최초로 화성 표면 사진을 찍는 데 성공하는 등 개가를 올렸다. 그리고 미국의 마젤란 탐사선은 1990년부터 1994년 사이에 금성을 둘러싼 두꺼운 대기층을 투과할 수 있는 레이더를 이용하여 금성 표면 대부분의 지도를 작성했다.

소련과 미국의 실패를 통해 알 수 있는 것처럼 화성 탐사는 도전이었다. 1980년대에 소련이 정치적·경제적으로 해체되면서 화성에 도달하려는 노력은 10년 이상 별 진전이 없었다. 1996년에 러시아가 화성에 탐사선을 보내려 했던 시도는 실패로 끝났다. 미국에서는 위험을 감수하기 싫어하고 경비 절약에 온 힘을 기울였던 NASA가 비용이 덜 드는 태양계 탐사 방법을 찾아 나섰다. 1992년에 대니얼 골딘^{Daniel Goldin}이 책임자가 된 후 NASA는 "더 빨리, 더 좋게, 더 싸게"를 외치며 새로운 접근 방법을 모색했다. 골딘이 원한 것은 경비를 절감하면서 위험을 분산할 수 있도록 비용이 적게 드는 여러 프로젝트를 추진하는 것이었다. 물론 민간 기업체에 근무하는 항공 엔지니어에게 "더 빨리, 더 좋게, 더 싸게(FBC)"가 말이 되느냐고 물었다면 "물론이지요. 아무거나 두 개 골라보세요……"라고 대답했을 것이다. 그러나 FBC는 마술사의 주문 같은 것이었다. 이 주문은 여러 개의 작은 로봇 탐사 프로젝트를 탄생시켰다. 여기에는 패스파인더라고 부르는 중간 규모의 화성 탐사선도 포함되어 있었다.

방대한 예산을 들였던 야심적인 바이킹 프로그램과는 대조적으로 패스파인더는 적은 경비를 사용했으며 준비 기간도 몇 년에 불과했다. 한 대의 탐사선만 제작된 비전통적인 탐사선으로 임무도 비교적 단순했다. 그러나 일단 프로젝트가 시작되자 제트추진연구소는 새로운 임무를 완수하기 위해 전속력으로 달렸다.

패스파인더가 길을 내다

3년 동안의 개발 기간과 1억 5000만 달러의 예산을 들인 패스파인더는 작고 비용이 적게 들면서 제한적인 임무를 수행하는 로봇 탐사선을 많이 보내려 했던 NASA가 새롭게 추진한 디스커버리 프로그램의 일부였다. 1997년 바이킹 프로젝트에 10억 달러(패스파인더 제작 당시의 가치로 보면 20억 달러가 넘는)를 사용한 것과 비교해볼 때 패스파인더가 성공만 한다면 대단한 세일 가격이었다.

제트추진연구소는 오랫동안 외부 회사에 도움을 받아 탐사선을 제작해왔다. 하지만 시간이 걸리는 방법이었다. 패스파인더 프로젝트에서는 이전과는 달리 외부제작을 최소화하고 거의 모든 것을 제트추진연구소에서 자체 제작하고 수행했다. 이 프로젝트는 무게가 226kg인 작은 착륙선과 무게가 겨우 11kg밖에 안 되는 작은 토스터 크기의 로봇 탐사 장비인 로버로 구성되어 있었다. 연료를 채우지 않은 바이킹 착륙선의 무게가 544kg이었던 것과 비교한다면 패스파인더의 규모를 짐작할 수 있을 것이다.

패스파인더 프로젝트 팀은 젊고 적극적이었다. 그들

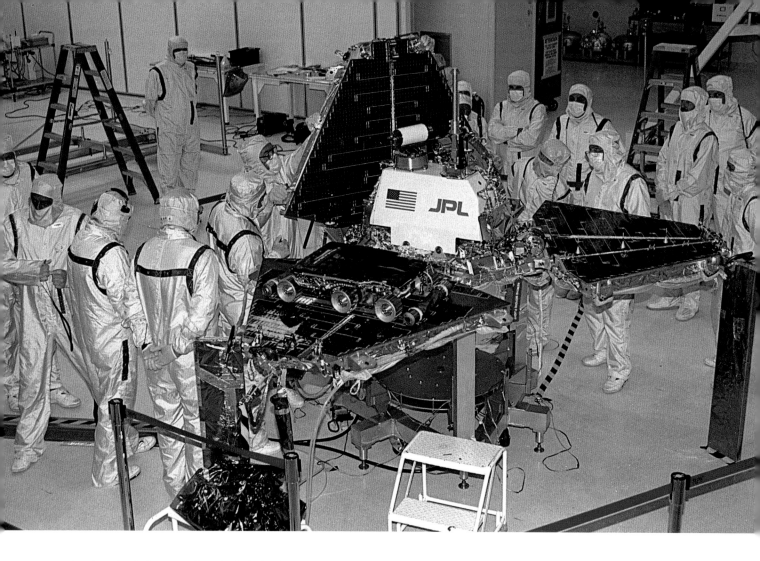

은 빠르게 일했고, 꼭 필요한 시험만 했으며, 서류 작업을 생략했다. 3년의 준비 기간으로는(바이킹 개발에는 10년이 넘었다) 기록을 남기는 것과 같은 서류 작업에 낭비할 시간이 없었다. 한 연구원은 이에 대해 "메모할 시간이 없었다. (……) 우리는 대부분 레이더 아래서 날아다녔다"라고 말했다. 팀원들의 단결력은 믿을 수 없을 정도로 높았다.

프로그램 설계는 매우 효과적이었다. 제한된 예산 때문에 패스파인더 기획자들은 화려하게 화성 궤도에 진입하고, 한가하게 착륙 지점을 선정하는 여유를 부릴 수 없었다. 바이킹 프로젝트에 사용된 델타 III 로켓보다 훨씬 작고 싼 델타 II 로켓으로는 작은 탐사선을 직접 화성을 향한 경로에 진입시킬 수 있을 뿐이었다. 따라서 화성 궤도에 진입을 위한 엔진과 연료를 가져갈 수 없었

다. 이는 마치 커다란 대포로 화성 표면에 그려놓은 표적을 향해 탐사선을 쏘아 보내는 것과 같았다. 그럼에도 예산과 추진력의 제한 때문에 이것이 유일한 대안이었다. 그리고 이 방법은 이후 모든 화성 탐사선이 따라가는 길이 되었다.

패스파인더 팀은 20년 전에 바이킹 착륙선의 착륙 지점을 선정할 때 썼던 것과 같은 화성 지도를 사용하여 착륙 지점을 선정했다. 바이킹 궤도 비행선이 작동을 중지한 후 다른 궤도 비행선을 보낸 적이 없기 때문에 패스파인더 팀에서도 바이킹과 매리너 9호가 만든 화성 지도를 사용할 수밖에 없었다. 다시 한 번 많은 직감과 추정이 동원되었다. 그들이 가지고 있던 하나의 이점은 바이킹 궤도 비행선이 찍은 사진과 1970년대에 화성 표면에서 보내온 사진들을 비교할 수 있다는 것이었다.

안테나

태양전지판

알파 프로톤
엑스선 분광기

물질 접착력
실험

맞은편 탐사선을 조립하여 캡슐에 넣은 시설(SAEF-2)에서 일하는 제트추진연구소의 기술자들이 마스 패스파인더 착륙선의 세 개로 이루어진 금속 '페탈(petals)'을 닫기 위해 준비하고 있다. 작은 로버인 소저너가 세 개의 페탈 앞쪽에 보인다.

우측과 아래 소저너 로버는 1976년 바이킹 착륙선 이후 화성 위에 서는 최초의 기계였다. 572kg의 바이킹 착륙선과는 대조적으로 소저너의 무게는 11.5kg에 불과했지만 많은 능력을 가지고 있는 로버였다.

로켓 전륜 구도
시스템

고온 전자 박스

카메라/
레이저

우측 에어백 착륙 장치는 혁명적인 것이었지만 시험을 거치는 동안 엔지니어들에게 끊임없이 어려운 문제를 안겨주었다. 그러나 매우 훌륭하게 작동했기 때문에 에어백 착륙 장치는 다음 로버 착륙 때에도 사용되었다.

아래 패스파인더의 착륙 과정. 화성 대기권에 진입한 후 줄을 이용해 착륙선을 내릴 수 있을 정도로 지상에 충분히 가까워졌다는 신호를 레이더가 보낼 때까지 낙하산을 이용하여 속도를 줄인다. 지상에 충분히 가까워지면 역추진 로켓을 점화하고 에어백을 부풀린 후 줄을 끊는다. 패스파인더는 표면에 떨어져 튀어 오르면서 착륙한다.

맞은편   지구에서 화성까지 가는 경로는 사람들이 생각하는 것보다 훨씬 멀다. 가장 가까이 접근했을 때 지구와 화성의 거리는 5600만 km다. 그러나 탐사선이 화성에 도달하기 위해서는 곡선 경로를 통해 가야 한다. 따라서 탐사선이 날아가야 할 거리는 4억 8300만 km다.

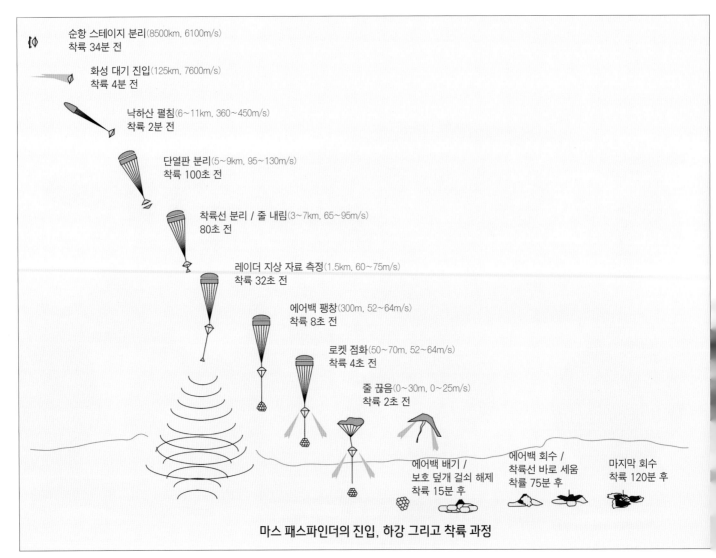

순항 스테이지 분리(8500km, 6100m/s)
착륙 34분 전

화성 대기 진입(125km, 7600m/s)
착륙 4분 전

낙하산 펼침(6~11km, 360~450m/s)
착륙 2분 전

단열판 분리(5~9km, 95~130m/s)
착륙 100초 전

착륙선 분리 / 줄 내림(3~7km, 65~95m/s)
80초 전

레이더 지상 자료 측정(1.5km, 60~75m/s)
착륙 32초 전

에어백 팽창(300m, 52~64m/s)
착륙 8초 전

로켓 점화(50~70m, 52~64m/s)
착륙 4초 전

줄 끊음(0~30m, 0~25m/s)
착륙 2초 전

에어백 배기 /
보호 덮개 걸쇠 해제
착륙 15분 후

에어백 회수 /
착륙선 바로 세움
착륙 75분 후

마지막 회수
착륙 120분 후

마스 패스파인더의 진입, 하강 그리고 착륙 과정

이것은 궤도 비행선에서 찍은 사진에 나타난 지형을 이해하는 데 큰 도움을 주었다. 그러나 안전하면서도 지질학적으로 흥미로운 착륙 지점을 선정하는 것은 쉽지 않은 일이었다. 화성에는 아직 알려지지 않은 지역이 많았고, 이처럼 작은 기계가 안전하게 착륙하는 것 역시 쉬운 일이 아니었다.

젊은 엔지니어들은 바이킹 설계를 오랫동안 집중적으로 조사한 후 이 설계는 검토대상에서 제외했다. 컴퓨터 분야에서 이루어진 비약적인 발전을 포함해 10여 년 동안의 기술적 향상에도 불구하고 화성 착륙은 바이킹 착륙선처럼 짐작에 의지할 수밖에 없었다. 게다가 훨씬 적은 예산으로 완전히 새로운 접근 방법이 필요했다. 그들은 어떻게 이 복잡한 방정식에서 위험 요소를 줄일 수 있었을까?

착륙의 수수께끼

많은 논쟁을 통해 다양한 의견이 제안된 후 하나의 설계가 우선적으로 선정되었다. 그것은 탐사선이 화성 표면에 도착한 후 안전한 지점을 찾아내도록 하는 것이었다. 부풀릴 수 있어 보호막으로 사용할 수 있는 공기주머니로 둘러싸인 착륙선이 화성 표면에 도달하여 낙하산을 분리한 후 튀어 오르거나 구르면서 안전한 장소에 자리 잡도록 하자는 것이다. 착륙선이 정지하고 에어백 공기가 빠져나가면 착륙선의 보호 덮개가 열리면서 자동적으로 똑바로 설 수 있도록 설계되었다. 이 부분은 1971년에 소련이 보냈던 마르스 2호 및 3호 착륙선과 유사했다. 그 후 카메라가 설치되고 로버가 착륙 스테이지를 떠나도록 되어 있었다.

패스파인더의 이와 같은 계획은 새롭고, 과감하고, 혁신적인 착륙 방법이었다. 하지만 이 새로운 방법은 NASA 지휘부에 있던 나이 많은 엔지니어들에게는 잘

먹혀들지 않았다.

이제는 유명해진 패스파인더 팀과 선임 연구원, 경영자 그리고 NASA의 '구세대'들이 착륙 방법에 대한 회의를 시작했다. 서베이어 달 착륙 프로젝트, 아폴로 프로그램 그리고 바이킹 프로그램에서 경험을 쌓은 많은 고참 엔지니어들은 처음부터 기분이 좋지 않았다. 패스파인더의 설계가 소개되자 방 안에는 무거운 침묵이 흘렀다. 패스파인더 팀의 수석 엔지니어였던 제트추진연구소의 롭 매닝Rob Manning은 아폴로 탐사선의 책임 설계자였던 캐드웰 존슨Cadwell Johnson이 패스파인더 설계에 다음과 같이 반응한 것을 기억하고 있다. "이보세요, 젊은 양반. 다른 행성에 어떻게 착륙해야 하는지에 대해 나에게 말하지 말아요! 이건 절대로 불가능한 말도 안 되는 이야기예요!" 그는 아직도 그때의 일을 생생하게 기억하고 있다. "바이킹 프로젝트에서 일했던 고참들은 '어떻게 한다고?'라고 물으며 눈을 부라렸다." 매닝은 또 다음과 같이 그때의 일을 회상했다. "우리는 착륙선

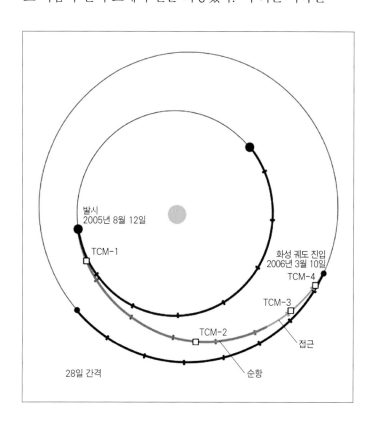

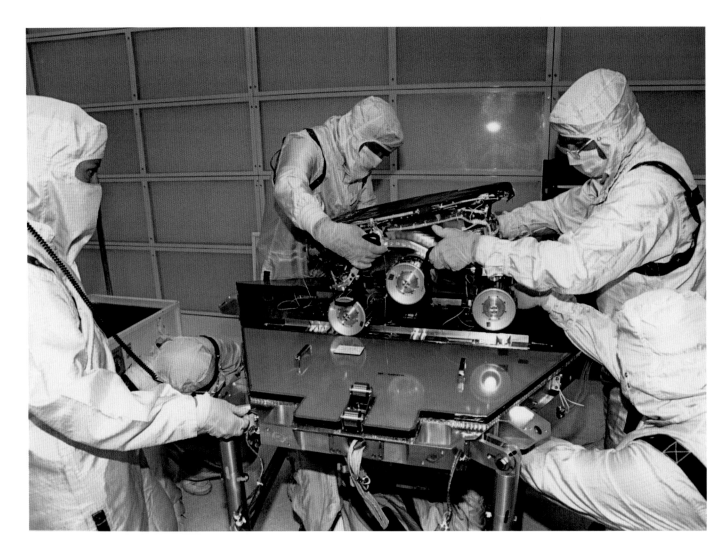

마스 패스파인더

프로젝트 형태	화성 착륙선, 화성 로버
발사일	1996년 12월 4일
도착일	1997년 7월 4일
임무 수행 기간	2개월 23일 (화성 위에서)
임무 종료	1997년 9월 27일
발사체	델타 II 로켓
탐사선 질량	463kg

위 소저너가 마스 패스파인더의 페탈에 고정되고 있다.

아래 닮은 가족들: 좌측에 보이는 것은 마스 패스파인더의 소저너 로버이고, 우측에 있는 것은 마스 익스플로레이션 로버 중 하나인 스피릿 로버다. 큐리오시티 로버는 이 두 로버를 바탕으로 했다.

맞은편 패스파인더는 에어백 착륙 장치를 처음 적용했다. 착륙 지점인 아레스 발리는 바이킹 1호의 착륙 지점인 크리세 플라티니아에서 멀지 않은 곳이다. 최종 착륙 예상 지점을 나타낸 타원의 크기는 200×70km였다.

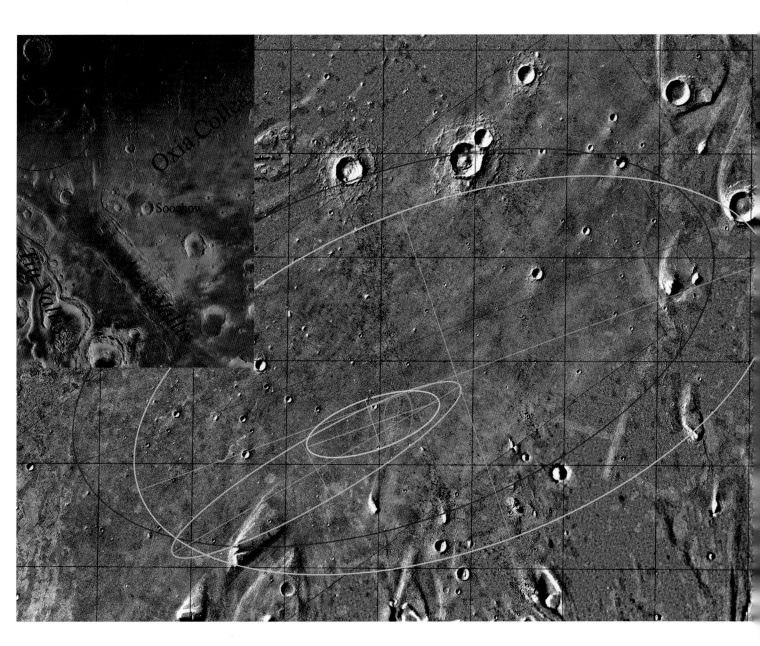

이 화성 표면 위에서 15m에서 23m까지 튀어 오를 것이라는 이야기를 했다. 착륙선이 30m까지 튀어오를 수 있다는 것을 시험을 통해 확인했지만 그들은 우리가 정신 나간 사람들이라고 생각했다."

NASA 지도부의 검토 과정은 순조롭지 못했다. 그러나 숱한 논란을 거쳐 패스파인더 팀은 결국 탐사 계획을 승인받았다. 이제 모든 것을 적은 경비로 시험해야 했다. 에어백이 만들어졌고, 탐사선 무게와 비슷한 무게를 넣고 부풀린 다음 여러 종류의 바닥에 떨어뜨리는 실험을 했다. 에어백이 찢어졌다. 그런 일이 끝도 없이 계속되었다. 설계자가 만족할 때까지 에어백의 크기, 압력,

구조에 대한 실험이 이어졌다. 그러나 충분히 많은 실험을 할 수는 없었다. 엔지니어들에게는 그들이 원하는 만큼 에어백을 실험해볼 돈과 시간이 없었다.

낙하산의 경우도 비슷했다. 다른 행성에서 미국 낙하산을 사용한 것은 바이킹 착륙선을 화성에 착륙시킬 때 사용한 두 번뿐이었다. 훨씬 더 적은 비용으로 바이킹 착륙선보다 50%나 빠른 속력으로 화성 대기에 진입해야 했기 때문에 패스파인더 팀은 여러 가지 낙하산을 시험했다. 이런 시험을 통해 선택된 설계는 찢어지거나 엉클어지지 않는 것이 확인되었지만 불충분한 실험으로 인한 실패 가능성이 엔지니어들의 마음을 무겁게 했다.

그리고 작은 로버가 있었다. 18세기에 노예의 인권을 위해 노력했던 소저너 트루스^{Sojourner Truth}의 이름을 따 소저너라고 이름 붙인 로버의 구조는 간단했다. 그러나 이런 종류로는 최초의 로버였기 때문에 처음 시도해보는 것이 많았다. 이런 것들 역시 시험을 거쳐야 했다. 빠듯한 예산 때문에 제트추진연구소의 빈방을 목재로 마감하고 운동장에 사용할 모래를 공급하는 회사에서 모래를 사서 채웠다. 로버는 초등학교 운동장의 모래와 같은 모래 위에서 시험을 했다. 그러지 않을 수가 없었다.

이륙을 위한 준비

제트추진연구소에서의 작업은 탐사선이 플로리다의 케이프 캐너버럴에서 이륙할 때까지 시간과 예산에 쫓기는 가운데 이루어졌다. 바이킹 이후 최초의 화성 착륙 프로젝트였고, 1970년대 소련의 루노호트 이후 지구 밖에서 최초로 바퀴를 이용해 이동하는 로봇이었기 때

위 　진리의 순간 - 빠른 속도로 화성 대기에 진입한 후 벡트란 에어백에 싸여 표면에 충돌한다. 화가가 그린 상상도.

롭 매닝
Rob Manning
패스파인더 책임 엔지니어

롭 매닝은 1981년 캘리포니아 공과대학에서 전기공학 학위를 받고 제트추진연구소에 입사했다. 갈릴레오 목성 탐사신과 토성을 남사하는 카시니 프로젝트에서 10여 년 동안 일한 후 새로운 소규모 프로젝트에서 일하도록 선발되었다. 처음에 그는 패스파인더에 대해 의구심을 가졌다.

"설계를 처음 보았을 때 제트추진연구소가 이 부분에 아무런 경험이 없다고 생각했다. 행성에 착륙선을 착륙시킨 것은 오래전의 일로, 우리는 1978년에 바이킹을 착륙시킨 후 아무것도 하지 않았다!"

그러나 프로젝트 책임자였던 토니 스피어Tony Spear가 패스파인더 프로젝트에 참가해달라고 요청했을 때 매닝은 마음을 바꿨다.

"그는 기계공학자였고, 나는 전자공학과 시스템 엔지니어였다. 우리는 서로 보완할 수 있는 위치에 있었다. 따라서 그는 나를 패스파인더 프로젝트의 책임 엔지니어로 임명했다."

곧 매닝이 전체 프로젝트의 가장 힘든 부분인 진입(E), 하강(D), 착륙(L)을 책임졌다. 이것은 심장 약한 사람이 할 수 있는 일이 아니었다.

매닝은 그때의 일을 다음과 같이 회상했다. "프로젝트 책임자였던 토니 스피어는 EDL을 외부 회사에 맡기기를 원했다. 그러나 발사 전까지 우리에겐 충분한 시간이 없었다. 그리고 그것은 매우 복잡한 일이었다."

매닝은 외부 회사에 입찰 방법을 설명할 수 없었고, 그들이 그것을 설계하도록 도와주는 방법도 알 수 없었다.

"예를 들면 입찰에 참여할 사람들에게 에어백을 어떻게 연결해야 하는지에 대한 규정을 설명할 수 없었다. 따라서 우리는 우리가 해온 대로 여기서 계속하자고 요청했다. 그리고 그 결과는 매우 좋았다. 그것은 믿을 수 없을 정도로 놀라운 팀워크가 없었다면 불가능한 일이었다."

문에 위험부담이 컸다. NASA와 계약을 맺은 외주 업체들을 통해 제작하는 것이 일반적인 관행이었지만 이번에는 그럴 시간이 없었다. 결국 제트추진연구소 엔지니어들과 기술자들이 착륙선과 로버를 직접 제작했다. 에어백과 착륙 로켓을 제외한 주요 부품 모두 자체 제작해야 했다.

1996년 12월에 패스파인더의 발사 준비를 할 때가 되자 NASA 지도부 일부는 걱정하기 시작했다. 패스파인더는 설계 단계에서부터 많은 논쟁이 있었던 터라 정밀 검사를 받지 못했다. 그러나 이제 곧 이륙할 예정이었다. 일부는 모든 i자 위에 점이 바로 찍혔는지, 그리고 모든 t자에 옆선이 제대로 그어졌는지 염려했다. 하지만 놀라울 정도의 빠른 준비 속도 덕분에 다른 탐사선처럼 조사해야 할 엄청난 양의 문서들이 없었다. 회의가 열렸

다. 제트추진연구소 엔지니어들의 조언을 받아들여 목표가 수정되었다. 패스파인더의 임무는 탐사선이 제대로 작동하는지를 확인하는 기술적인 것이 되었다. 탐사선이 제대로 작동한다면 임무를 완수하는 것이다. 그리고 탐사선이 할 모든 과학 실험은 덤이 되었다. 착륙선은 한 달 동안 작동하도록 설계되었고, 로버는 일주일이 활동 예상 기간이었다. 그 이상 활동한다면 보너스였다.

그러나 이것으로 제트추진연구소 엔지니어들과 프로젝트 책임자들이 받는 스트레스가 줄어들지는 않았다. NASA 본부는 그들의 기대치를 설정해놓았고, 패스파인더 팀은 충족시켜야 할 자신들의 기준을 가지고 있었다. 다음 몇 달 동안 그들의 화성 탐사 능력이 검증받을 것이고, 미래 화성 착륙선을 위한 길이 그려질 것이었다.

패스파인더의 승리

1996년 12월 3일 패스파인더는 굉음을 내며 케이프 캐너버럴을 떠났다. 예비 탐사선은 준비되어 있지 않았다. 하나의 탐사선이 임무를 수행해야 한다. 실패하면 그것으로 프로젝트는 끝난다. 다행히 모든 것이 순조롭게 진행되었다. 패스파인더는 곧장 화성으로 향했다. 화성 궤도에 머물 시간도 없었고, 착륙 지점 선정을 위해 화성 표면을 조사할 여유도 없었다. 모든 결정들은 이미 내려져 있었다. 패스파인더 엔지니어들은 목표 지점을 정확히 알고 있었다.

1997년 7월 4일 패스파인더는 바이킹 1호의 착륙 지점인 크리세 플라티나에서 836km 떨어진 아레스 발리에 착륙했다. 아레스 발리는 고대에 물 흐름의 영향을 받았던 지역으로 추정되어 지질학자들이 많은 관심을 보였다. 따라서 궤도 비행선에서 찍은 사진을 조사하여 찾아낸 이곳은 탐사선의 안전한 착륙을 보장하면서도 과학적 결과를 기대할 수 있는 지역이었다.

패스파인더는 빠른 속력으로 화성 대기에 진입한 후 지구까지의 거리로 인한 통신 지연 때문에 자체적으로 운행하여 화성 표면을 향해 하강했다. 패스파인더의 작은 컴퓨터가 경로 변화를 정확히 읽고, 탐사선의 경로를 조정했다. 하강하는 동안 단열판이 대기로 진입할 때 발생한 열로부터 탐사선을 보호해줬다. 탐사선의 속력이 초음속인 257km/h에 도달했을 때 낙하산이 펼쳐졌다. 낙하산은 많은 실험을 통해 이 속도에서도 찢어지지 않는다는 것이 확인되었다. 낙하산이 탐사선의 속도를 257km/h까지 낮췄다. 표면 상공 약 5km에서 패스파인더는 하강하는 로켓으로부터 천천히 줄에 매달려 아

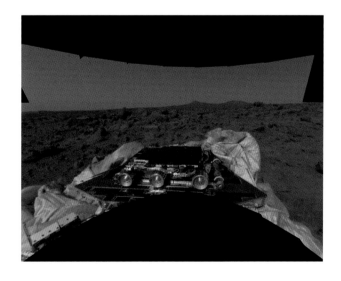

래로 내려졌다. 20m 길이의 줄에 매달려 있던 패스파인더는 화성 상공 305m에서 작은 로켓 모터를 이용하여 순간적으로 뜨거운 공기를 불어넣어 에어백을 부풀렸다. 불과 몇백 m를 남겨두고 브레이크용 제트엔진을 점화하여 속도를 급속히 줄인 후 21m에 도달했을 때 줄을 끊고 표면으로 자유낙하했다. 64km/h의 속력으로 화성 표면에 충돌한 패스파인더는 처음엔 14m까지 튀어 올랐지만 점점 튀어 오르는 높이가 낮아졌다.

패스파인더의 컴퓨터에는 15번 튀어 오른 것으로 기록되어 있지만 더 튀어 올랐을 수도 있다. 곧 패스파인더는 구르다가 멈췄다. 패스파인더는 비정통적인 방법으로 하강에 성공했고, 화성 위에 안전하게 착륙했다는 메시지를 지구로 전송했다.

길을 찾다

21년 전에 바이킹이 화성에 착륙했을 때처럼 착륙팀 연구원들은 환호성을 질렀다. 패스파인더가 화성에 착륙하는 장면은 전 세계 수백만 장소에서 보고 있었다. 인터넷 시대에 이루어진 최초의 행성 착륙 광경은 누구나 실시간으로 볼 수 있었다. 제트추진연구소 홈페이지에는 가장 많은 네티즌이 접속했다. 제트추진연구소 서버가 감당할 수 없을 정도로 몰려 접속자 수를 제한해야 했다. 승리의 표시로 주먹을 들어 올린 턱수염을 기른 롭 매닝의 사진은 패스파인더 프로젝트의 상징이 되어 인터넷을 통해 전 세계로 퍼져나갔다.

제트추진연구소의 통제사들이 패스파인더의 상태를 확인했는데 최상이었다. 착륙은 화성 시간으로 오전 3시에 이루어졌다. 착륙할 때 사용했던 바람 빠진 에어백이 제거되고, 구조물을 싸고 있던 보호용 패널이 꽃잎처럼 열렸다. 해가 뜬 후 첫 번째 사진이 지구로 전송되었고, 기상 측정이 시작되었다. 바이킹 프로젝트에서 일했던 사람들에게 이것은 매우 익숙한 광경이었을 것이다.

솔^{sol}이라고 부르는 화성의 하루로 두 번째 날 소저너 로버는 착륙 스테이지에 고정된 핀을 풀고 화성 표면에

맞은편 왼쪽 착륙 다음 날의 소저너 로버. 소저너는 고정 장치가 풀리자 지지대 위에 '일어서서' 램프를 통해 화성 표면으로 내려갔다. 바람 빠진 에어백이 로버 주위에 보인다.

맞은편 오른쪽 패스파인더 로버인 소저너의 크기는 가정용 전자레인지 정도로, 무게는 11.3kg이었다. 소저너는 최초로 화성에 간 바퀴 달린 기계였다.

위 8화성일에서 10화성일 사이의 임무 수행을 위해 패스파인더 카메라는 착륙 지점의 파노라마 사진을 찍었다. 소저너는 우측에 있는 바위인 바너클 빌을 조사했다.

내려서기 위한 준비를 시작했다. 매우 위험한 순간이었다. 로버는 가파른 램프를 지나 화성 모래 위로 내려가야 했다. 간단해 보이는 이 과정에서도 일어날 수 있는 여러 가지 일들을 고려해야 했기 때문에 모두들 긴장하지 않을 수 없었다. 램프에 걸리거나 로버 주위에 널브러져 있는 에어백과 얽히는 사고가 난다면 큰일이었다. 로버는 믿을 수 없을 만큼 느린 속도로 램프를 내려갔다. 조심이라는 단어가 여기저기서 튀어나왔다. 평평한 곳에서 소저너가 낼 수 있는 최대 속력은 13mm/s였지만 이보다 훨씬 느린 속도로 움직여 소저너의 바퀴 여섯 개가 화성 땅에 모두 내려가는 데에는 거의 하루가 걸렸다.

땅거미가 질 때쯤 로버는 알파 엑스선 분광기(APXS)를 설치하고 램프 아래 소저너가 서 있던 자리의 토양을 조사했다. 그 결과는 예상한 대로였다. 토양은 20년 전에 바이킹 착륙선이 보내온 자료와 대부분 일치했다.

3솔에 소저너는 첫 번째 주행을 시도해 가까이 있던 바위로 향했다. 연구팀은 이 바위에 바너클 빌이라는 이름을 붙였다. 이 프로젝트에서 일하는 과학자들은 그들이 다루는 물체에 고유한 이름을 붙일 수 있도록 허용되어 있었다. 그런 까닭에 만화 주인공에서부터 이상한 합성어까지 등장했다. 바너클 빌은 램프로부터 38cm 정도 떨어져 있었기 때문에 여행하기에 먼 거리가 아니었지만 다른 행성에서 하는 첫 여행으로는 짧은 거리가 아니었다.

로버의 작은 팔에 달려 있는 알파 엑스선 분광기로 바위를 조사하는 데는 열 시간이 걸렸다. 화성암의 일종인

좌측 화성 위에 있는 패스파인더의 상상도. 소저너 로버가 떨어져 있는 암석을 향해 가고 있다. 비행하는 동안 로버를 보호해주었던 두 램프 사이의 페탈도 태양전지로 덮여 있다. 효율 좋은 태양전지는 성공적인 임무 수행을 위해 필수적이다.

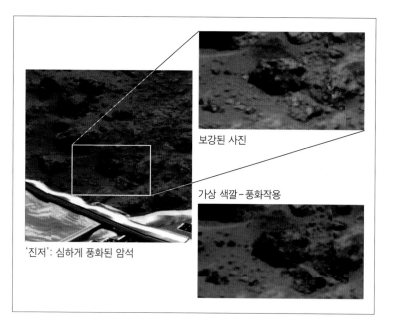

보강된 사진

가상 색깔-풍화작용

'진저': 심하게 풍화된 암석

안산암으로 밝혀진 바너클 빌은 화산작용을 통해 형성되었거나 형성된 후 다시 용융되었다가 재형성된 것으로 보였다.

그동안 착륙선은 착륙 지역을 360도 회전하면서 '몬스터 팬^{monster pan}'을 최초로 찍었다. 그것은 부근 지형을 찍은 많은 사진 중 첫 번째 사진이었다. 이후에 찍은 사진들은 모두 새로운 특징을 보여주었다. 착륙 지역은 과학자들이 예상한 것처럼 추정할 수 없을 정도로 오래 전에 대규모 홍수가 있었던 지역이었다. 멀지 않은 곳에서 물이 운반해온 퇴적물이 보였다. 그리고 부근의 암석은 다른 성분을 보여주고 있어 기원이 다르다는 것을 알 수 있었다. 한 과학자의 말처럼 이곳은 '지질학의 보고'였다. 연구팀은 여러 주 동안 흥분에 휩싸여 있었다.

로버가 알파 엑스선 분광기로 조사한 두 번째 암석 '요기^{Yogi}'는 바너클 빌과 기원이 다르다는 것이 밝혀졌

위 '진저(Ginger)'로 명명된 암석이 패스파인더가 찍은 이 사진의 좌측에 보인다. 우측에 있는 사진들은 가상 색깔을 이용하여 자세한 구조가 보이도록 보강한 것이다.

아래 9월 15일 소저너 로버 전면 카메라가 찍은 침프 암석 사진. 바위 위에 나 있는 복잡한 흔적들을 볼 수 있다. 우측 아래에서 좌측 위쪽으로 부는 바람이 만든 자국을 앞에 있는 작은 자갈에서 찾아볼 수 있다.

다. 요기는 화성암에서 자주 발견되는 오래된 현무암으로, 조사 결과 다른 장소에서 물에 의해 이곳으로 이동했음이 밝혀졌다. 이는 화성 탐사에서 처음으로 밝혀진 것이다. 이런 것이 탐사를 통해 얻고자 했던 다양한 결과였다. 따라서 기능적인 로버를 이용하는 첫 번째 행성 탐사에서 이것을 발견한 것은 흥분할 만한 일이었다.

도전적인 임무

규칙적으로 전해지는 새로운 발견으로 몇 주일이 바쁘게 지나갔다. 소저너는 예정했던 7일의 활동 기간이 지났지만 계속 작동하고 있었고, 패스파인더의 착륙선도 30일의 보증기간이 지나도 잘 작동할 것으로 보였다. 그러나 어려움이 동반되지 않는 임무 수행은 없었다.

8월 중순에 착륙선 컴퓨터가 예고 없이 재부팅했다. 제트추진연구소 연구팀은 때때로 컴퓨터가 새로 시작될 때마다 걱정스럽게 기다려야 했다. 컴퓨터는 아무 이유 없이 꺼졌다가 다시 부팅되었다. 그 당시로서도 오래된 것이었던 이 컴퓨터는 2.5Mhz IBM RAD6000(과거 매킨토시에 사용되었던 PowerPC 750의 칩을 군사용으로 전환한 것)으로 1.28Mb의 RAM을 가지고 있었다. 몇 시간 후

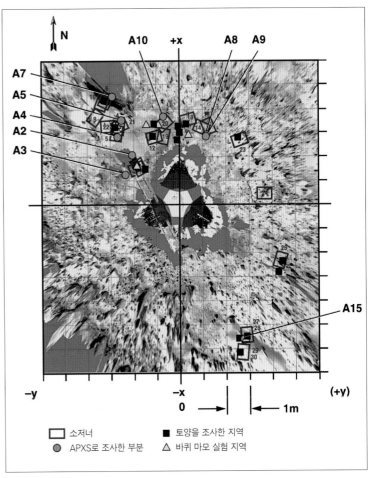

위 1997년 7월에 패스파인더가 찍은 합성사진이 화성의 일몰을 보여주고 있다. 하늘의 색깔은 실제 색깔이지만 땅은 자세한 것이 보일 수 있도록 약간 밝게 처리했다.

아래 착륙선의 카메라가 찍은 사진을 이용해 만든 패스파인더 착륙 지점 도표. 로버가 조사한 바위는 붉은 사각형으로 표시되어 있다.

다시 컴퓨터에 연결되자 크게 안도했지만 (……) 또 다른 문제가 기다리고 있었다.

착륙선과 지구의 통신이 끊겨 있는 동안 로버는 어려움에 처해 있었다. 자체적으로 가까운 거리를 이동할 수 있었던 로버가 쐐기 모양의 바위(이 바위의 이름은 자연스럽게 '쐐기'라고 지었다)에 걸린 것이다. 그 때문에 로버가 기울어졌는데 이는 미리 입력해둔 안전 상태를 벗어나는 것이었다. 소저너는 멈춰 서서 지구로부터의 명령을 기다렸다. 곧바로 회의가 열렸고 약간의 지상 실험을 거친 후에 엔지니어들이 로버의 다음 행동을 결정하고 명령을 전송했다. 소저너는 천천히 바위에서 물러나 다시 방향을 정한 후 '바위 정원'이라고 부르는 곳으로 향했다. 일주일 후 소저너는 지질학적 표본들이 대량으로 모여 있는 바위 정원에 도착했다.

소저너는 임무를 마칠 때까지 패스파인더 착륙선 반경 10m 안에 있는 바위와 토양의 특징을 조사했다. 지질학적 분석 자료와 화학적 분석 자료가 쌓이자 화성에 대한 좀 더 자세한 그림이 그려지기 시작했다. 궤도 비행선의 관측을 통해 짐작했던 것처럼 분석 자료들은 과거 화성 표면에 물이 흐르고 있었다는 사실을 확실히 보여주었다. 그렇다면 넓은 지역을 흘렀던 물은 지금 어디로 갔을까?

물에 대한 이런 의문의 답은 또 다른 화성 탐사선이 활동할 때까지 기다려야 했다. 패스파인더의 컴퓨터에는 점점 더 자주 심각한 문제가 발생했고, 전지도 충전 능력을 서서히 상실해갔다. 그리고 화성의 겨울과 함께 엄청난 추위가 다가오고 있었다. 줄어든 전지 용량 때문에 착륙선의 난방장치도 제대로 작동하지 못했다. 화성의 긴 겨울은 전자 장비들에게 너무 추웠다.

임무 종료

화성 환경은 탐사선에 매우 혹독하다. 그리고 패스파인더는 수명을 다해가고 있었다. 1997년 9월 27일 착륙선으로부터 마지막 신호가 전송된 후 조용해졌다. 지구에서 여러 번 반복해서 호출했지만 대답이 없었다. 임무가 종료된 것 같았다. 11월에 통신을 재개하기 위해 다시 시도했지만 성공하지 못하자 1997년 11월 5일, NASA는 공식적으로 패스파인더의 임무가 종료되었다고 선언했다.

패스파인더는 화성 표면에서 85일 동안 활동하면서 암석과 토양에 대한 화학적 분석을 15회 실시했고, 로버가 찍은 550장의 사진과 착륙선 카메라가 찍은 1만 6500장의 사진을 전송해왔다. 소저너는 예정된 7일의 활동 기간보다 15배 긴 기간 활동했고, 착륙선도 30일의 보증기간보다 세 배 긴 기간 활동했다.

패스파인더의 가장 중요한 업적은 궤도 비행선의 관측을 통해 추정한 것들을 직접 지상 실험을 통해 확인하고, 정밀한 자료를 통해 뒷받침했다는 것이다. 과거 화성이 현재보다 따뜻했고, 물을 많이 가지고 있었다는 것이 확실해졌다. 물이 흘렀다는 증거는 여러 곳에서 발견되었다. 바위와 토양에 오랫동안 묻혀 있던 이야기를 밖으로 끄집어내면서 '물을 찾아내는 것'이 그 후 실시된 모든 NASA 화성 탐사의 목표가 되었다. 저예산으로 발사 일정에 겨우 맞춘 프로젝트로서는 나쁘지 않은 결과였다.

패스파인더가 생명을 잃고 붉은 먼지를 뒤집어쓴 채 화성의 겨울을 나고 있을 때 제트추진연구소의 엔지니어들은 바퀴 달린 또 다른 화성 탐사 로버를 준비하느라 바빴다. 그리고 훨씬 더 정교한 로버가 화성에 착륙하기 전에 화성 궤도에서는 이전과는 비교할 수 없을 정도로 정밀하게 화성 표면을 관측할 마스 글로벌 서베이어 호가 화성을 돌고 있었다.

높은 곳에서: 마스 글로벌 서베이어

패스파인더보다 약간 이른 1996년 11월에 발사되었지만 마스 글로벌 서베이어(MGS)는 패스파인더보다 늦은 1997년 11월에 화성에 도착했다. 그리고 바이킹이나 매리너 9호처럼 브레이크 역할을 하는 역추진 로켓을 점화시켜 화성 궤도에 진입했다. 마스 글로벌 서베이어 탐사선이 처음에 진입한 궤도는 근지점이 화성 표면으로부터 262km 상공이었고, 원지점은 화성 표면으로부터 5만 3108km 상공으로 이심률이 큰 타원 궤도였다. 마스 글로벌 서베이어는 왜 이런 이상한 궤도로 진입했을까?

이야기는 바이킹 착륙선과의 통신이 종료된 10년 전으로 거슬러 올라간다. 1984년에 NASA는 화성 표면 중에서 바이킹이 찍지 못한 부분의 사진을 찍기 위한 새로운 화성 궤도 비행선을 찾고 있었다. 좀 더 기능이 향상된 새로운 장비를 갖춘 궤도 비행선은 논리적으로 볼 때 당연한 순서였다. 두 개의 착륙선과 두 개의 궤도 비행선으로 구성된 바이킹 프로젝트는 너무 많은 비용이 들어 그 정도의 새로운 프로젝트는 생각도 할 수 없었다. 적은 비용으로 수행할 수 있는 하나의 탐사선이 적절해 보였다. 우주 왕복선이 탐사선을 지구 궤도까지 실어 나를 수 있다는 것은 커다란 이점이었다. NASA는 새로운 탐사선을 우주 왕복선의 화물칸에서 발사할 수 있을 것이다.

여기까지는 좋았다. 그러나 항상 그렇듯이 다른 문제가 터지기 시작했다. 따라서 마스 옵저버(MO) 프로젝트는 교착 상태에 빠졌다. 경비를 줄이기 위해 지구 궤도를 돌도록 설계된 인공위성을 화성으로 향하도록 설계를 변경했다. 일부 장비가 행성 사이의 먼 거리를 여행할 수 있도록 교체되었다. 그러나 기본적인 설계는 변하지 않았다. 이론적으로 그렇게 하는 것이 경비를 절약하는 길이었다.

경제적인 우주여행

탐사선을 우주 왕복선에서 발사하겠다는 결정이 NASA 본부로부터 내려왔다. 정기적인 우주 왕복선 비행과 연동해 경비 절감 효과를 극대화하기 위해 우주로

위 98 마스 글로벌 서베이어 프로젝트 로고 콘테스트에서 입상한 로고.

향하는 모든 화물은 우주 왕복선의 화물칸을 이용하도록 했다. 그러나 챌린저호가 1984년 발사 후 73초 만에 폭발하자 그 결정은 폐기되었다. 그 후에는 군용을 포함한 모든 인공위성과 행성 탐사선은 지난 25년 동안 해왔던 대로 1회용 로켓을 이용하여 발사되었다.

이런 조치에 따른 문제는 1회용 로켓을 이용하는 데 필요한 경비가 많이 든다는 것과 마스 옵저버 탐사선이 가볍지 않다는 것이었다. 1020kg의 마스 옵저버 탐사선을 발사하기 위해서는 바이킹 발사 때처럼 경비가 많이 드는 타이탄 III 로켓을 사용해야 했다. 그런데 이보다 더 염려스러운 점은 경비 증가로 프로젝트가 취소되는 것이었다.

1992년 9월, 매연과 굉음 속에 마스 옵저버가 케이프 캐너버럴을 이륙했다. 탐사선이 화성 궤도에 가까워질 때까지 1년 동안은 모든 것이 순조로웠다. 그러나 1993년 8월 마스 옵저버가 화성 궤도에 진입하기 위해 로켓을 점화하기 직전 갑자기 통신이 두절되었다. 그 후 탐사선은 침묵 속으로 빠져들었다.

여러 가지 증거를 정밀하게 조사하고 프로젝트 발전 과정의 역사를 자세히 살펴본 후에 연료 체계에서 누수가 발생해 파국으로 몰아간 사고라고 결론 내렸다. 지구 궤도를 돌도록 설계한 인공위성과 하드웨어를 재활용한 것도 사고 원인의 일부로 밝혀졌다. 경비를 절감했지만 결국 많은 예산을 낭비하고 만 것이다. 실패로 끝난 마스 옵저버 프로젝트는 다음 화성 탐사 프로그램을 시작하는 동기가 되었다.

NASA는 즉시 새로운 화성 궤도 비행선 프로젝트인 마스 익스플로레이션 프로그램(MEP)을 시작했다. MEP는 화성 탐사를 위한 새로운 목표를 설정하고 마스 글로벌 옵저버의 실패를 빠르게 회복하기 위한 목적이 결합되어 탄생했다. 그 결과가 비용이 적게 드는 패스파인더 착륙선과 로버 그리고 완전히 새롭게 설계한 화성 궤도 비행선인 마스 글로벌 서베이어(MGS) 탐사선이었다.

마스 글로벌 서베이어 탐사선은 마스 옵저버가 하려던 일의 대부분을 수행할 예정이면서도 소요 예산은 마스 옵저버 예산 8억 달러에 비해 현저히 적은 1억 5400만 달러였으며 무게도 반 정도였다. 일부 비행 하드웨어는 마스 옵저버가 사용하고 남은 것을 사용했지만 전체적인 설계는 새로운 것이었다. 마스 글로벌 서베이어 탐사선은 처음부터 화성 궤도 비행선으로 설계되었다.

무게가 가벼웠기 때문에 마스 글로벌 서베이어 탐사선 발사에는 비용이 저렴한 델타 II 로켓이 사용되었다. 타이탄과 마찬가지로 델타 로켓도 대륙간탄도탄(ICBM) 발사에 사용되던 로켓을 수정한 것이었다. 그러나 발사할 때 130만 파운드의 출력을 낼 수 있는 타이탄과 달리 기본적인 델타 II 로켓은 80만 파운드의 출력밖에 낼 수 없었다. 따라서 마스 글로벌 서베이어 탐사선은 화성 궤도에 진입할 때 브레이크로 사용할 충분히 큰 로켓을 가져가는 호사를 부릴 수 없어 엔지니어와 프로젝트 기획자들은 초기 매리너 탐사선들처럼 화성을 지나치지 않도록 속도를 늦추는 새로운 방법을 찾아내야 했다.

에어로브레이킹

빠른 속도로 행성 사이의 공간을 비행한 후 속도를 늦추는 '에어로브레이킹aerobraking' 방법이 오랫동안 논의되어 왔다. 간단히 말해 탐사선의 경로를 목표로 하는 행

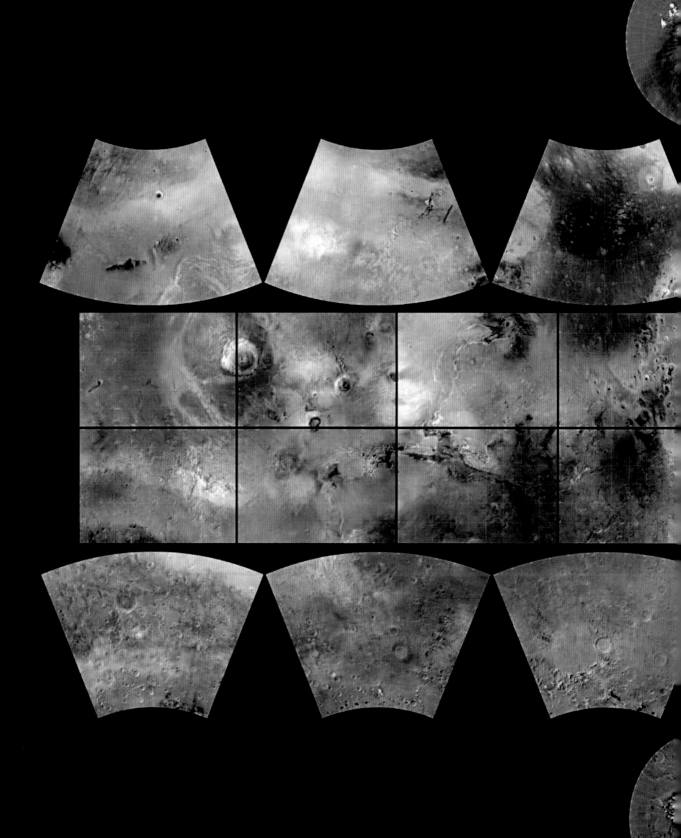

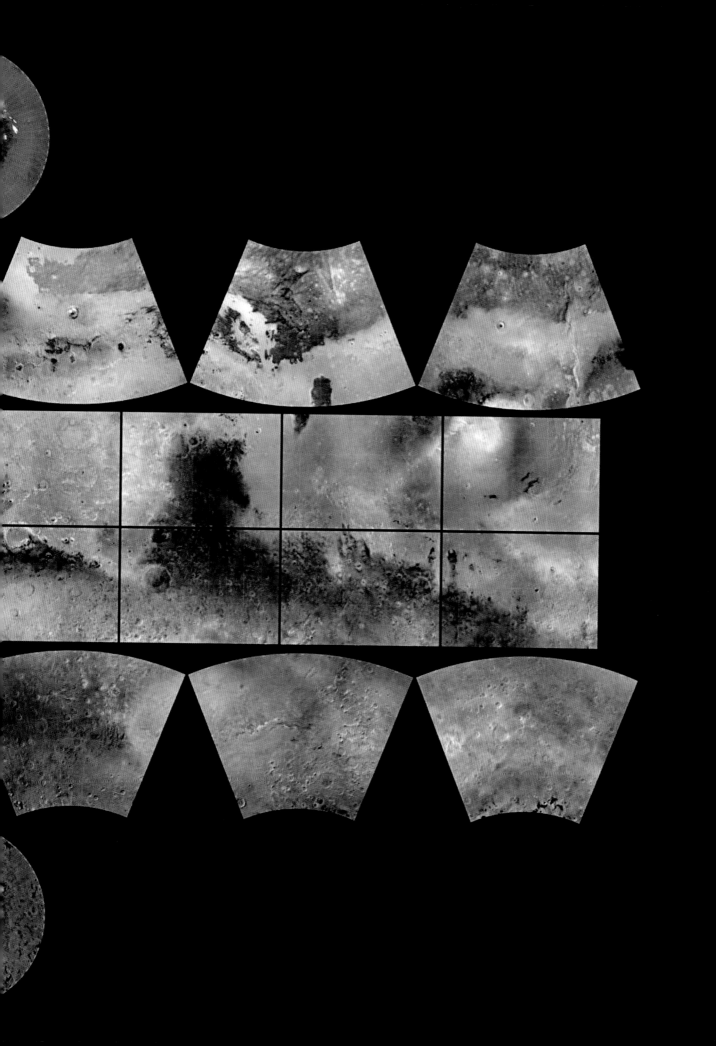

마스 글로벌 서베이어

프로젝트 형태	화성 궤도 비행선	임무 수행 기간	9년 1개월 21일(화성에서)	발사체	델타 II 로켓
발사일	1996년 11월 7일	임무 종료	2006년 11월 2일	탐사선 질량	1030kg
도착일	1997년 9월 12일				

성의 대기 속을 지나가도록 조정하는 것이다. 이론적으로 볼 때는 대기의 저항이 속도를 충분히 늦춰 적절한 궤도에 성공적으로 안착할 수 있었다. 물론 여기에도 위험이 도사리고 있었다. 목표를 정하는 데 오차가 있거나 행성의 대기 밀도 계산을 잘못하면 탐사선이 행성을 지나치거나 타버릴 수도 있었다. 그리고 탐사선이 그러한 경로로 진행하는 동안 대기와의 마찰을 견뎌내기 위해서는 얼마나 강해야 하는지가 확실하지 않았다.

이 방법은 예전에 한 번 시도된 적이 있었다. 1993년에 NASA에서 금성에 보낸 마젤란 탐사선이 금성 궤도에서 금성을 관측하는 임무가 종료될 시점이 다가오자 에어로브레이킹을 실험하기로 결정했다. 대부분의 중요한 실험을 마친 탐사선은 다섯 번째로 임무를 연장하고 있었다. 금성은 두꺼운 대기층을 가지고 있어 탐사선의 속도를 늦추는 것이 가능한지를 확실하게 알 수 있다는 것이 에어로브레이킹 실험에 큰 도움이 되었다.

탐사선의 경로가 수정되었다. 마젤란 탐사선이 금성 대기 안으로 깊숙이 들어갔다 나오는 경로를 선택했다. 그러자 두 달 동안 탐사선의 궤도가 계획대로 타원 궤도에서 원 궤도로 바뀌었다.

마스 글로벌 서베이어 탐사선의 경우에는 에어로브레이킹이 처음부터 시도되었다. 브레이크용 로켓은 마스 옵저버에 사용한 것보다 훨씬 작았다. 그러나 마스 글로벌 서베이어 탐사선이 262×53,108km의 큰 타원 궤도에 진입할 수 있도록 속력을 늦추는 데는 충분할 것이다. 이 궤도에 진입하는 데는 훨씬 작은 브레이크로도 가능하다. 나머지는 매우 희박한 화성 대기를 이용한 에어로브레이킹이 책임질 예정이었다. 이것은 매우 훌륭한 발상이었지만 커다란 도박이었다. 그러나 NASA는 선택의 여지가 많지 않았다. 더 큰 탐사선이 제작되고, 더 큰 로켓을 구입할 수 있을 때까지 기다리거나 아니면

마스 옵저버

프로젝트 형태	화성 궤도 비행선
발사일	1992년 9월 26일
도착일	도착하지 못함
임무 수행 기간	331일 – 화성 궤도 진입 실패
임무 종료	1993년 8월 21일
발사체	델타 II 로켓
탐사선 질량	1017kg

한 번밖에는 시험해본 적이 없는 이 기술을 사용하는 수밖에 없었다. 결국 에어로브레이킹이 선택되었다.

마스 글로벌 서베이어 탐사선은 이 방법을 염두에 두고 제작된 첫 번째 탐사선이었다. 너비가 12m인 태양전지판을 가진 마스 글로벌 서베이어 탐사선은 도착 후 6개월 안에 원하는 궤도에 진입하는 데 필요한 마찰력을 만들어낼 수 있을 것이다. 적어도 그럴 계획이었다.

마스 글로벌 서베이어, 출발!

마스 글로벌 서베이어 탐사선은 마스 패스파인더보다 한 달 이른 1996년 11월 7일에 발사되었다. 마스 글로벌 서베이어 탐사선이 화성에 도착한 것은 1997년 9월이었다. 그러나 화성으로 항해하는 동안 중요한 기술적 문제가 발견되었다. 태양전지 중 하나가 제대로 펴지거나 접혀지지 않았다. 이 전지판은 전력 생산뿐만 아니라 탐사선이 에어로브레이킹을 하는 데도 중요한 역할을 한다. 태양전지판은 충분한 공기 마찰력을 발생시켜 탐사선이 타원 궤도에서 벗어나도록 하는 데 사용되는 '날개'였다. 하나는 완전하게 펼쳐졌다. 그러나 다른 하나는 80%만 펼쳐졌다. 태양전지판을 지지하고 있는 꺾쇠에 문제가 생긴 듯했다. 태양전지판이 제자리에 고정되

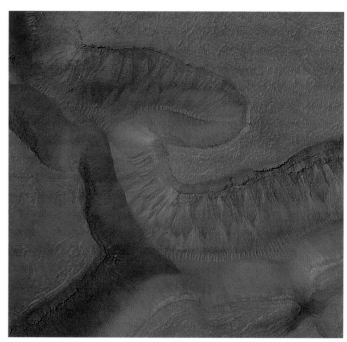

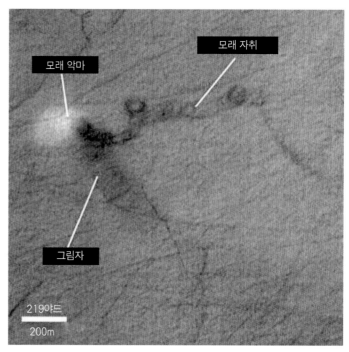

모래 악마

모래 자취

그림자

219야드
200m

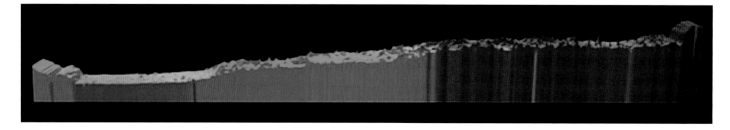

지 않았다.

그러나 비행 통제사들은 별다른 방법이 없었다. 그사이 마스 글로벌 서베이어 탐사선은 화성에 가까워졌다. 브레이킹 엔진을 점화하여 긴 타원 궤도로 늘어가 45시간마다 한 번씩 화성을 돌기 시작했다. 마스 글로벌 서베이어 탐사선은 극궤도를 따라 남극과 북극 위를 비행하는 첫 번째 화성 궤도 비행선이었다. 이 궤도에서는 화성 전체 지도를 효과적으로 작성할 수 있었다.

계속 화성을 돌면서 화성의 근지점을 109km까지 낮췄다. 이 고도라면 화성 대기로 들어가 탐사선의 속도를 늦추는 데 필요한 공기의 마찰을 만들어낼 수 있었다. 손상된 태양전지판의 각도를 조정하여 약해진 부분으로 인해 더 이상 손상되거나 굽어지지 않도록 했다. 그리고 에어로브레이킹을 좀 더 천천히 진행해 공기저항을 줄이고 궤도 변경이 서서히 진행될 수 있도록 했다. 이를 통해 더 이상의 탐사선 손상도 막을 수 있을 것으로 기대했다.

원 궤도에 진입하는 데는 1년 이상 걸렸다. 그러나 마침내 마스 글로벌 서베이어 탐사선이 고도 450km에서 두 시간마다 한 번씩 원 궤도를 따라 화성을 돌기 시작했다. 그동안에도 과학 실험팀은 놀고 있지 않았다. 탐사선이 원하는 궤도에 진입하는 동안에도 많은 양의 관측 자료가 수집되었다. 그리고 이제 가장 중요한 임무를 시작할 수 있게 되었다.

마스 글로벌 서베이어 탐사선에 실린 장비는 크기와 무게가 제한되었고, 사라진 마스 옵저버에 가득 실렸던 장비와는 달리 소량의 장비만 가지고 갔다. 그러나 뛰어난 성능을 가진 장비들이었다. 열 방출 스펙트로미터(TES)는 연구자들이 흥미 있어 하는 광물에 민감하게 작동하는 적외선 분광기였으며, 마스 오비탈 레이저 알티미터(MOLA)는 적외선 레이저를 이용하여 탐사선과 화성 표면 사이의 거리를 측정하여 정확한 지도를 작성하는 데 사용하는 장비였다. 그리고 태양풍과 화성 자기장을 측정하는 데 사용할 자기계와 전자 리플렉토미터, 도플러효과 측정기를 위한 안정된 진자(USORS)도 장비 목록에 포함되어 있었다. USORS는 탐사선의 라디오에 연결되어 있는 정밀한 시계로, 탐사선이 화성을 도는 동안 전파 신호의 작은 변화를 추적할 수 있고, 이를 통해 화성의 중력장을 정확히 측정할 수 있었다.

하지만 아마도 마스 글로벌 서베이어 탐사선이 가지고 간 가장 놀라운 장비는 카메라일 것이다. 카메라는 많은 사람들이 이 프로젝트의 탐사 결과에 만족할 수 있도록 한 장비였다. 마스 오비탈 카메라(MOC)로 명명된 이 카메라는 캘리포니아 샌디에이고의 몰린 우주과학 시스템이 NASA를 위해 제작한 것이었다. NASA에서 근무했던 마이크 몰린[Mike Malin]은 그때까지 NASA에서 사용하고 있던 카메라보다 훨씬 뛰어난 성능의 카메라를 만들기 위해 NASA를 떠났다. 그리고는 성능이 향

위 좌측　마스 글로벌 서베이어 탐사선이 아이올로스 지역을 찍은 사진. 이 사진에 나타난 여러 지형, 특히 가운데 부분에 위에서 아래로 이어져 있는 언덕들은 심한 침식작용을 받은 것으로 보인다.

위 우측　화성 서반부에 있는 고루고훔 카오스 지역의 물에 의해 침식된 지형의 모습이 자세히 담긴 사진. 캐니언 벽 위에서 아래로 나 있는 골짜기들은 최근에 흘렀던 염수에 의해 침식된 것으로 보인다.

중앙 좌측　유명한 천문학자의 이름을 따 스키아파렐리라고 부르는 거대한 충돌 크레이터. 지름이 460km에 달하는 이 크레이터 바닥에는 오래전에 고여 있던 물이 만든 것으로 보이는 지형이 보인다.

중앙 우측　화성 태풍이라고 할 수 있는 먼지 악마의 실시간 이미지가 중앙 좌측에 흐릿한 점으로 보인다. 땅에 보이는 둥글게 보이는 검은 부분은 먼지 악마가 지나가면서 표면 토양을 뒤집어놓은 곳이다.

아래　마스 글로벌 서베이어 탐사선에서 마스 오비탈 레이저 알티미터(MOLA)로 측정한 화성 지형의 고도차. 좌측은 북극이고 우측은 남극이다. 전반적으로 남반부의 고도가 높다는 것을 확실히 알 수 있다.

상된 카메라를 마스 글로벌 서베이어 탐사선 이후 화성 궤도 비행선에서 사용하도록 NASA에 팔았다. 그는 이 카메라로 찍은 사진 자료를 보존하고 해설할 수 있도록 NASA와 계약을 맺기도 했다. 이 카메라는 이전 화성 궤도 비행선에서 찍은 것보다 해상도가 훨씬 뛰어나 45cm의 물체까지 식별할 수 있는 사진을 찍었다. 덕분에 마스 글로벌 서베이어 탐사선을 그때까지 가장 뛰어난 탐사 임무를 수행한 궤도 비행선으로 만들었다.

화성에서 활동한 두 번째 해에 마스 글로벌 서베이어 탐사선은 399km 상공을 도는 최종 궤도에서 두 시간마다 한 바퀴씩 화성을 돌면서 화성 지도를 작성하고 표면을 조사하는 본격적인 탐사 작업을 했다. 이 고도에서 이런 공전주기로 화성을 돌면 탐사선이 매일 거의 같은 시간에 표면을 내려다볼 수 있어 사진을 비교하고 해석하는 데 큰 도움이 되었다.

뛰어난 사진과 핵심 발견들

정밀한 장비들이 수집한 풍부한 자료와 함께 보내온 사진은 놀라운 것이었다. 이전에 보내온 사진들과는 비교할 수 없을 정도로 좋았던 이 사진들은 그 후 수십 년 동안 연구되었고, 이를 통해 많은 새로운 사실이 밝혀졌다. 여기에는 일부 화성 표면 지형에서 발견된 퇴적물의 성격을 밝혀낸 것도 포함된다. 마이크 몰린 회사에서 일하던 과학자 켄 에드젯Ken Edgett은 여러 해 동안 마스 글로벌 서베이어 탐사선이 보내온 약 24만 장의 사진을 조사한 후 높이 10km가 넘는 퇴적층이 있다는 것을 알아냈다. '바버너barn burner'라고 불리는 이 발견은 아마도 마스 글로벌 서베이어 탐사선이 이룬 가장 중요한 발견일 것이다. 그것은 과학자들이 화성을 바라보는 방법을 바꿔놓았고, 그 후 화성 탐사의 중심축이 되었다.

이 기간 동안 이루어진 다른 발견들에는 고대 화성 삼각주 형성 과정에서의 물의 역할을 확인한 것과 캐니언 벽에 생긴 골짜기에서 최근에 흐른 것으로 보이는 물에 의한 침식지형을 발견한 것이 포함된다. 마스 글로벌 서베이어 탐사선은 화성의 두 위성, 포보스와 데이모스의 선명한 사진도 찍어 이 비밀스러운 작은 세계에 대한 이해를 증진시킬 수 있었다. 화성의 기후 변화와 모래 악마라고 불리는 작은 규모의 태풍을 포함한 대기 현상도 조사했다. 마스 오비탈 레이저 알티미터(MOLA)는 역동적인 화성 표면 모습을 최초로 정확하게 이해할 수 있도록 했다.

마스 글로벌 서베이어 탐사선은 과거 화성에 많은 양의 물이 흘렀다는 것을 확실하게 보여주는 선명한 사진을 찍어 화성에서 물을 찾아내는 것이 이후 화성 탐사의 가장 중요한 임무로 자리 잡도록 했다.

마스 글로벌 서베이어 탐사선은 거의 10년 동안 탐사 활동을 계속했다. 이는 예상했던 활동 기간인 화성의 1년(지구의 2년)을 네 번 연장한 것이었다. 그리고 2006년에 지구와의 통신이 끊겼다. 3일 후 잡힌 희미한 신호는 탐사선이 '안전 모드'에 들어갔음을 보여주었다. 안전 모드는 탐사선의 컴퓨터가 문제를 감지할 경우 들어가는 상태다.

마스 글로벌 서베이어 탐사선과 통신을 재개하려는 시도가 여러 번 있었지만 성공하지는 못했다. 프로젝트 기획자들은 2006년 유럽우주국에서 보낸 화성 궤도 비행선에서 탐사선 대 탐사선 통신을 시도하기도 했지만 소용없었다. 2007년 1월, 마스 글로벌 서베이어 탐사선의 임무 종료가 공식적으로 선언되었다.

예상치 못한 임무 종료에도 불구하고 마스 글로벌 서베이어 탐사선은 큰 성공을 거두었다. 적은 예산으로 마스 옵저버 탐사선의 임무를 넘겨받은 뒤 가장 오랫동안 활동하면서 가장 생산적인 탐사 결과를 만들어냈다.

위대한 은하 괴물을 향해 가는 오디세이

화성 탐사 프로그램에서 일했던 모든 제트추진연구소 직원들 그리고 대부분의 소련 행성 과학자들과 엔지니어들은 화성이 어렵다고 말할 것이다. 수십 년 동안 화성에 보낸 탐사선의 성공률은 50% 정도밖에 안 됐다. 특히 소련에서 보낸 탐사선의 실패가 많았다. 그러나 NASA도 여러 번 실패를 경험했다. 그리고 그 불운을 1990년대 말에 또다시 겪어야 했다.

적은 경비를 들여 크게 성공한 마스 패스파인더와 마스 글로벌 서베이어 프로젝트는 '더 적은 경비'에 대한 확신을 가지도록 했다. 화성으로 가는 데 드는 예산을 갉아먹는 벌레가 본격적으로 활동을 시작한 것 같았다. 두 개의 새로운 프로젝트가 이런 철학 위에서 추진되었다.

적은 비용으로 시작한 첫 프로젝트는 마스 클라이미트 오비터(MCO)였다. 발사 전까지 이 프로젝트에 들어간 비용은 2억 달러 이하로, 패스파인더나 마스 글로벌 서베이어 탐사선과 비슷했다. 마스 클라이미트 오비터는 화성의 기후, 대기 환경 그리고 화성 표면 변화를 조사하는 임무를 띠고 있었다. 무게는 338kg으로 비교적 가벼운 축에 속했던 이 탐사선은 발사에도 큰 비용이 들지 않아 NASA 본부의 예산 담당자를 즐겁게 했다. 이 탐사선은 다른 대부분의 화성 탐사선과 마찬가지로 록히드 마틴이 제작했고, 1998년 12월에 발사되었다.

두 번째 프로젝트는 마스 폴라 랜더(MPL)였다. 무게가

우측 실패로 끝난 마스 클라이미트 오비터(MCO) 탐사선을 시험하는 모습.

마스 클라이미트 오비터

프로젝트 형태	화성 궤도 비행선	**임무 수행 기간**	286일 – 임무 수행 실패	**발사체**	델타 Ⅱ 로켓
발사일	1998년 12월11일	**임무 종료**	1999년 9월 23일	**탐사선 질량**	338kg
도착일	1999년 9월 23일				

290kg이었던 이 탐사선은 화성의 남극 탐사를 목표로 하고 있었다. 기본적인 탐사 목표는 물이 언 얼음을 찾아내는 것이었다. 이를 위해 마스 폴라 랜더는 두 개의 '충돌기'를 가져갔다. 착륙선이 표면에 착륙하기 전에 낙하시켜 화성 툰드라에 충돌하도록 하기 위한 것이었다. 이 충돌기는 모래가 많이 섞인 토양을 1m 이상 파고 들어가 표면 아래 있는 물질의 특성을 알아내는 데 도움을 줄 예정이었다. 이렇게 하면 강한 태양 복사선의 영향을 받지 않고, 화성 표면에서 일어나는 화학작용과 풍화작용의 영향도 받지 않는 토양을 최초로 조사할 수 있을 것이다. 마스 폴라 랜더는 1999년 1월에 발사되었다.

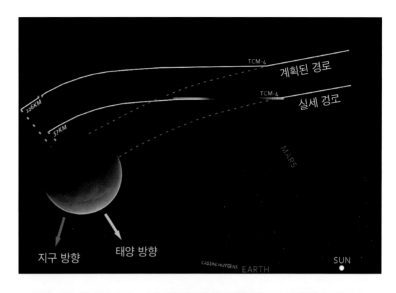

희망과 걱정

두 탐사선이 화성을 향해 날아가고 있던 첫 한 달 동안은 모든 것이 순조로웠다. 1999년 9월 3일, 화성 대기를 이용해 에어로브레이킹을 시도할 경로로 들어가기 위해 마스 클라이미트 오비터의 경로를 수정했다. 마스 글로벌 서베이어 탐사선이 사용했던 이 방법은 이제는 비교적 일반적인 방법으로 받아들여지고 있었다.

역추진 로켓을 점화하여 마스 클라이미트 오비터의 속력을 에어로브레이킹할 수 있는 속도로 낮췄다. 그리고 그것이 끝이었다. 갑자기 통신이 두절되었다. 비행 통제사들이 일시적 중단인지, 고도 제어에 문제가 있는지, 아니면 좀 더 심각한 다른 문제가 있는지를 알아내기 위해 급히 회의를 소집했다. 30분 후 마스 클라이미트 오비터가 화성 뒤쪽에서 나와 통신을 재개했지만 아무 신호도 잡히지 않았다. 이로써 프로젝트가 종료되었

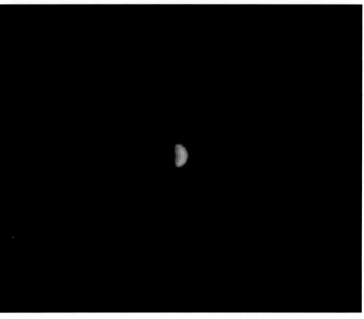

다. 엔지니어팀은 즉시 실패 원인을 찾기 시작했다.

이제 모든 사람들의 눈은 마스 폴라 랜더로 쏠렸다. 1년에 한 번 하는 실패는 성고삼이었다. 그러나 두 번의 실패는 재앙이었다. 정확히 3개월 후인 12월 3일에 마

위 이 그래프는 왜 마스 클라이미트 오비터가 실패했는지를 보여주고 있다. 영국 단위와 미터법의 단위를 섞어 사용하는 바람에 예정했던 에어로브레이킹 궤도보다 훨씬 화성에 가까이 다가가 대기에 진입할 때 받은 충격으로 탐사선이 부서져버렸다.

아래 화성으로부터 450만 km 떨어진 곳에서 찍은 이 흐릿한 화성 사진이 마스 클라이미트 오비터가 긴 여행을 하는 동안에 찍은 유일한 사진이다.

스 폴라 랜더는 역사적인 남극 착륙을 향해 가고 있었다. 이전의 패스파인더와 마찬가지로 마스 폴라 랜더의 경로도 직접 화성 표면을 향하는 경로였다. 따라서 착륙 전에 화성 궤도에서 머뭇거릴 시간이 없었다. 그런 여유는 커다란 로켓과 많은 연료를 가지고 갔던 바이킹만이 즐길 수 있었다.

16분 동안 엔진을 작동시켜 마스 폴라 랜더의 속력을 화성 대기 진입이 가능할 정도로 늦추고 진입을 시작할 수 있는 각도로 비행하도록 했다. 화성과 지구 사이의 먼 거리로 인해 지연되어 수신되는 탐사선의 신호에는 아무 문제가 없어 보였다. 탐사선이 엷은 화성 대기로 뛰어들 때까지는 모든 것이 순조롭게 진행되었다.

그러나 다음 순간 갑자기 모든 것이 잘못되었다. 30분 후에도 비행 통제사들은 화성 대기에 진입해 플라눔 아우스트랄레로 알려진 지역으로 향하는 순간 끊어진

탐사선과의 통신을 재개하기 위해 노력하고 있었다.

착륙선이 성공적인 착륙을 알려올 시간이 한참 지난 다음에도 아무 신호가 없었다. 따라서 이 프로젝트도 종료된 것으로 보였다. 3개월 동안 두 번째 실패였다. 실패의 원인을 찾아내기 위해 조사팀이 꾸려졌다.

여러 달 동안 자료들을 조사한 후에 두 가지 결정적인 실수를 찾아냈다. 두 프로젝트 각각에서 하나씩 중요한 실수가 있었다. 마스 폴라 랜더는 센서와 소프트웨어가 착륙용 다리가 펴져서 고정될 때 발생한 흔들림을 탐사선이 지상에 착륙할 때 발생한 흔들림으로 잘못 인식하는 바람에 화성에 충돌해 부서진 것이 확실했다. 착륙선이 이미 착륙한 것으로 인식한 컴퓨터가 화성 표면을 오염시키는 것을 방지하기 위해 즉시 착륙용 엔진을 꺼버린 것이다. 그러나 착륙용 로켓이 정지되었을 때 탐사선은 아직 30m 상공에 있었다. 따라서 탐사선은 바위투

두 착륙선의 실패 모두 당황스러웠지만 언론은 특히 마스 클라이미트 오비터의 실패를 크게 문제 삼았다. NASA는 몇 주일 동안 두 대의 탐사선을 잃어버렸다. 게다가 모두 같은 해에 일어난 사고였다. 적은 인원으로 많은 일을 하게 함으로써 너무 적은 수의 시험을 할 수밖에 없도록 한 "더 빨리, 더 좋게, 더 싸게"를 강조한 NASA의 정책이 비난받아야 할까? 아니면 탐사선 제작사가 비난받아야 할까? 어쩌면 프로젝트 설계가 처음부터 잘못되었던 것은 아니었을까? 결국 충분하지 못한 통신, 충분하지 못한 감독으로 이어진 여러 가지 요소들이 두 탐사선을 실패로 내몰았던 것이다.

성이 화성 표면으로 떨어지고 말았다. 이렇게 해서 착륙선 하나가 사라졌다.

마스 클라이미트 오비터의 실패 원인은 훨씬 더 당혹스러웠다. 오랫동안 주고받은 제트추진연구소와 탐사선을 제작한 록히드 마틴 사이의 통신 중 어느 시점에서 측정 단위가 바뀌어버렸던 것이다. 록히드 마틴이 탐사선 운용을 위해 제공한 소프트웨어는 미국에서 일반적으로 사용하는 단위인 피트, 마일, 인치와 같은 단위였지만 제트추진연구소는 평소와 마찬가지로 미터법 단위를 사용하여 탐사선을 운용했다. 이 때문에 화성 궤도 진입 전에 하는 경로 조정에서 탐사선이 잘못된 경로로 들어가버렸던 것이다. 그 바람에 탐사선은 고도 160km까지 내려가는 에어로브레이킹 궤도로 들어가는 대신 고도 112km까지 하강하는 궤도로 진입했다. 화성의 대기가 엷기는 하지만 이 높이에서는 밀도가 높아 마찰로 인해 발생하는 높은 온도를 탐사선이 견딜 수 없어 첫 번째 에어로브레이킹 시도에서 부서지고 말았다.

운명의 장난?

그러나 농담이긴 하지만 또 다른 원인이 사람들에 의해 거론된다. 그것은 제트추진연구소와 소련/러시아 우주국에 오랫동안 떠돌던 것으로, 빈정거림이었든 아니면 우울한 현실을 반영한 것이었든 별로 중요하지 않았

맞은편　착륙 기어가 펼쳐질 때 나오는 신호에 컴퓨터가 잘못 반응하여 화성 표면에 추락한 마스 폴라 랜더를 조립하고 있는 모습.

위　제트추진연구소의 존 카사니가 처음 언급했던 위대한 은하 괴물을 그린 만화. 이 전설적인 괴물은 화성을 향한 많은 탐사선이 실패로 끝난 것을 설명하면서 농담으로 이야기한 것이었다.

다. 위대한 우주 괴물이 다시 활동을 시작했다는 것이다.

착륙선과 궤도 비행선을 두 개의 탐사선으로 계산하느냐 아니면 하나의 탐사선으로 계산하느냐에 따라 달라지기는 하지만 화성을 향했던 탐사선 수는 50이 넘는다. 그중 겨우 50% 정도만 임무를 수행하는 데 성공했다. 무인 태양계 탐사 프로그램 초기의 많은 실패가 반영된 숫자이긴 하지만 그야말로 참담한 성공률이었다.

화성이 주기적으로 탐사선을 먹어 치우는 것처럼 보였다. 화성은 지구 다음으로 가장 많이 탐사된 행성이지만, 또한 가장 많은 탐사선을 잃어버린 행성이기도 했다. 1960년대 중반까지 화성 탐사 프로그램에서 일하는 사람들은 화성 도달을 어렵게 하는 특별한 무엇이 있는 게 아닌가 하는 의구심을 갖게 되었다. 거기에는 먼 거리, 경로, 우주의 극한 환경과 같은 합리적 설명이 가능한 많은 이유가 있었다. 그럼에도 탐사선의 실패에는 초현실적인 무언가가 작용하고 있는 것 같았다. 실패한 탐사선들은 주로 소련이 보낸 것들이었다. 많은 탐사선

을 화성에 보냈지만 지금까지도 소련과 러시아 탐사선 가운데 화성에서 성공적으로 임무를 수행한 탐사선은 하나도 없다. 따라서 엔지니어들이 무인 화성 탐사를 위험하게 만드는 특별한 무엇이 있는 것이 아닌가 생각하게 된 것은 어쩌면 당연했다.

1960년대 중반에 한 NASA 엔지니어가 이에 대한 농담을 했다. 웃자고 한 이 농담은 오늘날까지도 사람들의 입에 오르내리고 있다. 탐사선이 실패로 끝날 때마다 프로젝트 기획자들은 쓴웃음을 지으며 그 이름을 떠올렸다. 위대한 은하 괴물이 실패의 원인이 아닐까?

위대한 우주 괴물이라는 말을 지어낸 사람은 존 카사니[John Casani]였다. 매리너 프로그램에서 일했던 젊은 엔지니어 카사니는 우주 탐사 실패를 다루던 언론과 인터뷰를 하고 있었다. 이때 당시 소련은 이미 다섯 대의 탐사선을 잃었고, 미국은 화성에 첫 번째 탐사선인 매리너 3호와 4호를 보내려던 중이었다. 이 중 성공한 것은 하나였다. 실패 확률이 높은 이유에 대한 질문을 받은 카

제프리 플라우트
Jeffrey Plaut
마스 오디세이 프로젝트 과학자

마스 오디세이 프로젝트 초기에 과거 화성 탐사를 뒤돌아본 제프리 플라우트는 하나의 발견이 이전의 모든 발견을 바탕으로 하고 있다는 것을 알게 되었다.

"화성 토양에서 얼음을 찾아내고 분포 지도를 그리는 것은 대단한 일이다. 우리는 정밀한 측정을 통해 화성 표면 아래 수 cm 사이에 분포하는 수소의 분포 지도를 만들었다."

우주에서 날아온 복사선이 화성 표면에 충돌하여 만들어낸 입자들을 측정하는 마스 오디세이의 감마선 분광기가 찾아낸 기체에는 수소의 존재를 나타내는 입자들도 섞여 있었다. 토양에 수소가 존재한다면 그곳에 물이 존재할 가능성이 컸다.

"우리는 화성의 북극과 남극에서 위도가 60

도인 지역까지인 화성의 극지방을 조사했다. 이곳에는 지하 바로 아래 얼음이 있었다. 그것은 예상되었던 바이지만 마스 오디세이 이전에는 그것을 측정하거나 얼음 분포 지도를 그릴 수 없었다."

수소가 많이 분포하는 지역은 20~50%의 얼음을 포함하고 있는 것으로 나타났다.

"우리는 마스 피닉스 착륙선의 착륙 지점을 결정할 수 있도록 했다. 마스 피닉스는 화성의 북극권 안에 착륙했고 로봇 팔을 이용하여 표면을 긁어냈다. 그러자 얼음이 노출되었다. 그리고 착륙 로켓에 의해 겉흙이 불려나간 착륙선 아랫부분에도 얼음이 노출되어 있었다. 그 밑에는 얼음으로 이루어진 빙판이 있었다. 그것은 매우 중요한 발견이었다."

마스글로버 서베이어

프로젝트 형태 화성 궤도 비행선

발사일 1996년 11월 7일

도착일 1997년 9월 12일

임무 수행 기간 9년 1개월 21일(화성에서)

임무 종료 2006년 11월 2일

발사체 델타 II 로켓

탐사선 질량 1030kg

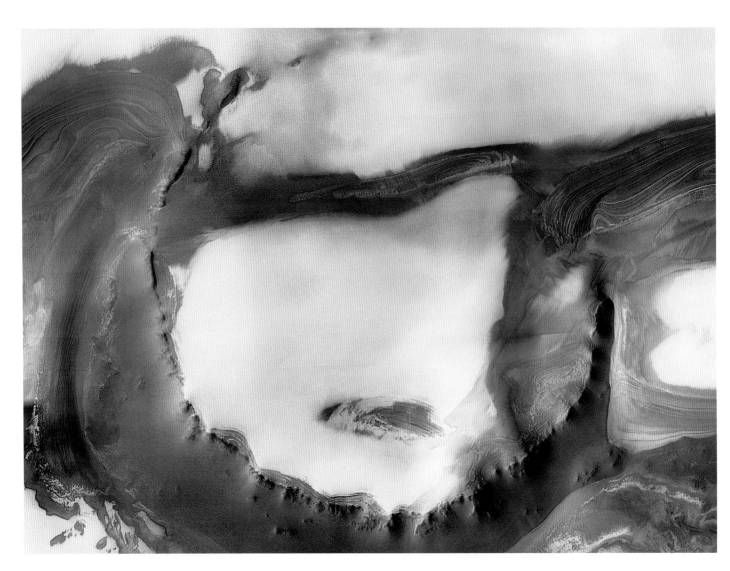

위 2010년에 마스 오디세이 궤도 비행선이 찍은 지름이 45km인 우드 자 크레이터는 거의 먼지와 얼음으로 덮여 화성의 북극 가까이 위치해 있다.

아래 마스 오디세이가 찍은 깊이 1.6km의 캐니언 카스마 보레알레의 모습. 길이가 565km이며 북극의 얼음 극관 가장자리로 파고 들어가 있다.

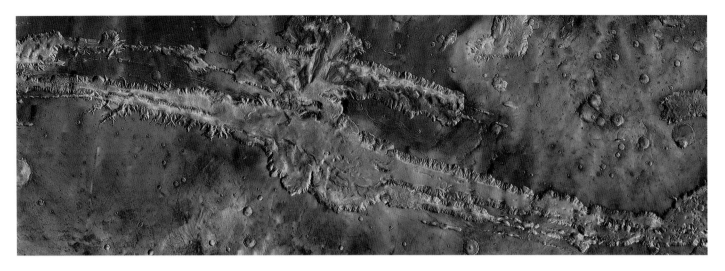

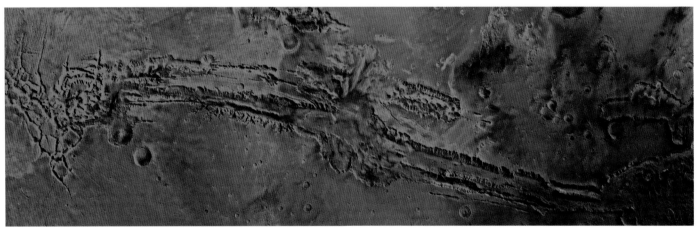

사니는 웃으면서 그가 위대한 은하 괴물이라고 이름 붙인 우주 악마 때문이라고 말했다. 이후 그 이름은 지금까지 주위를 떠돌고 있다. 만화에 등장하거나 화성 탐사의 새 세대 연구자들이 신경질적으로 그 이름을 언급할 때마다 이 괴물은 생명을 연장해가고 있다.

그러나 농담은 한쪽으로 밀어놓는다 해도 화성 탐사선에 무슨 일이 일어나고 있는 것은 확실했다. 탐사선과의 통신 내용, 발사 전의 조립 과정과 시험 과정 기록과 같은 증거들을 자세히 조사하면 사고의 원인과 경위가 밝혀졌다. 사고의 원인이 무엇이든 한꺼번에 마스 클라이미트 오비터와 마스 폴라 랜더를 잃은 NASA로서는 더 이상의 실패를 견딜 수 없었다. 2001년으로 예정된 화성 탐사 프로그램이 다가오고 있었다. 만약 이번에도

실패한다면 화성 탐사 프로그램은 오랫동안 침체를 겪어야 할 것이다. 따라서 다음 화성 탐사는 무조건 성공해야 했다.

마스 오디세이(MO)의 준비가 끝난 것은 이런 분위기 속에서였다. NASA는 마스 폴라 랜더를 제작했던 록히드 마틴에 다시 오디세이 탐사선 제작을 맡겼다. 록히드 마틴에 특별히 엄격한 관리를 주문할 필요는 없었다. 대신 탐사선 제작은 이전보다 훨씬 더 엄격한 기준에 의해 진행되었다.

위 태양계에서 가장 큰 골짜기인 마리네리스 협곡이 마스 오디세이가 찍은 사진(위)과 바이킹 궤도 비행선이 찍은 사진(아래)에 보인다. 새로운 카메라가 찍은 고해상도 사진(위)에는 훨씬 자세한 지령의 모습과 선명한 색깔이 나타나 있다.

마스 오디세이에 부여된 중요한 임무는 얼음과 수증기의 흔적을 찾아내기 위해 분광기와 열 감지 카메라로 화성 표면을 조사하는 것이었다. 미래에 화성으로 가는 사람들에게 위협이 될 수 있는 고에너지 방사선을 탐지하기 위한 방사선 탐지기도 실렸다. 이 밖에도 마스 오디세이에는 마스 글로벌 서베이어와 함께 2004년에 화성에 착륙하도록 예정되어 있던 마스 익스플로레이션 로버와 지구 사이의 통신을 중계하는 임무도 부여되었다. 마스 오디세이 프로젝트에는 다른 프로젝트와 비슷한 규모의 예산인 2억 9700만 달러가 사용되었다. 우주 탐사에서 이 정도의 금액은 아주 큰 비용이라고 할 수 없었지만 이것이 NASA가 투자할 수 있는 최대한이었다. 우주 탐사 프로그램에서 실패는 계약 조건에 없었다.

마스 오디세이

마스 오디세이는 이제 표준이 된 델타 II 로켓으로 발사되어 7개월 후인 2001년 10월에 화성의 극궤도에 진입했다. 이번에도 에어로브레이킹을 이용하여 임무를 수행할 원 궤도로 들어갔다. 마스 오디세이가 2년으로 예정되었던 탐사 활동을 시작한 것은 2002년 2월이었다.

2002년 10월에 방사선 실험 장치가 작동을 중지할 때까지는 모든 것이 순조롭게 진행되었다. 방사선 실험 장치는 아마도 회로판이 전자기적인 손상을 입어 작동이 중지된 것으로 추정되었다. 그러나 기본적인 임무가 거의 완료된 시점이었고, 충분한 자료가 이미 수집되어 있었다. 탐사선의 다른 부분은 아무 문제 없이 잘 작동했다.

마스 오디세이가 수집한 자료에서 이끌어낸 중요한 결과 중 하나는 마스 오디세이의 가장 중요한 임무였던 화성 전체, 특히 극지방에 분포하는 엄청난 양의 얼음 분포 지도를 작성한 것이었다. 대부분의 얼음은 지하에 빙하를 이루고 있거나 지하 얼음층을 이루고 있었다. 얼음층은 대개 지하 깊숙한 곳에 있었지만 극지방에서는 표면 바로 아래 있었다.

물과 관련 있는 광물 퇴적물의 해석을 통한 간접적인 측정을 통해 이러한 추정을 할 수 있었다. 이러한 발견으로 화성 전체에서 발견할 수 있는 많은 침식지형으로 야기되었던, 화성이 물을 어디에 숨겨두고 있느냐는 질문에 대한 답을 알 수 있게 되었다. 오랫동안 자료를 조사한 과학자들은 모든 화성의 물이 표면을 뒤덮는다면 화성 전체가 10m 깊이의 바다로 둘러싸이게 될 것이라고 결론지었다. 이 발견은 다음 탐사선인 마스 피닉스 폴라 랜더의 착륙 지점을 정확히 결정할 수 있도록 했다.

2004년에 기본 임무를 완수한 후 마스 오디세이의 임무는 연장되었고, 그 후 또 한 번 연장되었다. 이 탐사선은 화성 궤도를 돌면서 화성 표면 성분에 관한 새로운 자료를 계속 보내오고 있다. 마스 오디세이는 화성 표면에 착륙한 마스 익스플로레이션 탐사선의 로버인 오퍼튜니티와 지구 사이의 통신을 중계하는 두 번째 임무도 잘 수행했다. 그리고 2016년 현재 15년째 활동하며 지금까지 화성에 보낸 탐사선 중에서 가장 오랫동안 활동하고 있다. 2012년에 팀사선의 방향을 정하는 데 사용되는 날개 하나가 손상되었지만 여분으로 가져간 날개가 잘 작동하고 있다.

위대한 은하 괴물이 절대 접근할 수 없는 마스 오디세이는 적어도 2016년 말까지는 활동할 예정이고, 그 후에도 계속 활동할 가능성이 높다.

고속 차선: 마스 익스프레스

화성 탐사 경기장의 다음 참가자는 NASA에서 온 것도 아니었고 러시아 탐사선도 아니었다. 1975년에 설립된 유럽우주국은 수십 년 동안 지구 궤도를 도는 인공위성을 발사하면서 과학 실험을 수행해왔다. 22개국으로 구성된 유럽우주국은 1978년에 소련과 공동으로 우주 비행사를 지구 궤도에 보냈고, 1983년에는 미국이 주도한 국제우주정거장(ISS) 프로젝트에도 참여했다.

유럽우주국은 1985년에 지오토 혜성 탐사선을 이용하여 핼리혜성을 탐사하는 데 성공했고, 2004년에는 67P/추류모프-게라시멘코 혜성에 탐사선을 보내는 로제타 프로젝트를 시작해 2014년에는 탐사선을 이 혜성에 착륙시키는 데 성공했다. 유럽우주국의 다음 목표는 화성이었다.

유럽우주국의 화성 탐사 프로젝트는 1990년대에 이미 시작되었다. 마스 익스프레스(ME) 탐사선은 마스 익스프레스 궤도 비행선과 비글 2호라고 불리는 작은 로버로 이루어져 있었다. 영국에서 제작한 이 착륙선의 임무는 착륙 지점 부근의 표면을 분석하여 과거에 존재했거나 현재 존재하고 있는 생명체를 찾아내는 것이었다. 창의적인 설계로 제작된 비글 2호는 화성에 보낸 최초의 '굴착' 장비였다. 이 장비는 짧은 거리를 여행할 수 있었고, 토양 속으로 들어가 적은 양의 샘플을 채취한 후 착륙선 안으로 돌아와 샘플을 분석할 수 있도록 했다. 비글 2호의 무게는 33kg이었고, 태양전지판을 펴기 전의 너비는 60cm였다.

사라진 비글 2호

실패로 끝난 러시아의 마르스 96 프로젝트에서 사용했던 장비 일부를 가지고 갔던 마스 익스프레스 궤도 비행선의 무게는 680kg이었다. 화성에 도달한 장비만 놓고 볼 때는 마스 익스프레스가 최초의 성공적인 러시아

위   유럽우주국의 마스 익스프레스 탐사선 휘장.

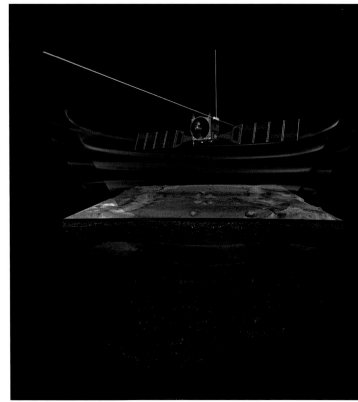

레오 카메라를 이용한 지질학적 조사도 포함되어 있었다. 적외선과 자외선 분광기를 이용해 광물 분포 지도를 작성하고 대기의 성분과 상태를 분석할 예정이었다. 길이가 18m인 두 개의 돌출봉을 크고 민감한 안테나로 이용하는 레이더는 화성 표면과 토양 내부의 지도를 작성하는 데 사용될 것이다. 이 레이더는 지하 5km에 있는 얼음과 액체 상태의 물까지도 감지할 수 있었다. 방사선 센서는 상부 대기와 태양으로부터 오는 하전입자들로 이루어진 태양풍의 상호작용을 조사할 것이다. 이름만 들으면 다른 탐사선이 가져갔던 장비들과 비슷해 보이지만 일부 분야의 탐사에 사용될 장비는 이전 탐사선들이 시도조차 해보지 못했을 정도로 정밀한 조사를 수행할 수 있었다. 유럽 여러 나라의 공동 연구 프로젝트였던 마스 익스프레스의 통제소는 독일 다름슈타트에 있으며 제트추진연구소를 통해 NASA의 지원을 받고 있었다.

의 화성 탐사선이었다고 할 수도 있다. 탐사선의 기본 구조는 엄청난 성공을 거둔 비너스 익스프레스 궤도 비행선과 로제타 혜성 탐사선을 개조한 것이었다.

　마스 익스프레스 탐사선의 목표에는 고해상도의 스테

마스 익스프레스는 2003년 6월 독일 로켓으로 발사되었다. 지구 궤도에 성공적으로 진입한 마스 익스프레스 탐사선은 6개월 걸리는 경로를 따라 항해한 후 12월 말쯤 화성에 도착했다. 화성 궤도에 진입하기 며칠 전에 마스 익스프레스는 착륙에 유리한 각도로 화성 대기에 진입하기 위해 비글 2호 착륙선을 분리해 다른 경로를 따라 비행하도록 했다. 착륙선은 12월 24일 화성에 착륙할 예정이었고, 궤도 비행선은 12월 25일 화성 궤도에 진입할 예정이었다.

통제사들은 착륙선의 진행 사항을 추적했다. 착륙선은 많은 크레이터가 모여 있는 오래된 지형인 화성 고원과 젊은 지형으로 이루어진 북부 평원의 경계에 있는 이시디스 플라니티아에 착륙할 예정이었다.

12월 19일에 모선에서 분리된 비글 2호는 크리스마스 날 아침, 화성 대기로 진입했다. 착륙선의 속력을 줄이기 위해 낙하산을 펼쳤고, 충격을 완화하도록 설계된 에어백이 빠르게 부풀어 올랐다. 그러나 대기에 진입한 직후 통신이 끊어졌다. 통신을 재개하려는 여러 차례의 노력은 실패로 돌아갔다. 유럽우주국은 2월에 7500만 달러를 들여 만든 비글 2호가 실종되었다고 발표했다. 후에 궤도 비행선이 보내온 사진을 보면 비글 2호는 여러 조각으로 분리되지 않고 표면에 내려앉아 있었다. 태양전지판이 제대로 펴지지 않은 채 송수신기를 막고 있어 작동에 필요한 전력을 공급하지 못한 것으로 보였다.

마스 익스프레스가 선두에 서다

착륙선과는 대조적으로 마스 익스프레스 궤도 비행선

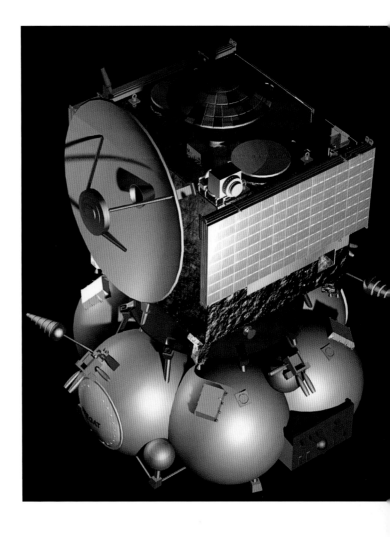

은 러시아가 제공한 로켓을 30분 정도 작동하여 속력을 줄인 후 화성 궤도에 성공적으로 진입했다. 일단 화성 중력장에 잡힌 다음에는 로켓을 여러 번 점화해 예정했던 257×11,426km의 타원 궤도로 들어갔다. 궤도 비행선은 에어로브레이킹을 할 수 있도록 설계되었지만 589kg의 연료가 남아 있어 기본 임무 수행에 필요한 362kg의 연료를 제외하고도 여분이 충분해 에어로브레이킹을 할 필요가 없었다.

곧 장비들이 탐사 활동을 시작했다. 2004년 5월에 레

맞은편 좌측 마스 익스프레스 탐사선이 2003년 6월 2일 러시아 소유스(Soyuz) 로켓에 실려 바이코누르 우주선 발사 기지에서 발사되고 있다.

맞은편 우측 물을 찾아내는 레이더가 작동하는 모습을 나타낸 그림. 이 레이더는 지하 5km에 있는 얼음과 물을 감지할 수 있다.

위 비행에 필요한 연료를 포함한 마스 익스프레스 탐사선의 무게는 1130kg이다. 에어로브레이킹을 할 수 있도록 설계되었지만 연료가 충분했기 때문에 로켓을 점화하여 화성 궤도에 진입했다.

101

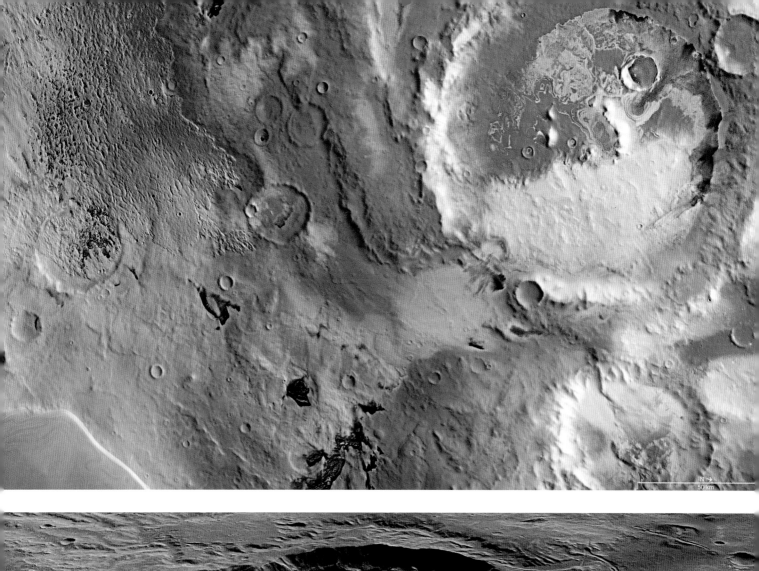

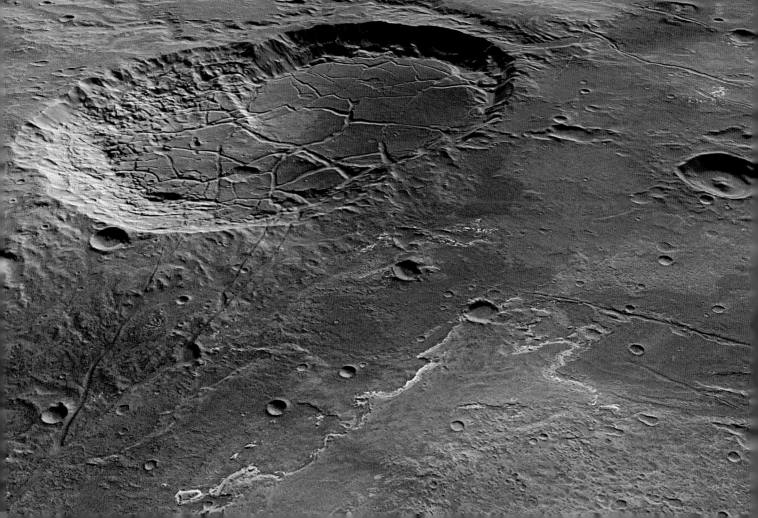

이더로 화성 표면 조사를 시작하기 위해 첫 번째 안테나 봉을 늘이는 작업을 시작했다. 그것은 느리게 진행되었고 위험도 뒤따랐다. 긴 안테나 봉이 펴졌을 때 채찍 효과가 염려되었다. 처음에는 제자리에 들어가지 않았지만 잠시 태양 빛에 노출되어 잠금장치가 따뜻해지자 제자리에 들어갔다. 두 번째 안테나 봉은 다음 달에 별문제 없이 펼쳐졌다. 이 레이더는 탐사가 진행되는 동안 가장 인상적인 자료를 수집했다.

마스 익스프레스가 탐사 활동을 시작하면서 새로운 사실들이 연이어 발견되었다. 첫 번째 발견은 화성 남극에서 찾아낸 얼음의 징후였다. 화성의 남극에는 얼음이 있을 것이라고 오래전부터 예상하고 있었는데 그것이 실제로 확인된 것이다. 유럽우주국은 두 달 후인 3월에 대기 중에서 메테인을 발견했다고 발표했다. 적은 양이었지만 메테인은 미생물의 대사 작용의 부산물이었기 때문에 생물학적으로 만들어진 것이 아닌가 하는 의문을 갖기에 충분했다. 흥미 있는 사실은 메테인은 화성 대기에서 빠르게 사라지기 때문에 메테인을 찾아냈다는 것은 어떤 방법으로든 화성 대기에 메테인이 계속 공급되고 있음을 뜻했다. 이 메테인이 생물에 기원을 둔 것인지 아니면 비생물적 기원을 가진 것인지는 앞으로 밝혀내야 할 문제다. 곧이어 암모니아에 관해서도 비슷한 관측 결과가 발표되면서 생물에 기원을 둔 것이 아닌가 하는 의문을 갖도록 했다.

이번 탐사 활동 역시 의문의 해답을 제공한 것보다 더 많은 새로운 의문을 불러왔다. 그러나 이것이 행성 과학이 발전해가는 방법이다.

여러 해 동안의 성공

다음 해에 마스 익스프레스는 많은 새로운 것을 발견하고 관찰하는 성과를 올렸다. 표면에서 발견한 수산화물 광물은 다시 한 번 화성 환경에서 물의 역할을 확인할 수 있도록 했다. 수산화물 광물의 분포를 자세히 나타낸 지도는 화성 지형 형성에 관여했던 지질학적 그리고 화학적 작용을 더 잘 이해할 수 있도록 했다. 마스 익스프레스 궤도 비행선은 화성의 위성인 포보스에 가장 가까이 접근했다.

마스 익스프레스는 활동을 시작한 이후 계속 자료를 전송해오고 있다. 유럽우주국은 여러 가지 조사에서 NASA와 협조했다. 여기에는 통신이 끊긴 마스 글로벌 서베이어 탐사선의 위치를 확인하려는 시도도 포함되어 있었다(최선의 노력에도 불구하고 마스 글로벌 서베이어 탐사선을 찾아내지는 못했다).

많은 탐사선을 화성과 같이 먼 곳에서 운용하다 보면 온갖 어려움에 직면하게 된다. 방사선으로 인해 마스 익스프레스의 컴퓨터 기능이 제한되는 것과 같은 일이 일어날 수도 있다. 그러나 여러 번의 임무 연기를 통해 마스 익스프레스는 현재까지도 붉은 행성의 신비를 벗겨내고 있다. 그리고 아직 많은 연료가 남아 있기 때문에 2020년대까지 계속 활동할 것으로 보인다.

맞은편 위 마스 익스프레스 탐사선이 찍은 프로메테우스 플라눔 지역. 이 지역은 화성 남극에서 14도 떨어져 있고, 일부에서는 얼음 두께가 3km가 넘는다.

맞은편 아래 2012년에 마스 익스프레스가 라돈 발레스 지역의 사진을 찍었다. 위쪽 좌측에 보이는 크레이터의 지름은 440km다. 커다란 분지 안에 분포한 크레이터들은 흥미 있는 형태로 연결되어 있다.

마스 익스프레스

프로젝트 형태	화성 궤도 비행선
발사일	2003년 6월 2일
도착일	2003년 12월 25일
임무 수행 기간	3년 이상
임무 종료	계속 진행 중
발사체	소유스 FG-프레가트 로켓
탐사선 질량	665kg

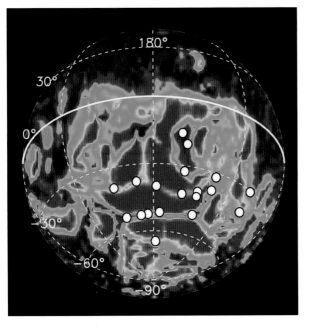

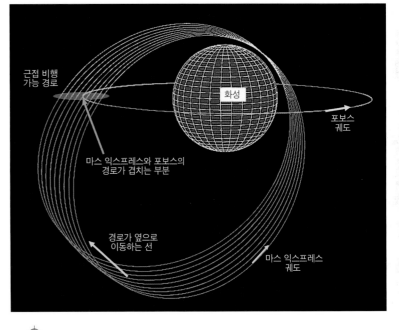

맞은편 거대한 발레스 마리네리스 협곡 북쪽에 있는 헤베스 차스마. 가운데 보이는 암석 시내는 부분석으로 붕괴된 것처럼 보인다.

중앙 좌측 마스 익스프레스가 자외선으로 본 화성 오로라 지도. 10년 동안의 측정을 바탕으로 만든 이 지도는 화성 자기장의 크기와 세기를 결정하는 데 도움을 준다.

중앙 우측 이 그림은 마스 익스프레스가 화성의 위성인 포보스에 가장 가깝게 접근했던 경로를 나타낸다. 고도 52km의 궤도를 돌면서 마스 익스프레스는 작고 못생긴 포보스를 자세히 관측했다.

아래 2005년에 찍은 오르쿠스 파테라는 화성 탐사 초기부터 흥미를 끄는 지형이었다. 길이가 약 38km로, 올림푸스 산 서쪽에 있다. 과학자들은 아직도 무엇이 이처럼 길게 늘어진 모양을 만들었는지 궁금해하고 있다.

물을 찾아서

NASA의 화성 탐사 프로그램은 21세기 초 10년간 전성기를 맞았다. 20년 동안의 휴지기 이후 화성에 보낸 패스파인더와 마스 글로벌 서베이어가 도화선이었다면 21세기 초에 탐사선들은 폭발이라 할 수 있었다. 불과 몇 년 안에 세 대의 궤도 비행선이 화성의 상공을 몇 시간에 한 번씩 돌게 되었다. 마스 글로벌 서베이어, 마스 오디세이, 마스 익스프레스는 모두 최고의 상태에서 화성 표면에 관한 자료와 사진을 전송했다. 그리고 이전 착륙 시도 때에는 사용할 수 없었던 화성 지형에 대한 자세한 정보를 제공했다.

야심적인 마스 익스플로레이션 로버(MER) 프로그램은 최초로 탐사선을 위해 설계된 통신 설비를 이용했다. 마스 익스플로레이션 로버는 패스파인더의 경험을 바탕으로 설계되었기 때문에 패스파인더와 같은 궤도 진입과 하강 그리고 에어백을 이용한 착륙 방법을 사용했다. 스피릿과 오퍼튜니티라는 이름의 이 쌍둥이 로버는 각각 2003년 6월과 7월에 발사되어 직접 화성 표면으로 향하는 경로를 따라 비행했다.

패스파인더와 마찬가지로 화성을 돌지 않고 직접 표면으로 향한 스피릿과 오퍼튜니티의 이야기는 조금 복잡하다. 21세기가 시작될 무렵에 NASA의 화성 탐사 프로그램은 실패한 마스 클라이미트 오비터와 마스 폴라 랜더라는 두 개의 멍든 눈을 가지고 있었다. 마스 오비터는 곧 발사될 예정이었다. 2003년은 화성 탐사선을 발사하기에 가장 좋은 기회를 제공했다. 화성은 2년에 한 번씩 지구 가까이 접근하지만 이렇게 가깝게 접근하는 기회는 2087년에나 다시 찾아올 것이다. 거리가 가깝다는 것은 제트추진연구소가 가지고 있는 로켓으로 더 많은 장비를 화성에 보낼 수 있음을 뜻했다. 따

라서 적은 비용으로 더 많은 과학 실험을 할 수 있을 것이다. NASA가 이 기회를 최대한 이용하고 싶어 한 것은 자연스러운 일이었다.

패스파인더의 성공을 참고한 기획자들은 마스 폴라 랜더의 설계를 기초로 착륙선을 설계했다. 비록 마스 폴라 랜더는 실패했지만 그것은 즉시 사용할 수 있도록 시험을 마친 설계였다. 그러나 좋은 발사 기회를 감안할 때 하나의 착륙선으로는 충분해 보이지 않았다. 그래서 임무의 우선순위에 밀려, 또는 예산 부족 때문에 설계를 마치고도 사용하지 않았던 장비들을 커다란 궤도 비행선 안에 싣고 가는 것으로 계획이 변경되었다. 하지만 이런 아이디어를 실현할 복잡한 기계를 제작하는 데 3년은 너무 짧은 기간이었다. NASA는 빠르게 이 문제에 대한 결정을 내렸다.

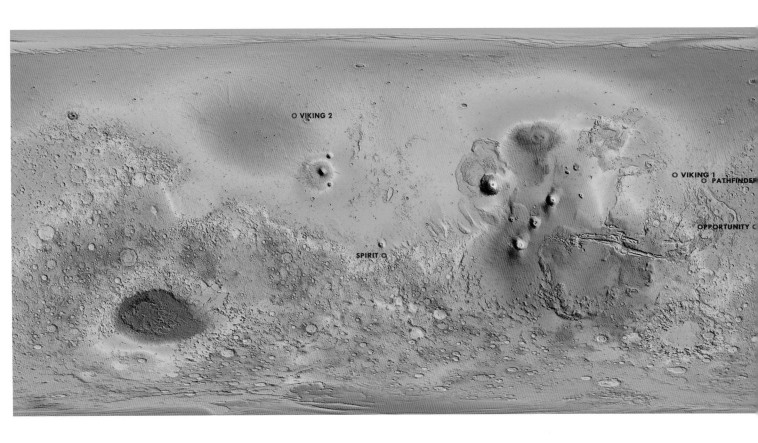

위 VIKING 2

VIKING 1
PATHFINDER

SPIRIT

OPPORTUNITY

아테나가 입양되다

제트추진연구소 엔지니어 마크 아들러 Mark Adler 는 패스파인더의 성공을 바탕으로 문제 해결 방법을 제안했다. 그가 제안한 방법은 코넬 대학과 연계하여 이미 여러 해 전에 개발을 마친 장비를 가지고 가는 것이었다. 이 실험 장비들은 통칭해서 아테나라고 불렸다. 아테나를 싣고 가기로 예정되었던 착륙선이 발사되지 않았기 때문에 이 실험 장비들은 모든 시험을 마치고도 사용되지 않은 채 남겨져 있었다. 그것들을 로버에 싣고 가는 것은 어떨까? 이 계획의 장점은 복잡한 실험 장비들의 설계에 걸리는 오랜 시간과 힘든 작업이 이미 모두 끝났다는 것이었다. 그리고 제트추진연구소의 로버 제작 능력은 패스파인더를 통해 이미 입증된 터였다.

이 계획은 아주 빠르게 승인되었고, 마스 익스플로레이션 로버의 제작 작업이 시작되었다. 이 팀에는 패스파인더 프로젝트에서 일했던 몇몇 낯익은 인물들이 포함되어 있었고, 바이킹 프로젝트에서 일했던 고참도 일부 합류했다.

엔지니어들이 설계도를 그리고 숫자를 다루다 보니 한 가지가 확실해졌다. 마스 익스플로레이션 로버는 패스파인더보다 크고 무거울 수밖에 없다는 것이었다. 따라서 낙하산, 로켓, 에어백 시스템도 더 무거워진 무게를 감당하기 위해 패스파인더가 사용했던 것보다 커야 했다. 그들은 다시 한 번 화성 착륙에 적용되던 한계를 밀어내야 했다. 마스 익스플로레이션 로버의 설계가 진전되면서 탐사선의 무게는 더 늘어나 어려움이 가중되

맞은편   마스 익스플로레이션 로버 프로젝트의 휘장.

위   스피릿 로버는 구세프 크레이터 중심 가까이 착륙했고, 오퍼튜니티 로버는 우측의 화성 반대편에 있는 미리디아니 플라눔에 착륙했다. 두 곳의 지질학적 상태는 크게 달랐다.

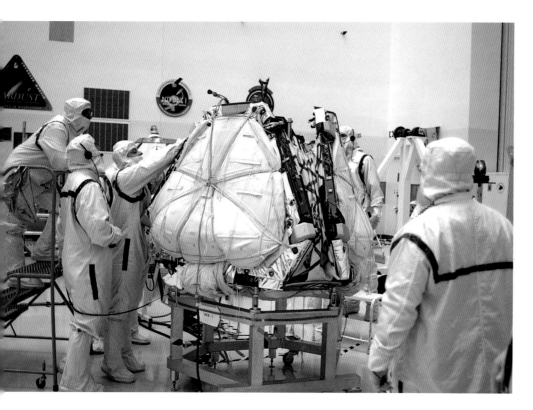

다. 착륙선과 로버를 합친 패스파인더 탐사선의 전체 무게는 272kg이었지만 마스 익스플로레이션 탐사선의 무게는 544kg에 가까웠다. 이는 착륙 시스템의 모든 면을 다시 엄격하게 시험해야 한다는 것을 의미했다.

로버의 경우에는 비교를 통한 설계가 가능했다. 패스파인더의 소저너가 일부 기준을 제시했다. 소저너의 무게는 14kg이었고, 마스 익스플로레이션 로버의 무게는 이보다 열 배는 더 무거웠다. 그러나 기본적인 배치는 잘 맞았다. '로커보기Rocker-bogie'라고 부르는 특수한 현가장치가 사용되었다. 전과 같이 한쪽에 세 개씩 모두 여섯 개의 바퀴가 장착되었다. 이 바퀴들은 회전 팔 체계와 독특하게 연계되어 있었다. 소저너는 전통적인 현가장치보다 훨씬 심한 경사나 복잡한 지형도 올라갈 수 있다는 것을 보여주었다. 한 가지 새로운 설계가 추가되었는데, 그것은 앞바퀴의 방향을 조종할 수 있도록 한 것이었다. 소저너는 불도저와 같은 방법으로 방향을 바꿨다. 한쪽 바퀴들을 움직이지 않도록 고정한 후 다른 쪽 바퀴를 움직여 방향을 바꿨다. 이런 방법으로 방향을 전환하는 데는 많은 에너지가 소비되었다. 그러나 쉽게 방향을 전환할 수 있는 바퀴는 복잡한 설계가 필요했다. 대신 그러한 설계는 오르내림이 많고 요철이 심한 화성 표면에서 좀 더 효율적이고 정밀한 운전이 가능하도록 할 것이다.

설계자들은 다시 한 번 태양전지판을 이용하여 로버에 에너지를 공급하기로 했다. 그들은 바이킹 착륙선에

었다. 그것은 놀라운 일이 아니다. 이런 일은 전에도 여러 번 있었다. 그러나 문제는 시간이 없다는 것이었다. 2003년의 발사 기회를 놓칠 수는 없었다. 화물의 무게는 빠르게 균형을 맞추어야 했다.

착륙 시스템 부품들을 시험할 차례가 되었다. 더 크고 더 강한 낙하산이 필요했다. 그것은 바이킹 시대를 되돌아보게 했다. 그러나 마스 익스플로레이션 로버가 택한 직접 진입 경로에서는 바이킹 착륙선보다 빠르게 화성 대기에 진입할 것이므로 기존의 설계를 처음부터 다시 검토하고 시험을 거쳐야 했다.

시험 초기에는 마스 익스플로레이션 로버의 낙하산이 찢어지고 엉켰다. 그 때문에 엔지니어팀은 자신들의 한계에 도전해야 했다.

에어백의 설계도 문제가 되기는 마찬가지였다. 패스파인더의 착륙 시스템은 놀라울 정도로 잘 작동했다. 그러나 단순히 더 크게 만든다고 해서 마스 익스플로레이션 로버에서도 잘 작동할 것이라고 장담할 수는 없었

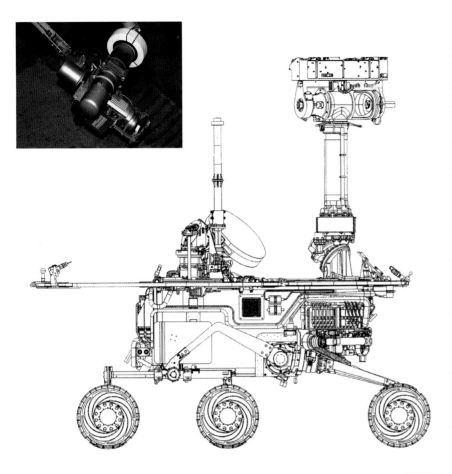

로버는 과학 장비의 기동성을 위해 설계된 기계에 불과하다. 화성 탐사는 과학적 분석이 전부다. 아테나의 과학 분석 상비들은 로버가 제공하는 기동성을 충분히 이용할 수 있도록 진화했다. 카메라는 기둥 위에 설치하여 몸체 바닥에 설치했을 때보다 앞에 있는 지형을 훨씬 더 잘 볼 수 있도록 했다. 패스파인더의 카메라보다 세 배나 높은 고해상도 스테레오 광학 기기들과 연동되어 있던 이 카메라들은 3차원 영상을 촬영할 수도 있었다. 로버 운전자들이 더 넓은 지형을 볼 수 있도록 광각 저해상도 내비게이션용 카메라들도 1.2m 높이의 기둥 위에 설치되었다. 이 '내브캠'들은 지능적인 운행 계획을 짜는 데 꼭 필

서 사용했던 원자핵에너지를 사용하는 방안도 검토했지만 태양전지판이 패스파인더에서 잘 작동했고 가격도 적당했으며 사용 가능한 선택이었다. 커다란 마스 익스플로레이션 로버에 더 많은 에너지를 공급하기 위해 착륙한 다음에 펼쳐지도록 로버 위쪽에 꺾쇠로 연결되어 있는 '날개'를 달았다. 그 때문에 로버의 모습이 딱정벌레처럼 보였지만 태양전지판의 넓이가 대략 두 배로 늘어나 훨씬 많은 에너지를 공급할 수 있었다. 노출 면적의 증가는 예상했던 대로 로버 윗부분이 화성 먼지로 덮일 경우에 특히 중요했다.

마스 익스플로레이션 로버

프로젝트 형태	화성 로버
발사일	스피릿: 2003년 6월 10일, 오퍼튜니티: 2003년 7월 7일
도착일	스피릿: 2004년 1월 4일 오퍼튜니티 : 2004년 1월 25일
임무 수행 기간	스피릿: 6년 2개월 10일 오퍼튜니티: 12년 이상
임무 종료	스피릿: 2010년 3월 22일 오퍼튜니티: 계속 진행 중
발사체	델타 II 로켓
질량	착륙선 347kg, 로버 176kg

맞은편　케네디 우주센터에서 기술자들이 스피릿 로버를 로켓에 싣기 전에 확인하고 있다.

위　마스 익스플로레이션 로버의 옆면이 보인다. 스피릿과 오퍼튜니티는 똑같이 만들어진 쌍둥이다. 사각형 안에 보이는 것은 암석 표면의 먼지를 쓸어내거나 표면을 갈아내는 데 사용되는 암석 마모기(RAT)다. 이것은 좀 더 정밀한 분석을 가능하게 한다.

요한 것이었다. 로버 네 귀퉁이에는 네 개의 작은 카메라가 달려 있어 위험을 피해가도록 설계되었다.

나머지 아테나 장비들은 로버 앞쪽에 부착된, 늘일 수 있는 로봇 팔 끝에 설치되었다. 적외선 분광기는 암석과 토양의 자세한 분석을 가능하게 할 것이다. 소저너의 APXS를 개량한 알파 엑스선 분광기는 목표물 표면의 화학 성분을 규명해줄 것이다. 로봇 팔에는 강자성을 띠는 샘플을 조사하는 데 사용할 자석들과 함께 소형 카메라도 설치되었다. 마지막으로 회전하는 와이어 브러시와 함께 작동하는 암석 마모기(RAT)는 암석 위에 먼지를 제거하고 표면을 갈아내어, 조사할 깨끗한 표면을 만들어내는 데 사용될 것이다. 패스파인더의 APXS는 표면의 먼지를 그대로 두고 분석해야 했기 때문에 암석을 분석할 때 혼합된 신호가 잡혀 결과를 잘못 해석할 가능성이 있었다. APXS로 분석하기 전에 목표 암석 표면을 쓸어내거나 갈아낼 수 있는 능력은 크게 진전된 기술이었다.

바이킹 탐사선 때처럼 마스 익스플로레이션 로버 프로젝트 기획자들도 화성 반대편에 있는 두 곳을 착륙 지점으로 선정했다. 그 과정은 길고 어려운 일이었지만 착륙 지점 선정에 적용된 원칙은 물을 찾아낼 수 있는 지점을 찾아낸다는 간단한 것이었다.

마스 글로벌 서베이어 탐사선이 제공하는 가장 좋은 사진을 이용하여 착륙 팀은 한 지점씩 검토해나갔다. 많은 평가와 논란을 거친 후에 스피릿 로버는 구세프 크레이터로 불리는 곳에 보내기로 했다. 이 크레이터의 벽은 안쪽으로 무너져 있어 이곳을 통해 한때 부근 지역에서 크레이터 안으로 물이 흘러들어와 크레이터 바닥에는

퇴적물이 쌓여 있을 가능성이 있었다. 스피릿은 이 크레이터의 중앙 지점을 목표로 삼았다.

오퍼튜니티 로버의 착륙 시점으로는 스피릿의 착륙 지점에서 볼 때 화성 반대쪽에 있는 메리디아니 플라눔이라고 부르는 평원 지역을 선정했다. 두 착륙 지점은 모두 적도 부근에 위치해 있어 마스 익스플로레이션 로버들에 전력을 공급할 태양전지판의 효율을 극대화할 수 있도록 했다. 메르디아니 플라눔에는 궤도 비행선의 정밀한 조사를 통해 물과 상호작용을 통해 형성되는 광물인 적철광이 대량 퇴적되어 있을 것으로 보였다. 이 발견은 이 지역이 고대 화성에 흘렀던 물의 이야기를 조사하는 데 적합한 지역임을 보여주고 있었다.

스피릿과 오퍼튜니티가 여행을 시작하다

스피릿은 2003년 6월 10일에 화성을 향한 여행을 시작했고, 오퍼튜니티는 2003년 7월 8일에 떠났다. 두 탐사선은 6개월 조금 넘는 여행을 통해 같은 목표인 화성에 도달했다.

2004년 1월 4일에 스피릿이 먼저 1만 9312km/h의 속력으로 화성 대기에 진입했다. 이전의 화성 착륙선들처럼 이 순간에는 모든 것을 자체적으로 결정했다. 지구와 화성 사이의 긴 통신 지연으로 인해 탐사선은 스스로 '생각'할 수 있어야 했다.

스피릿은 관성 유도 시스템 덕분에 자신의 위치를 파악할 수 있었고, 착륙 지점을 알고 있었다. 화성 대기로 진입한 후 6분 동안 우주 공간에서 화성 표면으로 가기 위한 과정인 '진입, 하강, 착륙(EDL)'이라는 격렬한 과정을 스스로 책임지고 해내야 했다.

제트추진연구소의 비행 통제사들은 제어장치 위에 웅크리고 앉아 바라보는 것 말곤 아무것도 할 수 없었다. 그들은 모두 수백만 km 떨어진 곳에서 전개되고 있는

단열판 투하
83초 전

줄 내림 완료
63초 전

에어백 부풀림
8초 전

역추진 로켓 점화
6초 전

줄 끊음
3초 전

착륙과
튀어 오름

← MR/MOC/MGS 중계 →

기주머니에서 아래로 내려졌다. 몇 초 후 착륙선은 19.9m 길이의 줄에 매달려 있었다.

2483m 성공에서 하강 속도를 알아보기 위한 레이더가 발사되었고, 레이더를 이용해 수집된 자료는 컴퓨터에 전달되었다. 컴퓨터는 이를 이용해 감속 로켓을 얼마나 오랫동안 작동시켜야 적절한 하강 속도를 유지할 수 있고, 수평 방향 운동을 정지시킬 수 있는지를 계산했다. 그와 동시에 복잡한 궤도 비행 발레가 위에서 공연되고 있었다.

프로젝트 기획자들은 스피릿의 화성 표면 착륙에 맞추어 마스 글로벌 서베이어 궤도 비행선이 스피릿의 상공을 지나가도록 했다. 스피릿이 보내는 신호를 마스 글로벌 서베이어가 지구로 중계하기 위해서였다. 10년 동안의 정밀한 탐사선 운행 경험을 통해 이제는 합동 공연이 가능해진 것이다. 착륙선과의 원활한 통신을 위해 궤도 비행선의 궤도 비행과 착륙선의 착륙을 연계시킨 것은 이번이 처음이었다.

패스파인더를 통해 검증된 에어백이 순간 부풀어 올랐고, 역추진 로켓이 점화되어 착륙선이 지상 12m까지 도달했다. 줄이 끊어지고 3초 후, 착륙선이 화성 표면에 충돌하면서 첫 번째로 튀어 올랐다. 과학자들은 스피릿이 착륙 타원이라고 부르는 87km 길이의 긴 타원 안 어느 지점에 착륙하기를 원했다. 그러나 엔지니어들은 안전한 착륙만을 바랐다. 결과는 모두를 만족시키는 것이었다.

드라마에 정신이 팔려 있었다. 통제사들은 스피릿에 명령을 전달할 수 없었지만 스피릿이 하강할 때 만들어진 이온화된 불꽃을 뚫고 전해오는 '귀를 따갑게 하는' 단순한 신호를 통해 하강 상황을 모니터링할 수 있었다. 특정한 음들이 낙하산의 투척, 감속률 그리고 운행 조정과 같은 다양한 상태를 전달하는 데 사용되었다.

탐사선이 얇은 화성 대기를 뚫고 들어가는 짧은 시간 동안에 단열판의 온도가 1426℃까지 올라갔다. 화성의 대기는 매우 얇지만 마찰을 통해 많은 열을 발생하기에는 충분히 두꺼웠다. 4분 후 스피릿의 속력이 1609km/h까지 감속되었고, 9144m 상공에서 초음속으로 흐르는 공기 흐름 속에 낙하산이 펼쳐졌다. 1분 후 단열판을 분리해 떨어뜨렸고, 착륙선이 보호해주던 공

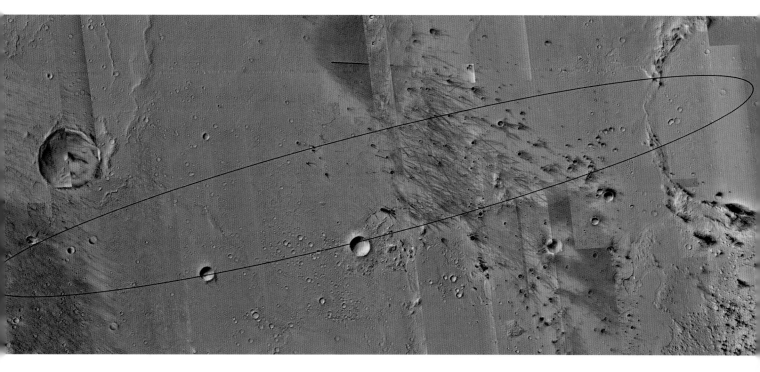

공기주머니로 둘러싸인 착륙선이 패스파인더 때처럼 땅에 충돌한 후 튀어 올랐다가 다시 충돌하고 또 튀어 올랐다. 그런 다음 굴러가다가 멈춘 곳은 착륙 지점의 중심으로부터 10km쯤 떨어진 지점이었다. 4억 8300km를 여행한 후에 도착한 것을 감안하면 과녁의 정중앙을 꿰뚫은 것과 같았다.

그다음 세 시간 동안 착륙선을 보호하고 있던 사이드 패널이 열렸고, 착륙선의 자세를 바로잡은 뒤, 착륙에 사용되었던 에어백이 윈치와 줄을 이용하여 회수되었다. 스피릿은 구세프 크레이터에 안전하게 착륙했다. 이제 며칠 안에 비퀴를 이용한 역사적인 NASA의 화성 탐사가 시작될 것이다.

맞은편 　마스 익스플로레이션 로버의 '진입, 하강, 착륙(EDL)' 과정을 보여주는 다이어그램. 위쪽 좌측에 나타난 첫 번째 그림 이전 단계에서 탐사선은 1만 9300km/h의 속력으로 대기권에 진입하여 4분 30초 후에는 1600km/h의 속력으로 감속된 후 단열판을 분리해 투하한다.

위 　스피릿의 착륙 타원 너비는 78km였고, 길이는 10.4km였다. 스피릿이 구르다가 정지한 곳은 중심에서 멀지 않은 곳이었다. 착륙하는 동안 겪었던 거센 바람을 고려하면 놀라운 성공이었다.

아래 마스 익스플로레이션 로버 프로젝트의 책임 엔지니어인 롭 매닝이 성공적인 착륙 소식을 듣고 환호성을 지르며 주먹을 들어 올리고 있다.

블루베리, 모래 악마
그리고 다른 화성 풍경들

구세프 크레이터에 착륙한 후 스피릿이 움직이기까지는 거의 11일이 걸렸다. 화성에 착륙할 때까지는 사건들이 아주 빠른 속도로 전개되지만 일단 착륙한 후에는 무엇보다 조심이 우선순위였다. 멀리 떨어져 있어 문제가 발생해도 수리할 방법이 없었기 때문에 모든 것을 신중하게 진행할 수밖에 없었다.

스피릿은 열린 꽃잎 모양의 금속 보호 덮개를 램프로 사용하여 아주 천천히 착륙선에서 내려왔다. 그리고는 잠시 정지한 스피릿은 화성 표면에서 처음으로 주변 지역의 사진을 찍었다. 스피릿이 착륙한 지점은 바이킹이나 패스파인더가 착륙했던 지역과 달라 보였다. 구세프 크레이터의 바닥은 평평하고 넓었으며 작은 돌멩이들이 많이 널려 있었다. 로버가 다니기에 적당해 보였고, 조사할 작은 목표물들이 많아 보였다.

전진할 방향을 정하기 위해 착륙 지점 부근의 전경 사진을 먼저 찍었다. 착륙 지점은 1년 전 지구 대기권 진입 때 사고로 사망한 우주왕복선 컬럼비아호 승무원들을 기리기 위해 '컬럼비아 메모리얼 스테이션'이라고 이름 지었다.

시각 접촉, 사고 그리고 성공적인 착륙

처음 몇 주 동안 스피릿은 화성 표면 위를 천천히 이동하며 주변에서 자료를 수집하고, 운전 기술과 기동성을 점검했다. 스피릿이 관제소에 전달한 사진들은 놀라운 것이었다. 패스파인더가 찍었던 사진들과는 비교할

수 없을 정도로 해상도가 좋았다. 착륙 지점 주변을 한 눈에 볼 수 있는 전경 사진은 사진 하나하나를 세밀하게 조사하는 지질학자들을 즐겁게 했다.

로버 운영자들은 크레이터 바닥에서 로버에 실려 있는 장비를 이용하여 조사할 지역을 선정하는 작업을 시작했다. 첫 번째 실망스러운 일이 일어난 것은 이 단계에서였다. 로버가 보내온 자료에 의하면, 구세프 크레이터는 온통 용암이 굳어서 만들어진 암석으로 덮여 있었다. 그곳에 있는 암석들은 현무암이거나 다른 종류의 화성암들이었다. 궤도 비행선에서 찍은 사진을 통해 추정했던 것처럼(궤도 비행선의 사진에는 크레이터의 벽에 난 골짜기

를 통해 물이 유입되어 한때 커다란 호수를 이루었던 것처럼 나타나 있었다) 과거에 크레이터에 물이 가득 차 있었다면 화산 활동의 증거들은 땅속에 묻혀버렸어야 했다. 이곳에서도 알아내야 할 것들이 많았다. 그러나 물이 있었던 고대의 환경에 대한 조사는 다음 기회로 미루지 않을 수 없게 되었다.

그리고 화성에서의 17번째 날에 첫 번째 악마가 로버를 덮쳤다. 스피릿과의 통신이 갑자기 끊어진 것이다. 무엇이 문제인지를 진단하기 위해 관제소에서 화성으로 명령이 전송되었다. 다음 날 로버가 삐 소리 하나로 이루어진 간단한 메시지를 전송해왔다. 지구에서 보낸

맞은편 위 화성 표면에 내려선 직후 스피릿은 착륙 스테이지를 돌아보았다. 착륙 후 착륙선 주변에 널려 있던 착륙용 에어백은 로버의 활동을 방해하지 않도록 윈치와 줄을 이용해 회수했다.

맞은편 아래 스피릿이 보낸 첫 번째 전경 사진에는 구세프 크레이터의 황량한 표면이 보인다. 이 지역에서 물에 의해 변형된 지형을 발견하기를 기대했지만 이곳은 기본적으로 현무암을 많이 포함하고 있는 화성암 지역이었다.

위 구세프 크레이터 평원 위에 있는 스피릿 로버. 이 사진은 화성 표면 사진과 로버의 사진을 합성하여 만든 것이다.

메시지를 수신했음을 나타내는 것이었다. 그러나 로버의 컴퓨터는 잘못된 모드에 들어가 있었다(이것은 가정용 컴퓨터를 '안전 모드'로 재부팅하는 것과 비슷하다. 안전 모드로 부팅하다가 문제를 발견하면 컴퓨터 스스로 기본 구조를 바꾼다). 엔지니어들은 간단한 소프트웨어 문제인지 아니면 심각한 하드웨어의 문제인지를 알 수 없었다.

화성 위에서 이 문제를 해결하려고 애쓰는 동안 마스 익스플로레이션의 또 다른 로버인 오퍼튜니티는 화성을 향해 빠른 속도로 달려오고 있었다. 제트추진연구소의 로버 운영팀은 하나의 병든 로버를 치료하면서 두 번째 로버를 착륙시켜야 하는 어려운 과제를 동시에 수행해야 했다. 힘든 순간이었다.

오퍼튜니티가 착륙하기 이틀 전에 스피릿이 오디세이 궤도 비행선을 통해 제트추진연구소로 메시지를 전송해왔다. 이 메시지는 태양전지가 에너지를 공급하지 못하는 화성의 밤 동안 들어가야 했던 '슬립' 모드에 들어가지 않았다는 것을 나타냈다. 스피릿은 밤새 컴퓨터를 작동시킨 채 전력을 소모했고, 이로 인해 지나치게 많은 열이 발생했다. 보내온 자료를 자세히 검토한 제트추진연구소의 프로그래머들은 로버에 전송할 소프트웨어를 다시 작성했다.

이런 일들이 벌어지는 동안 오퍼튜니티가 익숙해진 과정을 통해 화성 반대편에 안전하게 착륙했다. 오퍼튜니티는 1월 25일 메리디아니 플라눔의 목표 타원 안에 성공적으로 내려앉았다.

오퍼튜니티의 카메라가 작동하기 시작하자 과학자들은 깜짝 놀라지 않을 수 없었다. 스피릿이 골프 코스의 모래 벙커에 착륙했다면 오퍼튜니티는 홀인원을 한 것과 같았다. 착륙선은 이글 크레이터라고 부르는 움푹 파인 지점에 멈췄다.

착륙 시점을 찍은 첫 번째 사진에는 크레이터 벽 안에 퇴적작용의 징후라고 할 수 있는 지층들이 선명하게 보였다. 그러나 그것이 물에 의해 퇴적되었다고 확신하기에는 아직 일렀다. 이 지층들이 바람에 의해 퇴적되었을 수도 있었다. 구세프 크레이터의 화산 평원으로 인한 실망이 지질학적으로 흥미 있는 것들을 풍부하게 가지고 있는 메리디아니 플라눔의 퇴적층 때문에 희망으로 바뀌었다.

이글 크레이터는 고대 화성 지형에 운석이 출동하면서 만들어진 커다란 구덩이다. 따라서 드릴로 거대한 구

멍을 뚫어 채취한 샘플처럼 수백만 년 동안 쌓인 지층이 고스란히 드러나 있었다. 마스 익스플로레이션 로버 프로젝트의 책임 과학자인 스티브 스퀘레스^{Steve Squyres}는 이에 대해 다음과 같이 말했다.

위   오퍼튜니티가 두 번째 방문한 129m 크기의 인듀어런스 크레이터. 이 크레이터는 그 후 10년 이상 계속되고 있는 오퍼튜니티 여정의 첫 번째 중요한 기착지였다.

아래 좌측   마스 글로벌 서베이어 궤도 비행선이 보내온 이 사진에는 화성 표면에 흩어져 있는 적철광이 보인다. 적철광은 5% 정도는 푸른색이고 25% 정도는 붉은색이다. 이 발견으로 메리디아니 플라눔이 매력적인 착륙 지점으로 부각되었다.

아래 우측   블루베리라고 부른 적철광 구슬들이 이글 크레이터와 메리디아니 플라눔 곳곳에서 발견되었다. 물에서 형성된 이 구슬들은 토양이 침식된 뒤에 남게 되었다.

0 %   20 %

"우리가 원하던 모든 것을 가지고 있는 충돌 크레이터 안에 착륙할 수 있었던 것은 커다란 행운이었다. 크레이터의 벽에는 모든 것이 드러나 있었다. 이 크레이터에 대한 두 달 동안의 탐사 활동을 통해 중요한 과학적 사실들이 많이 밝혀졌다."

하지만 그것은 단지 이글 크레이터에서 이루어진 발견의 시작에 불과했다. 착륙선을 떠나 탐사 여행을 시작한 지 며칠 되지 않아 오퍼튜니티 로버는 푸른 회색 구슬들이 크레이터 바닥에 널려 있는 것을 발견했다. 마치 비비 탄알처럼 보였던 이 구슬들의 발견은 모든 사람을 놀라게 했다. 이 유리구슬들은 크레이터를 만든 운석의 폭발적 충돌로 만들어졌을까? 아니면 라필래라고 부르는, 화산에서 만들어진 구슬들일까? 라필래는 화산 폭발 때 우박처럼 떨어지는 유리 알갱이다.

자세한 관측을 통해 좀 더 흥미 있는 설명이 제시되었다. 바닥에 수없이 흩어져 있던 이 구슬들은 물과의 반응을 통해 형성되는 적철광으로 이루어져 있었다. 빙고!

오퍼튜니티가 크레이터 벽에 가까워지자 놀라운 광경이 계속 나타났다. 퇴적층이 점점 더 뚜렷하게 보이는 것 외에도 암석에 박혀 있는 더 많은 구슬들이 발견되었다. 주변의 부드러운 물질들이 침식되자 구슬들이 굴

러 나와 주변 바닥에 모인 것으로 보였다. 이는 구슬들이 물속에서 만들어졌을 것이라는 가정을 뒷받침해주는 것이었다. 이 푸른 구슬들을 블루베리라고 부르기로 했다.

오퍼튜니티는 크레이터의 벽을 자세히 조사했다. 크레이터의 벽은 소금물이 증발할 때 만들어지는 황철산화물로 채워져 있었다.

매의 눈을 가진 퇴적층 전문 지질학자 존 그로트징거 John Grotzinger(후에 큐리오시티 로버의 과학자로 일하기도 했던)

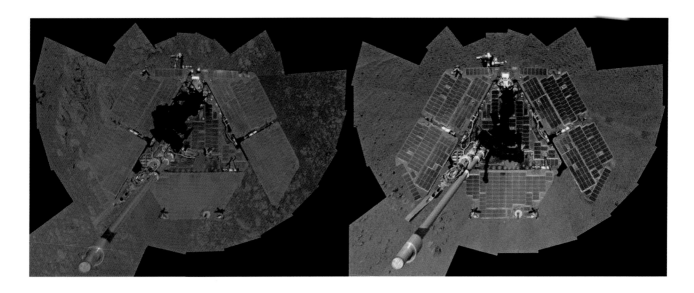

가 퇴적층에서 흥미 있는 구조를 찾아냈다. 지질학자들에게는 '사층리斜層理, cross-bedding'라고 알려져 있는 이러한 형태의 지층은 과거에 물이 흘렀다는 것을 나타내는 것이었다. 오퍼튜니티 로버의 관측으로 오랫동안 많은 추측을 낳게 했던, 물이 많았던 화성의 과거에 대한 비밀이 밝혀지기 시작했다.

화성을 가로질러 달리다

착륙 지점을 두 달 동안 조사한 뒤 오퍼튜니티는 처음으로 장거리 여행을 시작했다. 마스 익스플로레이션 로버들은 일반적으로 1분에 60cm 정도를 이동한다. 따라서 이동하는 동안 주변 지형을 조사할 충분한 시간적 여유를 가질 수 있다.

착륙 후 넉 달이 지난 2004년 5월에 오퍼튜니티 로버는 최초로 중요한 목표 지점인 인듀어런스 크레이터에 도착했다. 20m 깊이의 크레이터 가장자리를 조심스럽게 조사한 후 6월 중순에 6개월 동안 머물 예정으로 가장 좋은 경로를 택하여 크레이터 안으로 내려갔다.

인듀어런스 크레이터는 또 다른 형태의 암석층을 보여주었다. 지구에서와 마찬가지로 화성에서도 젊은 퇴적층이 오래된 퇴적층보다 위에 있다는 일반적인 법칙을 따른다. 크레이터 바닥에는 모래언덕이 있었다. 과학자들은 모래에 빠질 것을 염려해 안전한 거리에서 조사한 후 모래언덕을 피해 우회하기로 했다. 오퍼튜니티는 그곳에서 발견된 암석들을 분석했다. 이 암석들은 크레이터 안으로 굴러 들어온 다음 물에 의해 변형되었다는 것이 밝혀졌다. 인듀어런스 크레이터는 먼 과거에 물이

가득 차 있던 호수였다는 것이 확실해졌다. 오랫동안 건조한 장소였을 것이라고 생각해온 화성에서 거대한 호수 자리를 찾아낸 것은 매우 중요한 발견이었다.

6개월 후 오퍼튜니티는 인듀어런스 크레이터를 떠났다. 다음 목표 지점을 향해 가던 도중에 오퍼튜니티는 화성에 착륙할 때 낙하시킨 단열판을 찾아내 금속판이 화성 표면에 충돌했을 때 받은 충격을 조사했다. 질량을 알고 있는 물체의 충격으로 만들어진 지점을 조사하여 충돌 지점의 표면이 얼마나 단단한지에 대한 중요한 자료도 수집했다. 그런 후 로버는 빅토리아 크레이터로 향했다.

너비 732m의 빅토리아 크레이터는 화성 궤도에서도 매우 흥미 있어 보이는 크레이터였다. 이 크레이터의 벽 전체에는 멀리 떨어져 있는 지형에서부터 시작된 침식된 '골짜기'들이 분포되어 있었다. 빅토리아 크레이터로

맞은편 위 애디론댁 암석 위에 암석 마모기(RAT)를 이용하여 원형 모양으로 갈아낸 부분. 표면을 갈아내는 작업은 알파입자 엑스선 분광기가 더 정확하게 암석을 분석할 수 있도록 했다.

맞은편 아래 2014년 1월(좌)과 2014년 3월(우)에 오퍼튜니티가 자신의 모습을 찍은 사진. 이 사이에 바람이 태양전지판에 쌓였던 먼지를 깨끗이 청소해 발전 능력을 70%나 향상시켰다.

위 2007년에 스피릿의 바퀴가 표면의 흙을 헤쳐놓아 표면 아래 있던 무수규산이 많이 포함된 흰색 토양이 겉으로 드러났다. 무수규산은 과거 화성에 물이 있었다는 또 다른 증거다.

가는 도중에 화성에서 처음으로 운석을 발견하여 조사한 뒤 히트 실드 록이라는 이름을 붙였다. 농구공 크기의 이 운석 성분은 지구에서 발견되는 운석 성분과 기본적으로 동일했다. 운석 때문에 잠시 정지했던 오퍼튜니티는 다시 이동하기 시작했다.

이러는 동안에 스피릿도 자신의 '정신적' 문제를 대부분 치료하고 다시 탐사 활동을 시작했다. 스피릿은 착륙한 지 한 달 후에 처음으로 암석 마모기(RAT)를 사용했다. 애디론댁이라고 이름 붙인 암석이 목표물이었다.

5cm 크기의 마모된 면을 통해 암석 안에 무엇이 있는지를 자세히 조사할 수 있었다. 암석을 관찰한 지질학자들은 암석에서 결정구조를 발견하고 기뻐했다. 이 암석은 다른 종류의 현무암이었다. 이로써 암석 마모기가 훌륭하게 작동한다는 것이 확인되었다.

스피릿은 사고로 잃어버린 우주왕복선을 기념하여 컬럼비아 힐스라고 이름 붙인 지역을 향해 이동했다. 컬럼비아 힐스로 가는 도중에 엔지니어들은 전력이 약해지기 시작했음을 알게 되었다. 태양전지에 먼지가 쌓이기 시작한 것이다. 마스 익스플로레이션 로버의 에너지원을 핵에너지로 할지 아니면 태양전지를 이용할지를 결정할 때 기본적인 임무 수행 기간을 90일로 정했기 때문에 이런 문제는 이미 예상했던 것이었다. 몇몇 엔지니어들은 핵연료를 선택했어야 한다고 생각했을 수도 있지만 그것은 다음 로버를 화성에 보낼 때까지 기다릴 수밖에 없었다.

다행스럽게도 모래 악마라고도 부르는 모래 폭풍이 태양전지판을 깨끗이 청소해주어 두 로버는 고운 먼지가 계속 태양전지판을 덮는 가운데서도 임무를 수행할 수 있었다. 이 소형 태풍은 이전에도 관측된 적이 있었다. 그러나 아무도 이 태풍이 자주 발생하며, 엷은 대기의 화성에서 자동차 세차가 가능할 정도로 강력하다는

것을 확실히 알지 못했다. 그런데 자주 불어오는 이 폭풍이 먼 곳에 있는 태양이 보내오는 에너지를 모으는 작업의 효율을 50% 이상 향상시켰다.

2005년 중엽에 스피릿이 역사상 처음으로 화성 언덕 오르기를 시도했다. 스피릿은 천천히 허즈번드 힐을 올라갔다. 이때 로버는 대부분 자체적으로 운행했다. 운영자들은 이 기능을 임무 수행 초기에 시험하기 위해 한 번 가동한 적이 있었다. 매일 경로 기획팀이 전날의 운행을 평가하고, 앞에 있는 지형을 조사하여 잠재적 장애물이나 위험을 적시한 다음 어떻게 운행할 것인지에 대한 일반적인 변수를 로버에 전달하면 로버는 예상치 못했던 어려움에 직면했을 때 정지하여 관재소로 위험을 알리는 것과 같은 제한적인 의사 결정을 자체적으로 내리면서 운행하게 된다. 대부분의 로버 운영에서 사용되는 이런 정도의 인공지능은 지구와 화성 사이를 전파 신호가 오가는 데 걸리는 긴 시간 때문에 전통적인 조이스틱을 사용할 수 없어 생기는 문제를 피해갈 수 있게 한다.

언덕 정상에 도착한 후 스피릿은 화성의 겨울 동안 겨울나기를 하기 적당한 장소를 찾기 시작했다. 벌써 고도가 낮아져 희미해진 태양 빛 때문에 전력 공급이 제한적이었다. 과학자들은 에너지를 아끼기 위해 추운 화성의 저녁에는 로버를 꺼두었다. 계절 변화로 인한 어려움에, 모래 폭풍으로 하늘이 검게 변해서 발생하는 어려움이 더해졌다. 따라서 에너지 부족 문제가 더욱 심각해졌다. 게다가 기계적인 문제도 발생했다. 스피릿 로버의 우측 앞바퀴가 제대로 작동하지 않았고, 전기 시스템 어딘가에서 합선이 생겨 에너지가 낭비되고 있었다. 생산적인 탐사 활동을 하고 있었지만 스피릿은 악마의 저주를 받고 있는 것처럼 보였다.

스피릿은 앞바퀴에 가해지는 압력을 줄이기 위해 후진으로 운행했다. 제트추진연구소에서는 연구소에 설

치된 화성 시험장의 스피릿과 똑같은 로버를 이용하여 문제를 진단하려고 노력했지만 무엇이 문제인지 알아내는 데 별 도움이 되지 못했다. 과학자들은 그 후 임무를 수행하는 동안 바퀴의 상태를 확인하면서 지켜볼 수밖에 없었다.

문제를 극복하다

화성 표면에서 활동하는 로버와 통신하기 위해서는 화성 궤도를 돌고 있는 궤도 비행선의 중계가 필요하다. 그런데 중계를 담당했던 마스 오디세이 궤도 비행선이 간헐적으로 통신 장애를 일으키면서 문제가 더욱 복잡해졌다. 하지만 때마침 NASA의 새로운 화성 궤도 비행선인 마스 리커니슨스 오비터(MRO)가 화성 궤도에 도착했다.

2006년 3월에 화성에 도착한 NASA의 최신 마스 리커니슨스 오비터는 기술적으로 놀라운 것이었다. 이 궤도 비행선의 광대역 통신은 마스 글로벌 서베이어의 통신체계를 다이얼을 돌려 연결하던 모뎀처럼 초라해 보이도록 했다. 마스 익스플로레이션 로버들은 화성 표면에서 수집한 자료를 지구로 전송하는 데 새로운 궤도 비행선의 지원을 받을 수 있게 되었다.

스피릿은 경사진 미끄러운 길, 모래 구덩이, 바퀴에 부딪치는 바위와 같은 장애물을 뚫고 겨울을 날 곳을 향해 천천히 전진했다.

두 로버의 겨울나기 계획에는 대기의 조사, 부근 암석의 분석, 로버가 지나온 자국의 풍화작용 관측이 포함되어 있었다. 화성의 기후가 새롭게 뒤집어놓은 토양에 가하는 영향에 대한 조사는 토양의 성질은 물론 토양과 화성 기후 사이의 상호작용을 이해하는 데 도움이 될 것이다. 한동안 로버를 한곳에 정지시키면 지질학자들은 로버를 운행하면서 뒤집어놓은 토양이 시간의 흐름에 따라 변화하는 것을 관찰할 수 있을 것이다.

2006년 중엽에 스피릿은 화성의 한겨울을 나고 있었다. 태양전지로 모으는 에너지는 가장 많은 에너지를 모을 때의 3분의 1밖에 안 됐다. 하루 동안에 모을 수 있는 에너지는 100W 전구를 세 시간 켤 수 있을 정도였다. 따라서 에너지 허용량이 적어졌다. 이러한 어려움에 더해 온도도 -97.5℃까지 내려갔다. 이런 악조건에도 불구하고 로버는 조사를 계속 진행하여 고해상도의 전경 사진을 전송했다.

겨울이 물러가자 스피릿은 다시 움직이기 시작했다. 문제가 됐던 앞바퀴가 기대하지 않았던 놀라운 과학적 발견을 이끌어냈다. 앞바퀴가 문제를 일으킨 후 로버는 항상 후진으로 운행했기 때문에 앞바퀴는 질질 끌려 다니면서 붉은 토양에 고랑을 냈다. 그 바람에 붉은 토양 아래 있던 하얀 물질이 겉으로 드러났다. 놀라운 일이었다. 자세한 조사를 통해 이 하얀 먼지 같은 물질에 이산

위 제트추진연구소의 엔지니어 조 멜코(Joe Melko)(좌측)와 에릭 아귈라(Eric Aguilar)가 연구소의 시험용 로버를 이용해 견인 시험을 하고 있다. 스피릿을 모래 구덩이에서 빼내려는 시도는 결국 성공하지 못했다.

화규소가 많이 포함되어 있다는 것이 밝혀졌다. 이는 고대 화성에선 물이 풍부해 미생물이 살아가기에 좋았던 환경을 가지고 있었다는 것을 나타냈다. 지구에서는 이런 종류의 물질이 만들어지는 환경이 미생물이 살아가기에 가장 적합한 온천 부근에서 주로 발견된다.

스피릿이 다른 지역으로 이동하고 있을 때 강력한 모래 폭풍이 다시 발생하여 임무 수행을 방해했다. 2007년 중엽에 두 로버는 모두 모래 폭풍의 영향을 받았다. 대기 중에 떠 있는 많은 모래가 태양 빛을 가려 태양전지가 모으는 에너지가 필요한 수준에 훨씬 못 미치게 되었다. 전지에 저장된 에너지가 바닥나 두 개 또는 하나의 로버를 잃을 위기에 처했다. 전기로 작동하는 로버는 그렇게 낮은 에너지 상태에서는 오래 버틸 수 없다. 남아 있는 에너지의 양은 가정용 냉장고의 전등을 한나절

INSIDER'S VOICE

스티븐 스쿼레스
Steven Squyres

마스 익스플로레이션 로버 프로젝트의
책임 연구원

스티브 스쿼레스는 처음부터 마스 익스플로레이션 로버 프로젝트에 관여했다. 초기에는 10년 이상 계속될 프로젝트라고 생각하는 사람은 거의 없었다.

"오퍼튜니티의 가장 중요한 발견들은 화성에서 활동을 시작한 첫 60화성일 동안 대부분 이루어졌다. 운이 좋던 우리는 두 달 안에 원하던 거의 모든 것들이 노출되어 있는 벽을 가진 거대한 크레이터를 발견했다. 그다음에는 매우 평평하고 매끄러워 로버를 운행하기에 적당한 메리디아니 플라눔의 바닥이 주는 장점을 최대한 이용했다. 우리는 넓은 면적을 조사할 수 있었다. 우리의 전략은 하나의 충돌 크레이터로부터 다른 충돌 크레이터로 가는 것이었다. 수평으로 층을 이룬 퇴적층 위를 달렸다. 기본적으로 같은 암석으로 이루어진 퇴적층을 반복해서 볼 수 있었다. 따라서 필요한 것은 단지 표면으로 내려설 수 있는 능력뿐이었다. 우리는 구멍을 뚫는 데 사용할 드릴을 가져오지 않았지만 자연이 우리를 위해 많은 크레이터를 만들어놓고 있었다. 덕분에 이 크레이터들 중 큰 크레이터에 도달해 화성 표면 아래 숨겨진 것들을 조사할 수 있었다."

엔데버 크레이터에 대한 오퍼튜니티의 탐사는 아직도 계속되고 있다.

켤 정도밖에 안 됐다.

모래로 뒤덮인 하늘은 2008년까지 계속되었다. 2008년의 대부분을 스피릿은 최소한의 활동만 했다. 그해 말이 되자 스피릿이 다시 짧은 거리를 이동하기 시작했다. 이러한 이동은 태양전지판이 향하는 방향을 바꿔 태양전지의 에너지 효율을 높이기 위한 것이기도 했다.

스피릿은 홈 플레이트라고 이름 붙인 지역을 향해 언덕을 올라갔다. 그러나 질질 끌리는 바퀴 때문에 자꾸 경로에서 벗어났다. 설상가상으로 경사면은 모래로 이루어져 있었다. 이 지역은 지금까지 과학팀이 대했던 지역 중에서 가장 어려운 지형이었다.

운행 여건이 나빠지자 프로젝트 운영팀은 방향을 바꾸어 아래로 내려가기로 결정했다. 305m쯤 떨어진 곳에 흥미로운 암석이 있었다. 이 암석을 조사해보는 것은 진행 중인 과학 프로그램을 위해서도 비교적 안전한 선택처럼 보였다.

그러나 생각처럼 쉬운 일이 아니었다. 2009년이 되자 스피릿은 점점 더 많은 어려움에 봉착했다. 한 지점에서 30m를 이동하는 동안 많은 문제들이 발생했다. 태양전지가 먼지로 뒤덮여 에너지도 부족해졌다. 컴퓨터도 자주 말썽을 부렸다. 그리고 이전에는 없었던 문제들이 새로 나타났다. 몇 번의 모래바람이 태양전지를 닦아내 태양전지의 발전량이 일시적으로 증가했지만 큰 도움이 되지는 못했다. 그런 가운데 전력 사용량은 증가했다. 스피릿이 오도 가도 못할 상황에 처한 것이 확실해졌다. 모래가 목표물을 바로 앞에 두고 있는 스피릿을 덮었다.

2010년 초에 제트추진연구소는 여러 달 동안 스피릿을 좀 더 운행하기 위해 모든 방법을 동원해본 후 스피릿이 더 이상 이동할 수 없어 고정 연구 설비로 전환했다고 발표했다. 스피릿은 한 장소에 정지한 채 부근 토

좌측 화성에서 487일(화성일)째 되던 2005년 5월에 스피릿 로버는 오후 6시 7분의 화성 석양 모습을 사진에 담았다.

우측 2008년에 스피릿은 홈 플레이트 부근에서 꽃양배추처럼 보이는 단백석의 형성을 암시하는 사진을 찍어 전송했다. 2015년에 이 사진을 다시 분석한 연구자들은 지구에서 발견되는 미생물의 화석과 매우 비슷하다는 것을 알아냈다. 이로 인해 스피릿이 발견한 구조도 지구에서와 같이 미생물이 만든 것일지 모른다는 주장이 제기되었다.

양이나 암석을 조사하거나 주변 지형이나 기후 변화를 담은 사진을 찍으며 중요한 과학적 조사를 계속할 수 있었다.

스피릿이 작동을 멈추다

2010년 3월 22일, 스피릿이 마지막 메시지를 보내왔다. 특별한 것이 없는 일상적인 관측 자료였다. 전력은 최저 수준이었지만 기본적인 기능은 다가오는 겨울까지도 계속 작동할 수 있을 것처럼 보였다. 하지만 이후 더 이상의 메시지를 보내오지 않았다. 스피릿이 깊은 동면 모드에 들어간 것으로 추정한 엔지니어들은 겨울이 지나 전지가 재충전될 때까지 스위치를 끄고 기다리기로 했다.

2010년 중엽에 엔지니어들은 소위 말하는 '스위프 앤드 비프' 신호를 보내 로버를 깨우려고 시도했다. 지구에서 보내는 이 신호는 스피릿이 수신할 수 있을 것으로 기대되는 시간 간격으로 보내졌다. 2011년 3월까지 1300회가 넘는 신호를 보냈지만 스피릿은 아무 반응이 없었다. 스피릿에 무슨 일이 일어났는지 알 수 없었다. 아마도 전력 부족, 낮은 온도, 부품의 마모나 손상 같은 일들이 복합적으로 일어났을 것이다.

그러나 스피릿의 임무가 실패로 끝난 것은 아니었다. 스피릿이 보내온 관측 자료가 오퍼튜니티가 보내온 자료보다 덜 놀라웠던 것은 사실이지만 불운했던 스피릿의 이야기에는 마지막 놀라운 결과가 숨어 있었다. 스피릿이 2008년에 전송한 사진을 다시 조사해보니 관심을 끄는 의문과 재미있는 해답의 실마리가 숨어 있었다. 2015년 말 과학자들은 스피릿이 마지막으로 머물렀던 홈 플레이트 부근에서 발견된 이상한 모양의 구조를 다시 자세히 조사해 연구 내용을 발표했다. 물갈퀴처럼 생긴 특이한 모양 때문에 이산화규소로 이루어진 이 이상한 모양의 구조에 '콜리플라워'라는 별명을 붙였다.

처음에는 이런 구조가 온천 부근이나 심해 열수 배출구 부근에서 발견되는 전형적인 형태라고 생각했다. 이런 구조를 화성에서 발견한 것만도 매우 고무적인 일이었다. 그러나 이 사진을 다시 조사해본 과학자들은 다른 결론을 이끌어냈다.

이 구조는 남아메리카의 아타카마 사막, 뉴질랜드의 타우포 화산 지역 그리고 미국의 옐로스톤 국립공원에서 발견되는 구조와 매우 비슷했다. 이런 구조가 발견된 지역들의 공통적인 특징은 지열과 관련된 현상이 나타난다는 것과 미생물에 기인하는 것으로 추정되는 규산염으로 이루어진 구조를 띤다는 것이다. 이 지역들에서 발견되는 구조들은 스피릿이 보내온 사진에 나타난 구조와 매우 비슷했다. 그것은 미국이 화성에 보낸 로버 중에서 두 번째로 오래 활동했던 로버인 스피릿이 마지막으로 올린 전과였다.

스피릿은 6년이 넘는 기간 동안 총 7.7km를 운행했다. 이는 처음 예정했던 90일의 활동 기간을 훨씬 초과한 것이다. 화성에서 최초로 운행한 정밀 차량이었던 스피릿은 예정했던 기간의 20배나 되는 긴 시간 동안 활동하면서 고대 화성 환경에 대해 많은 새로운 사실을 밝혀냈고, 12만 4000장에 달하는 화성 표면 사진을 전송해왔다.

스피릿이 모래바람 속에서 일생을 마친 다음에도 오퍼튜니티는 3380km나 떨어져 있던 자신의 쌍둥이가 더 이상 존재하지 않는다는 사실에 개의치 않고 메리디아니 플라눔을 가로지르는 여행을 계속하고 있었다.

오퍼튜니티의 위대한 여정

오퍼튜니티 로버에 대해 이야기할 때면 항상 오래전 텔레비전에서 오랫동안 방영되었던 끝없이 작동하는 건전지 광고가 떠오른다. 25년이 흐른 지금, 그 광고는 기억에서 희미해지고 있다. 그러나 이것은 오퍼튜니티의 놀라운 여정을 연상시킨다. 쉬지 않고 가고 또 가고 있는 오퍼튜니티는 다른 행성에서 활동한 모든 로버 중에서 가장 오랫동안 활동하고 있는 로버이다.

빅토리아 크레이터

오퍼튜니티의 여정은 스피릿이 여행한 거리의 다섯 배나 되는 길고 힘든 여정이었다. 2006년 중반부터 2008년 중반까지 오퍼튜니티는 너비가 800m인 빅토리아 크레이터를 조사했다. 깊이가 70m인 이 크레이터의 둘레에는 높고 낮은 침식 골짜기가 나 있었다. 이 골짜기들에 노출된 화성 표면 아랫부분은 화성의 과거에 대한 귀중한 정보를 제공했다. 크레이터 벽의 경사도 급하지 않아 로버가 안전하게 바닥으로 내려갈 수 있었다. 오퍼튜니티는 2006년의 대부분을 크레이터 가장자리를 세밀하게 조사하면서 보냈다. 그리고 2007년 9월에 진입 지점에 대한 견인 시험을 마치고 모래로 덮여 있는 크레이터 바닥으로 내려갔다.

크레이터 안으로 들어가기 전에 또 한 번 예상치 않았던 모래바람이 오퍼튜니티의 태양전지판을 청소해주었고, 향상된 운행 프로그램을 포함하여 몇몇 프로그램을 업데이트했다. 크레이터 가장자리 경로를 따라 짧은 자체 운행 시험을 거친 새로운 운행 프로그램은 크레이터 내부를 향한 성공적인 하강에 큰 도움을 주었다.

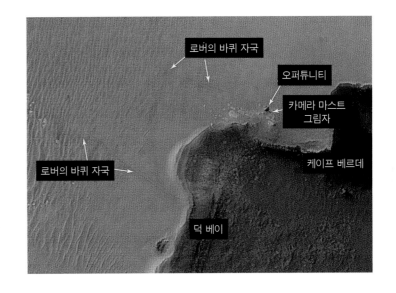

크레이터 안으로 진입한 로버는 약간 미끄러지기도 하고 쓸려 내려가기도 했다. 이것은 쉽지 않은 일이었다. 자동 운행으로 하강하는 동안 오퍼튜니티는 30도 이상의 경사를 만나면 정지한 다음 지형도를 조사하고, 옆쪽으로 약간 움직여 경사가 덜 급한 더 나은 경로를 찾아냈다. 많은 시행착오를 거치면서 아래로 내려가다

위 마스 리커니슨스 오비터에서 찍은 이 사진에는 빅토리아 크레이터 가장자리 주변에서 오퍼튜니티가 여행한 곳들을 보여주고 있다.

가 가끔씩 정지해 여러 가지 측정을 했다.

몇 주 동안 오퍼튜니티의 로봇 팔에 대한 우려가 있었다. 예상했던 것보다 더 많은 전기를 사용하고 있었다. 장비가 부착된 팔이 가끔씩 미리 설정해놓은 한계에 도달해 정지했다. 그러나 프로그램을 약간 수정하여 대부분의 작업은 할 수 있었다. 하지만 엔지니어들은 크레이터 내부를 조사할 때는 로버의 기울기를 감안해야 한다는 것을 알아냈다. 화성의 중력은 지구 중력의 38%밖에 안 되지만 경사진 곳에서 팔을 위로 들어 올리는 데는 더 많은 에너지가 필요하기 때문에 조심해야 했다.

오퍼튜니티는 크레이터 내부 조사를 계속하면서 동시에 2008년 5월에 도착 예정인 피닉스 착륙선과의 통신 시험을 했다. 화성에서 활동하고 있는 기계 군단에 곧 하나의 기계가 더 합류할 예정이었다.

갑자기 또 다른 문제가 발생했다. 암석 마모기(RAT)가 제대로 작동하지 않았다. 제트추진연구소의 엔지니어들은 연구소에 설치된 화성 실험실에서 똑같은 로버를 이용해 여러 날 시험해본 후 다른 방법을 찾아냈다. 수백만 km 떨어져 있는 로봇을 다룰 때는 조심스럽게 접근하지 않으면 사소한 문제가 큰 문제로 빠르게 발전할 수 있었다. 예를 들면 암석 마모 작업이 느려지거나 또는 마모 모터의 네거티브 피드백에 의해 정지되어 마모 작업이 다음 날까지 연장될 경우 로버는 화성의 밤 동안 바위 뒤로 물러나 있어야 했다. 겨울이 다가오고 있었다. 밤의 추위는 로봇 팔의 금속을 수축시킬 수 있을 만큼 혹독했으며 다음 날 아침 기계가 더워지면서 팽창하면 브러시가 암석면에 너무 가까이 다가가 브러쉬의 앞부분이 손상될 수도 있었다. 이런 문제들로부터 별 탈 없이 로버를 유지하기 위해 엔지니어, 프로그래머 그리고 프로젝트 기획자들은 때로 밤을 새워가면서 계속 바쁘게 움직여야 했다. 그것은 일에 대한 열정과 헌신적인 자세를 필요로 하는 일이었다.

4월에 오퍼튜니티가 빅토리아 크레이터에서 가장 장엄한 경치를 자랑하는 케이프 베르데로 향했다. 케이프 베르데는 지층으로 이루어진 바닥이 바람에 깎여 외부로 노출된 절벽이었다. 케이프 베르데로 향하는 동안 몇 개의 모래벌판을 가로질러야 했다. 모래벌판을 건널 때마다 로버의 운행이 가능한지 조심스럽게 시험했다. 바퀴가 예상보다 더 많이 미끄러지면 로버는 즉시 운행을 정지했다. 이런 조심스러운 운행에도 불구하고 오퍼튜니티는 몇 cm에 불과했지만 여러 번 미끄러졌다. 스피릿의 모험을 통해 얻은 경험으로 이 정도의 미끄러짐도 모든 사람의 주의를 끌었다.

오퍼튜니티는 성공적인 횡단 여행을 마치고 6월 말에 케이프 베르데의 사진을 전송해왔다. 그리고 한 달 동안 목표물에 대한 정밀 조사를 마친 뒤 8월에 빅토리아 크레이터 밖을 향한 여행을 시작했다. 로버는 크레이터 안에서 짧은 거리만 운행했지만 크레이터를 떠나는 것에 대한 아쉬움은 없었다. 운행에는 어려움이 많았고, 메리디아니 플라눔에는 탐사해야 할 지역이 많이 남아 있었다.

엔데버 크레이터

오퍼튜니티가 화성 여행의 다음 목적지인 엔데버 크레이터를 향한 운행 준비를 하고 있을 때 엔지니어팀은 로버의 건강 상태를 확인했다. 그들은 아직도 로봇 팔의 관절 하나가 가끔 문제를 일으키는 것과, 스피릿 로버처럼 앞바퀴가 말썽을 부리기 시작하는 문제로 어려움을 겪고 있었다. 두 부품 중 하나라도 못 쓰게 된다면 임

맞은편　빅토리아 크레이터는 부채 모양의 모래언덕이 펼쳐진 바닥과 가장자리 뒤쪽까지 이어진 심하게 침식된 골짜기들로 장관을 이루고 있다. 이 골짜기에서는 퇴적층을 잘 볼 수 있다.

무 수행에 큰 지장을 줄 것이다. 두 가지 문제를 계속 지켜보는 가운데 오퍼튜니티는 엔데버 크레이터를 향한 11km의 여정에 돌입했다. 이 거리는 4년 전 오퍼튜니티가 화성에 착륙한 이후 운행한 총 거리와 거의 비슷했다. 그리고 장애물을 피해가기도 하고, 목표물을 찾아내 조사하면서 가다 보면 오퍼튜니티가 실제로 달려야 할 거리는 이보다 훨씬 멀어질 것이다. 이제 가속페달을 힘차게 밟을 차례다.

새로운 여행을 시작할 무렵 '태양 결합'이라고 부르는 현상 때문에 로버가 2주 동안 정지한 채 기다려야 했다. 이 기간 동안에는 지구와 화성이 태양을 가운데 두고 반대편에 위치해 통신이 불가능하기 때문이다. 가장 안전한 방법은 전파 신호가 원활해질 때까지 로버를 세워두는 것이었다. 그러나 로버 운영자들은 통신이 끊어져 있는 동안 로봇 팔이 자체적으로 할 수 있는 흥미 있는 암석을 조사하도록 했다.

12월에 다시 로버와의 통신이 재개되었을 때 과학자들은 컴퓨터가 넘치는 자료 때문에 메모리 부족으로 어려움을 겪고 있는 것을 발견하고 모든 자료를 삭제해야 했다. 이로 인한 짧은 지연이 있고 나서 오퍼튜니티는 다시 엔데버를 향해 출발했다. 엔데버로 향하는 동안 오퍼튜니티는 매일 속도 기록을 경신했다. 로버는 스피릿이 그랬던 것처럼 문제가 있는 오른쪽 앞바퀴에 가해지는 압력을 줄이기 위해 180도 회전하여 후진으로 달렸다.

화성에서 오퍼튜니티가 잘해나가고 있을 때 지구 쪽에선 예상치 못했던 문제가 발생했다. 제트추진연구소가 있던 남부 캘리포니아에서 발생한 산불로 하루 동안 실험실을 비우고 피신해야 하는 일이 발생한 것이다. 통제사들이 돌아올 때까지 모든 것을 스스로 해결하며 오퍼튜니티는 참을성 있게 기다렸다.

오퍼튜니티는 2년 반 동안 운행해 2011년 8월에 엔데버 크레이터에 도착했다. 오는 도중에 흥미 있는 암석을 조사하고, 몇 개의 운석을 조사하기 위해 지그재그로 달려야 했다. 암석와 운석들의 조사 결과는 스피릿이나 오퍼튜니티가 전에 했던 분석 결과를 재확인하는 것이었다. 오퍼튜니티는 7년 동안 거의 34km를 달렸다.

2012년 8월이 되자 잠시 로버의 활동을 최소한으로 줄였다. 그동안 제트추진연구소는 오래전부터 계획했던 마스 사이언스 래브러토리 로버 큐리오시티의 도착에 집

중했다. 큐리오시티 로버는 8월 5일 화성에 착륙했다. 이제 NASA는 화성에서 활동하고 있는 두 대의 로버를 보유하게 되었다. 그것은 새로운 역사의 장이었다.

오퍼튜니티는 몇 달 전 화성 표면에서 8년째의 활동을 시작했다. NASA 관제소는 화성 궤도 비행선들, 지구 궤도를 돌고 있는 인공위성 그리고 태양계 가장자리까지 가 있는 탐사선 등 많은 탐사선들과 함께 화성 표면에서 활동하는 두 대의 독립적인 기계를 운용하게 되었다. 당시 보이저 탐사선은 태양계를 떠나 성간 공간으로 탈출할 준비를 하고 있었다. 예전에는 이렇게 많은 탐사선들이 이토록 엄청난 관측 자료를 동시에 보내온 적이 없었다.

로버 운영자들과 과학자 팀이 목표를 정할 때 엔데버 크레이터의 한 목표물이 크게 부각되었다. 그것은 궤도에서 관찰되었던 층상규산염 암석들이었다. 활석이나 점토처럼 보이는 이 광물은 물과의 상호작용을 통해 형성된다. 두 로버가 물이 풍부한 환경과 관련 있는 많은 암석을 조사해 알아낸 새로운 사실들은 물과 관련된 고대 환경을 포함하는 새로운 화성 지도를 작성하는 데 도움이 되었다.

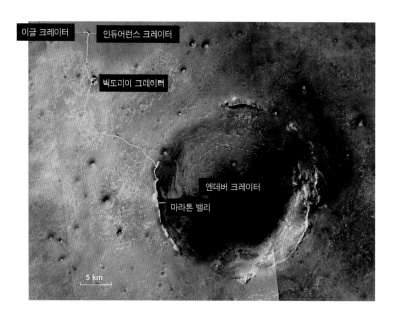

이글 크레이터　　인듀어런스 크레이터

빅토리이 그레이터

엔데버 크레이터

마라톤 밸리

5 km

화성 암석층에서 이들 광물의 분포를 나타내는 지도를 만드는 것은 로버의 정밀한 조사를 통해서만 가능하다. 이 지도는 지질학자들이 고대 화성 환경의 변화 과정을 이해하는 데 도움을 줄 것이다. 오늘날에는 냇물처럼 흐르는 물이나 강, 호수같이 고여 있는 물 모두 발견

위　오퍼튜니티는 2011년부터 현재까지 화성의 다른 어떤 지형을 탐사할 때보다 더 많은 시간을 들여 엔데버 크레이터를 탐사하고 있다.

아래 오퍼튜니티가 찍은 빅토리아 크레이터의 모습. 이 전경 사진은 2006년 11월에 완성되었다.

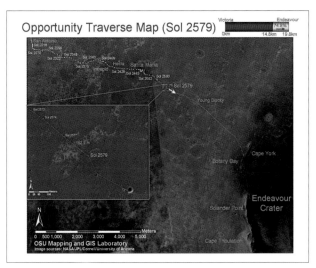

되지 않는 화성이지만 과거에 액체 상태의 물이 존재할 수 있는 온도, 밀도와 같은 대기 상태를 가지고 있었는지를 밝혀내는 것이 매우 중요하다. 그것은 화성에 생명체가 존재했다면 그 생명체가 존재했을지도 모르는 시기를 알아내는 일이 될 수도 있기 때문이다.

가장자리에서 바라본 엔데버 크레이터의 모습은 매우 인상적이었다. 지름이 14km인 이 크레이터는 마스 익스플로레이션 로버가 방문한 지형 중에서 가장 컸다. 또한 화성에서 발견된 지역 중에서 가장 흥미 있는 곳이었다. 로버는 앞으로 5년 동안 이 크레이터 가장자리를 탐사할 예정이었다. 프로젝트 운영자들은 엔데버 크레이터 탐사를 '제2의 착륙 지점' 그리고 '전혀 새로운 임무'라고 표현했다. 궤도 비행선에서 관측한 바에 의하면, 층상규산염 암석의 분포뿐만 아니라 물과 관련된 다른 암석도 있었기 때문이다. 이 지역에서 조사된 샘플은 이전에 조사했던 샘플보다 훨씬 오래전의 것이었다. 이 샘플들은 이전 샘플들의 분석을 통해 추정한 것보다 훨씬 많은 물이 있었다는 것을 보여주었다. 엔데버 크레이터는 35억 년 전에 만들어진 크레이터다. 그리고 그곳에서 발견된 암석들은 물이 있었던 환경을 나타낼 뿐만 아니라 초기 탐사에서 보았던 것처럼 염분을 많이 포함했

거나 알칼리 상태의 물이 아니라 좀 더 생명체에 우호적인 보통의 물에 잠겨 있었다는 것을 나타냈다.

2013~2014년 겨울나기를 하는 동안 로버는 솔랜더 포인트라고 부르는 절벽을 탐사했다. 태양 빛을 조금이라도 더 모으기 위해 태양을 향해 경사지게 멈춰 선 로버는 화성의 달과 혜성의 사진을 찍었고, 많은 암석과 토양을 분석했다. 그리고 나서 엄청난 양의 과학적 분석 자료와 함께 30만 장이 넘는 사진을 지구로 전송했다.

오퍼튜니티는 마라톤 밸리 지역을 가로질러 가면서 아직도 엔데버 크레이터의 가장자리를 탐사하고 있다. 은퇴한 프로 수목이 신수져림 오퍼튜니티는 모험을 하면서 얻은 상처와 나이 든 징후를 보이고 있다. 로봇 팔은 더 이상 옆으로 움직이지 못해서 조사할 것이 있으면 매우 조심스럽게 다뤄야 한다. 모스바우어 분광기도 얼마 전에 고장이 나 못 쓰게 되었고, 앞바퀴는 약간 안쪽으로 돌아가 있다. 이 때문에 오퍼튜니티의 발은 마치 비둘기의 발 같은 모습이 되었다. 그리고 2013년 이후에는 오퍼튜니티의 메모리에 문제가 생기기 시작했다. 이제는 더 이상 로버를 효과적으로 사용하기 어렵게 되었지만 12년이 지난 지금도 이 로버는 전진 중이며 아직도 이용해 화성을 탐사하고 있다.

맞은편 좌 반디 톰킨스(Vandi Tompkins)가 제트추진연구소의 화성 실험장에서 마스 익스플로레이션 로버와 함께 포즈를 취하고 있다. 톰킨스는 제트추진연구소의 로봇 엔지니어 겸 로버 운행자다.

맞은편 우 이 지도는 2010년까지 오퍼튜니티가 여행한 경로를 보여주고 있다. 오퍼튜니티는 지금도 엔데버 크레이터 주변 지역을 탐사하고 있다.

위 2010년에 오퍼튜니티가 보내온 엔데버 크레이터의 가장자리 사진. 이 사진은 자세한 구조를 볼 수 있도록 가상 색깔을 입혔다. 멀리 보이는 산들은 30km 떨어져 있는 이 크레이터의 가장자리다.

아래 2004년에 메리디안 플라눔에서 찍은 사진과 컴퓨터가 만든 오퍼튜니티의 사진을 합성하여 만든 사진. 가상현실이라고 부르는 이런 합성 기술은 사진에 나타난 표면 지형지물의 크기를 가늠하는 데 도움이 된다.

우주로 간 고화질 카메라: 마스 리커니슨스 오비터

마스 글로벌 서베이어 오비터는 화성 표면의 정밀 사진을 지구로 보내오는 큰 성공을 거두었다. 마스 오디세이는 훨씬 향상된 관측 자료와 자세한 영상 자료를 제공하여 화성 지형을 이해하는 방법을 바꿔놓았고, 탐사 프로젝트 기획자들이 마스 익스플로레이션 로버들의 착륙 지점을 결정할 수 있도록 했다. 그러나 2005년이 되자 두 궤도 비행선은 노후 징후를 보이기 시작했다. 그런 상황에서 2005년 8월에 새로운 화성 궤도 비행선 마스 리커니슨스 오비터가 성공적으로 발사되었다는 뉴스는 반가운 소식이 아닐 수 없었다.

전체적인 화성 궤도 비행선 프로그램의 하나인 마스 리커니슨스 오비터는 이전 궤도 비행선들보다 훨씬 진보된 기술을 적용한 탐사선이었다. 이 탐사선도 이전 궤도 비행선들과 비슷한 장비를 가지고 갔지만, 훨씬 발전된 카메라를 갖추고 있었고, 일부 새롭게 적용된 장비도 가지고 갔다. 하지만 이전 궤도 비행선들과 가장 큰 차이는 지름이 3m나 되는 커다란 전파 안테나였다. 마스 리커니슨스 오비터는 이전 화성 궤도 비행선들보다 더 많은 자료를 전송할 수 있을 것이다. 화성 표면의 고해상도 사진과 관측 자료를 전송하는 것은 물론 마스 익스플로레이션 로버들의 통신을 중계하고, 2008년 착륙 예정인 마스 피닉스 착륙선과 2012년 착륙 예정인 마스 사이언스 래브러토리 로버의 통신도 중계할 예정이었다. 마스 리커니슨스 오비터가 화성 궤도에 도달할 때는 이미 화성 궤도에서 탐사 활동을 하던 마스 글로벌 서베이어(일곱 달 후에 임무를 끝내는, 그리고 에어로브레이킹을 끝내고 원 궤도에 안착한 지 두 달이 된)와 마스 오디세이가 자체적으로 수집한 자료와 화성 표면에서 활동하고 있는 마스 익스플로레이션 로버들이 수집한 많은 자료들을

어려운 가운데 지구로 전송하고 있었다. 몇 년 안에는 마스 피닉스와 마스 사이언스 래브러토리가 화성 궤도에 합세하고 유럽우주국의 마스 익스프레스도 도움을 줄 것이다. 마스 리커니슨스 오비터의 대형 안테나와 큰 통신 용량은 앞으로의 화성 탐사에서 중요한 역할을 하게 될 것이다.

위   마스 리커니슨스 오비터 탐사선의 휘장.

마스 리커니슨스 오비터

프로젝트 형태	화성 궤도 비행선	임무 수행 기간	11년 이상	발사체	아틀라스 V 로켓
발사일	2005년 4월 12일	임무 종료	계속 진행 중	탐사선 질량	1031kg
도착일	2006년 3월 10일				

새로운 기술

그러나 마스 리커니슨스 오비터는 단순히 정보를 중계하는 일만 하지는 않을 것이다. 이 탐사선은 7억 2000만 달러나 되는 비교적 넉넉한 예산 덕분에 놀랍도록 진보된 새로운 탐사 장비를 갖추고 있었다. 화성 표면의 광물 지도를 완성하는 데 사용될 분석 장비는 화성용 소형 정찰 영상 분광계(CRISM)라고 부르며 화성 표면의 정밀 자료를 수집하는 데 사용될 것이다.

두 번째 분석 장비인 마스 클라이미트 사운더(MCS)는 화성 표면이 아니라 대기층을 5km 단위로 조사하도록 설계된 장비였다. 이뿐만 아니라 섈로 서브서페이스 레이더SHARAD라고 부르는 강력한 레이더로는 지하 800m까지 조사할 수 있으며 특히 극지방의 두꺼운 얼음층 조사에 사용될 것이다. 그러나 이런 장비들만큼이나 중요한 것이 카메라였다.

마스 리커니슨스 오비터에는 세 세트의 카메라가 실려 있었다. 마스 컬러 이미저(MARCI)는 매일 화성 전체를 촬영하여 시각적으로 기후 변화를 읽을 수 있게 할 광각 카메라였다. 광학 기술의 최고봉을 보여주는 하이 레절루션 이미징 사이언스 익스페리멘트(HiRISE)는 진정한 의미의 망원 카메라로 화성에 가져간 카메라 중에서 가장 컸다. 이 카메라 렌즈의 지름은 51cm나 되었으며 마스 글로벌 서베이어 탐사선에서 사용하던 카메라보다 해상도가 다섯 배나 높아 크기가 1m인 물체도 식별할 수 있었다. 이전의 화성 궤도 비행선들이 버스 크기 정도의 물체를 식별할 수 있었다면 HiRISE는 손수레보다 작은 물체도 식별할 수 있었다. 이 장비가 찍은 고해상도 사진들의 엄청난 정보를 전송하는 데도 마스 리커니슨스 오비터의 대형 안테나가 중요한 역할을 할 것이다.

콘텍스트 카메라(CTX)라고 부르는 세 번째 카메라는 여느 카메라와는 다른 특징을 가지고 있었다. MARCI와 HiRISE의 중간쯤인 해상도를 가진 이 광각 카메라는 HiRISE가 찍은 사진과 CRISM이 분석한 자료를 연결하여 연속적인 영상의 흐름을 만들어내는 데 사용될 것이다. 그렇게 하면 CRISM이 수집한 자료를 시각적으로 확인할 수 있을 것이다. 같은 지역을 동시에 근접 사진과 광각 사진으로 찍으면 그 효과는 대단할 것이다. 이 장비를 이용해 광각 사진에서 흥미 있어 보이는 물체가 근접 사진에선 어떻게 보이는지, 그리고 CRISM 분석에서 흥미 있어 보이는 자료를 나타내는 물체가 광각 사진과 근접 사진에서는 무엇을 뜻하는지를 동시에 검토해보면 중요한 많은 것을 발견하는 데 큰 도움이 될 것이다.

마스 리커니슨스 오비터는 2006년 3월에 화성 궤도에 도착했는데 역추진 로켓으로 속도를 늦추고 타원 궤도에 진입했다. 탐사선은 136kg의 연료를 가지고 갔는데 적어도 10년 동안 화성 궤도에서 탐사 작업을 할 수 있는 연료였다.

여섯 달 동안 에어로브레이킹을 끝낸 후 총 질량 1031kg의 과학 실험실은 탐사 활동을 시작했다. 마스 리커니슨스 오비터는 평균 고도 282km 상공에서 두 시간마다 한 바퀴씩 화성을 돌았다. 이 탐사선의 임무를 크게 보면 마스 익스플로레이션 로버와 마스 오디세이 오비터의 탐사 활동의 연장선상에서 고대 화성의 물이 있던 지역과 지하의 얼음을 조사하는 것이었다. 가장

맞은편 위 마스 리커니슨스 오비터의 HiRES 카메라가 2013년에 찍은, 최근에 만들어진 크레이터의 모습. 이 크레이터의 지름은 약 30.5m다. 검은 선들은 충돌로 인해 오래된 먼지가 날려가 만들어진 것이다.

맞은편 아래 아람 카오스 지역을 HiRISE 카메라로 찍은 사진. 물에 의해 형성된 점토와 황화철 광물이 많이 보인다.

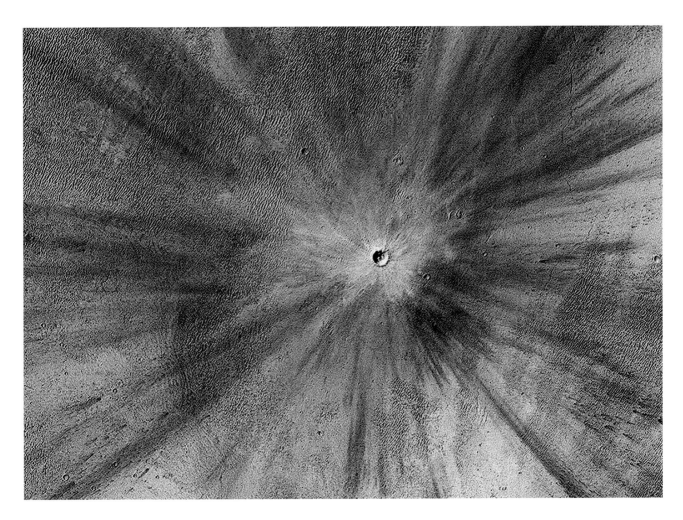

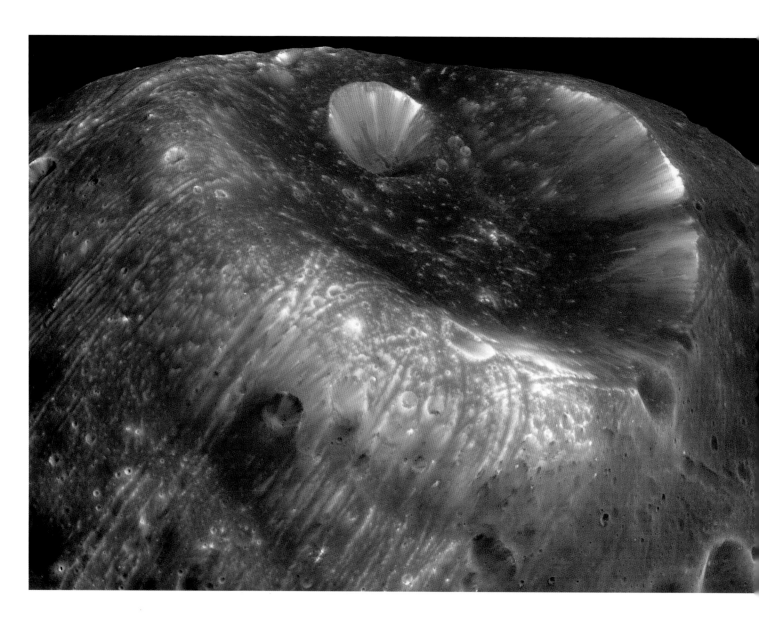

관심을 끄는 목표물은 물에 의해 형성된 광물, 고대 해안선, 고대 호수 바닥 그리고 퇴적층 같은 것이었다. 이와 같은 과학적 목표물들은 주로 바이킹 탐사선과 마스 글로벌 서베이어가 찍은 고해상도 사진을 조사하여 선정했다. 또 화성 표면에서 활동한 로버의 자료도 목표물 선정에 도움을 주었다. 그러나 세 카메라의 자료 수집 능력 덕분에 마스 리커니슨스 오비터가 조사한 지역의 수가 곧 이전에 조사한 지역 수의 열 배를 넘어서게 되었다.

화성 표면을 조사하는 임무 외에도 앞으로 화성 표면에 착륙할 착륙선들의 착륙 지점에 대한 지도도 자세하게 작성했다. 덕분에 탐사 임무 기획자들은 주변 지형을

바탕으로 중간 크기 암석들의 존재를 추정하는 것이 아니라 실제로 보고 확인할 수 있게 되었다. 3cm 정도 되는 중간 크기의 암석은 근 착륙선 전체를 망가뜨리지는 않지만 일부 기능을 못 쓰게 만들 수도 있었다. 마스 리커니슨스 오비터는 지질학적 보물들이 많은 지역에서 흥미 있는 작은 물체를 찾아 자세히 조사할 뛰어난 능력을 가지고 있었다.

2008년에 착륙한 마스 피닉스 랜더 계획이 완료되었을 때 첫 번째 착륙 지점을 HiRTSE로 조사하고 이곳에 많은 돌들이 널려 있다는 것을 발견했다. 마스 리커니슨스 오비터의 고해상도 카메라는 2003년에 화성 착륙을 시도하다 실패로 끝난 마스 익스프레스의 착륙선 비글

2호와 1999년에 화성에 충돌한 마스 폴라 랜더의 흔적을 찾아내는 데에도 성공했다. 화성 표면에서 활동하던 마스 익스플로레이션의 두 로버의 사진은 여러 번 찍었다. 마스 리커니슨스 오비터는 오퍼튜니티와 스피릿이 중요한 목표물을 향해 안전한 경로를 선택하는 데 도움을 주기도 했다.

가공할 만한 발견들

2006년 말에 MCS 대기 분석 장치가 말썽을 부리기 시작했지만 말썽을 피해가는 방법을 찾아내 어느 정도 성공을 거뒀다. 우주 공간의 환경은 탐사선과 탐사선의 전자 장비들에게 너무 혹독하다. 특히 방사선이 가장 큰 문제다. 고에너지 방사선으로 인해 HiRISE의 CCD에서 일부 픽셀이 망가지기도 했지만 이런 문제는 일찌감치 예상했던 것이다. 그런 문제들이 임무 수행에 큰 지장을 주지 않는 경미한 것이길 바랄 뿐이다.

2009년에 탐사선의 컴퓨터가 계속 재부팅을 시도할 때는 모두들 숨을 죽이고 지켜보아야 했다. 제트추진 연구소 엔지니어들은 탐사선을 안전 모드로 들어가도록 하고 넉 달 동안 임무 수행을 정지시켰다. 100가지가 넘는 문제의 원인을 분석했지만 원인이 명확하게 밝혀지지 않았다. 이전 탐사선의 경우처럼 큰 에너지를 가진 방사선이 디지털신호를 구성하는 1과 0을 바꿔놓아 프로그램이 망가진 것이 아닌가 의심되었다. 2010년에 다시 정상으로 돌아왔지만 그 후에도 컴퓨터를 세심하게 지켜보아야 했다.

마스 리커니슨스 오비터가 이루어낸 발견 항목을 나열하면 책 한 권이 되겠지만 요약하면 다음과 같다.

맞은편 화성의 위성인 포보스의 가장 큰 크레이터인 스티크니 사진. 6800km 떨어진 곳에서 MOR 카메라로 찍었다.

- 최근 운석 충돌로 만들어진 새로운 크레이터들의 발견. 그중 일부는 운석 충돌 때 지하에 있던 얼음이 튕겨져 나와 부근에 흩어졌다는 것을 보여준다. 얼음은 빠르게 사라졌지만 과학자들은 이 지역을 물 보유 지역 명단에 포함시킬 수 있었다.

- 여러 지역에서 염화물이나 소금 광물을 발견했다. 이 광물들은 오래전에 많은 광물을 포함하고 있던 물이 증발하면서 만들어진 것으로 보인다. 이것들은 지구의 소금을 많이 포함한 호숫가에서 발견할 수 있는 결정들과 같은 것이었다.

- CRISM 분석 장비를 이용하여 많은 지역에서 점토를 포함해 과거 물의 흔적을 나타내는 여러 가지 광물을 발견했다. 화성이 과거에 많은 물을 가지고 있었다는 것은 이제 더 이상 새로운 사실이 아니지만 넓은 분포 지역과 엄청난 양은 놀라운 것이었다. 마스 리커니슨스 오비터는 일부 물과 관련된 '실시간' 영상을 확보하기도 했다.

- 거대한 붉은 모래 버섯구름을 만든 여러 개의 산사태 사진을 찍었다. 세심한 준비 끝에 마스 피닉스와 큐리오시티 로버가 낙하산으로 화성 표면에 착륙하는 사진을 찍었다.

- HiRISE 카메라는 이전보다 훨씬 향상된 해상도로 화성의 위성인 포보스와 데이모스의 자세한 사진을 찍었다. 이 사진은 과학자들이 화성의 위성들을 지질학적으로 분석하거나 미래에 이 위성들의 탐사 계획에 도움을 줄 것이다. 어쩌면 인류가 화성에 착륙하는 것보다 먼저 이 위성들에 착륙할 가능성도 있다.

- 화성 표면을 가로지르는 모래 악마의 경로 추적을 포함하여 기후와 관련된 작은 변화들의 사진을 찍었다. 바람이 만들어낸 모래 소용돌이인 모래 악마

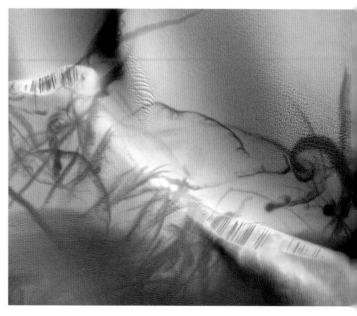

위 　2007년에 화성에서 바라본 지구와 달. 이때 탐사선은 지구로부터 1억 4200만 km 떨어진 화성 궤도를 돌고 있었다.

아래 좌측 　2009년에 찍은 사진으로, 화성의 언덕을 가로질러 생긴 모래 악마의 흔적을 보여주고 있다. 새로 생긴 이 흔적은 머지 않아 사라질 것이다.

아래 우측 　HiRISE 카메라가 2012년 8월 5일에 큐리오시티 로버가 겪은 7분 동안의 공포를 영상에 담았다. 마스 리커니슨스 오비터가 한 번뿐인 기회를 놓치지 않고 잡았다.

맞은편 　2014년에 찍은 이 사진을 분석한 과학자들은 팔리키르 크레이터라고 부르는 크레이터의 벽에서 최근에 물이 흐른 흔적을 발견했다. 이후 다른 곳에서도 비슷한 것이 발견되었다. 2015년에는 화성에서 액체 상태의 물을 발견했다는 소식이 많은 사람들의 관심을 끌었다.

는 19km 높이까지 이르기도 하고 때로는 모래 위에 멋진 흔적을 만들기도 한다. 이들이 발생하는 주기, 크기, 진행 방향과 같은 정보는 과학자들이 대기의 구조와 바람의 형태를 연구하는 데 큰 도움을 주었다.

- 아마도 가장 놀라운 발견은 2011년에 마스 리커니슨스 오비터가 언덕의 경사지에서 찍은 검은 줄무늬 사진일 것이다. 이 줄무늬는 여러 해 동안 연구되었다. 그리고 2015년에 NASA는 화성에서 액체 상태의 물이 발견되었다고 발표했다. 특수한 기후 조건 아래 소금을 많이 포함하는 액체가 절벽이나 캐니언 벽에서 흘러나와 부근의 토양을 조금 적신 것으로 보였다. 그러나 화성과 같이 메마른 행성에서 액체 상태의 물을 발견한 것은 놀라운 일이 아닐 수 없었다.

2015년 초끼지 마스 리기니슨스 오비터는 250테라바이트의 자료를 전송했다. 이는 과거의 화성 탐사선들이 보낸 모든 자료를 합한 것보다 많은 것으로, 이 자료를 모두 인쇄하면 140억 장이 될 것이다. 마스 리커니슨스 오비터는 화성 표면을 탐사하는 동안에도 전송 여건이 좋지 않아 즉시 보내지 못하는, 화성 표면에서 활동하고 있는 로버들이 수집한 자료들을 후에 지구로 전송하기 위해 저장하는 역할도 했다. 제트추진연구소가

화성에 보낸 다른 탐사선처럼 네 번째 활동 기간을 연장하며 10년째 탐사 활동을 벌이고 있는 마스 리커니슨스 오비터는 화성의 역사책을 새로운 이야기로 채우고 있다.

시각적 관측과 과학적 분석을 통해 화성 역사에는 세 개의 중요한 시기가 있었다는 것을 알게 되었다. 많은 크레이터들이 분포해 있는 가장 오래된 고원 지방은 물이 풍부했던 환경에 대한 많은 증거를 가지고 있다. 이는 로버의 탐사를 통해서도 확인되었다. 그다음은 물이

대기에서 중요한 역할을 하던 시기였다. 이 시기에는 물이 극지방의 얼음과 저고도의 얼음 그리고 눈을 통해 순환되었다. 그 후 메마른 대기와 적은 양의 이산화탄소 그리고 적은 양의 물 순환으로 대표되는 현대의 화성이 되었다.

마스 리커니슨스 오비터는 앞으로도 화성의 비밀을 밝혀낼 새로운 발견과 자료 수집을 계속할 것이다. 그리고 좀 더 안정적인 궤도로 이동하여 2020년대까지 계속 활동할 것으로 예상된다.

위 늦은 봄에 찍은 사진. 가까이 있는 크레이터 인근 지역이 고운 이산화탄소 서리로 덮여 있는 것이 보인다.

맞은편 아라비아 테라 지역에 있는 '고리 모양 층리'의 예. 언덕의 경사진 면에 나 있는 계단 모양 지형은 차례로 쌓인 연한 지층과 단단한 지층이 다른 비율로 풍화되어 만들어졌을 것으로 추정된다.

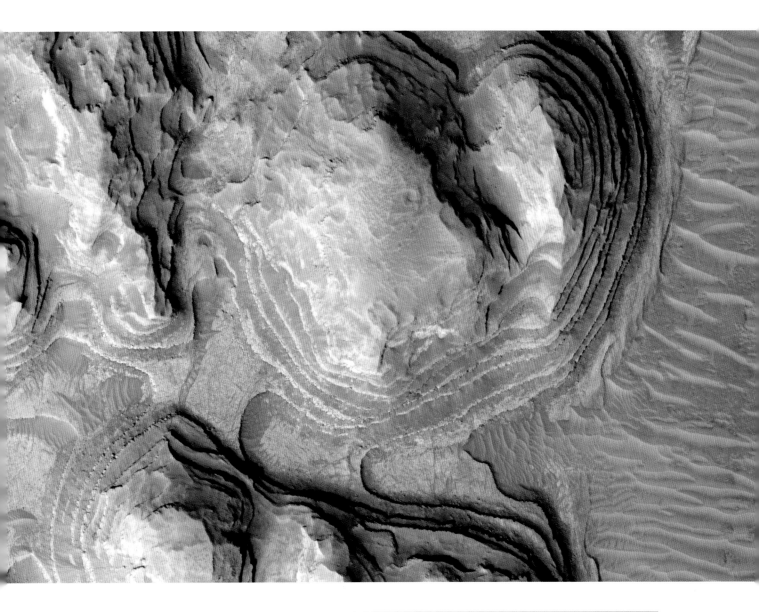

리처드 주렉
Richard Zurek
마스 리커니슨스 오비터 책임 과학자

"마스 리커니슨스 오비터와 같은 탐사선의 탐사 활동은 매리너 9호나 바이킹 탐사선의 궤도 비행선과 착륙선이 이룬 위대한 발견들을 바탕으로 하고 있다. 화성에 대한 많은 사실들이 계속 쌓여 이제는 화성의 역사를 많이 이해할 수 있는 데까지 왔다. 가장 인상적인 것 중 하나는 이상한 형태의 지형이 많이 발견된다는 것이다. 우리는 한때 물에 잠겼다가 마르면서 형성된 것으로 보이는 다각형의 지형들을 발견했다. 이것은 마치 지구에서 발견되는 물에 젖었던 진흙 밭이 마르면서 굳은 지형처럼 보였다. 다만 그 규모가 훨씬 클 뿐이었다.

나는 이것이 우리에게 다음 몇 가지를 시사한다고 생각한다. 첫째는 화성의 과거에 건조 작용이 진행된 시기가 있었다는 것이고, 두 번째는 화성의 지하에 아직도 얼음이 있다는 것이며, 세 번째는 특정 광물의 성분 분석을 통해 얼음이 존재하는 지역의 분포를 알 수 있다는 것이다. 이런 사실들을 종합하면 과거 화성은 물로 덮여 있었고, 물에 의한 상호작용이 활발하게 일어났다는 것을 알 수 있다. 이러한 상호작용은 표면의 성분을 변화시켰다. (……) 흥미로운 것은 광물의 종류에 따라 그 광물이 형성된 물 환경이 다르다는 것이다. 어떤 광물은 다른 광물보다 산성이 강한 물에서 형성된다. 내가 볼 때 이는 과거 화성에 생명체가 존재했을 가능성이 높다는 것을 보여준다. 그것은 매우 흥분되는 일이다."

얼음의 제국: 마스 피닉스 랜더

마스 피닉스 랜더 탐사선은 많은 새로운 기록을 남겼다. 화성의 극지방에 도달한 첫 번째 착륙선이자 대학에서 통제한 첫 번째 탐사선이었으며, 가장 놀라운 것은 처음으로 화성에서 물과 직접 접촉한 탐사선이었다. 마스 피닉스 랜더는 NASA의 또 다른 저예산 탐사 프로그램인 마스 스카우트 프로그램의 일부였다. 더 이상 "더 빨리, 더 좋게, 더 싸게"의 환상이 남아 있었던 것은 아니지만 4억 8500만 달러라는 예산의 한계 때문에 조금 기발한 아이디어를 생각해내야 했다.

마스 피닉스 랜더 탐사선은 기본적으로 1999년에 실패로 끝난 마스 폴라 랜더의 탐사 계획을 재현하여 스카우트 프로그램의 깃발 아래 추진한 것이었다. 마스 피닉스가 예산 한계보다 훨씬 낮은 비용으로 진행될 수 있었던 것은 이 프로그램에는 이전과 다른 통제 시스템과 운용 체계가 적용되었기 때문이다.

색다른 임무

일부 화성 탐사 계획은 한두 사람의 강력한 리더십에 의해 추진되는 경우가 많았다. (……) 예를 들면 매리너 4호는 로버트 레이턴(23쪽 참조)이 주도했고, 마스 익스플로레이션 로버 탐사선은 스티브 스퀘레스(122쪽 참조)가 주도했다. 마스 피닉스 랜더 탐사 계획은 애리조나 대학의 피터 스미스[Peter Smith]가 제안하여 승인받았다. 그는 1970년대에 NASA의 금성 탐사 프로그램에 참여했고, 마스 패스파인더와 마스 폴라 랜더의 카메라와 마스 리커니슨스 오비터의 HiRES 카메라 제작에도 관계했다. 따라서 스미스가 마스 피닉스 랜더의 탐사 계획을 제안했을 때 NASA가 이를 승인한 것은 자연스러운 일이었다. 착륙선의 책임 연구자가 된다는 것은 개인적으로 엄청난 기회였고, 몇 년 전에 마스 폴라 랜더의 실패로 잃어버린 과학적 손실을 회복할 수 있는 방법이었다.

선택된 착륙 지점은 극지방을 덮고 있는 극관 밖에서 가장 많은 물을 매장한 것으로 추정되는 그린 밸리에 있었다. 이 지역은 '북쪽의 황무지'로 번역될 수 있는 어울리지 않는 이름을 가진 바스티타스 보렐리아스 지역 안에 있었다. 이곳은 화성의 북반구 대부분을 차지하고 있는 평평한 북쪽 저지대의 일부였다.

마스 피닉스는 고대 화성 북쪽에 있었던 거대한 바다의 가장자리로 보이는 북극의 경계 부분에 착륙했다. 이 지역을 마스 피닉스 랜더의 착륙 지점으로 선택한 것은 토양 아래 있는 수소를 감마선 분광기로 분석한 마스 오디세이의 관측 자료가 많은 양의 얼음이 이 지역에서부터 북극 지역까지 분포해 있음을 보여주기 때문이었다.

마스 피닉스 랜더는 많은 화성 탐사선을 만들었던 록히드 마틴에서 제작했다. 그러나 경비 절감을 위해 장비의 설계와 제작은 직접 감독했다. 카메라는 애리조나 대학에서 제작했고, 다른 장비들은 전 세계 여러 대학들에

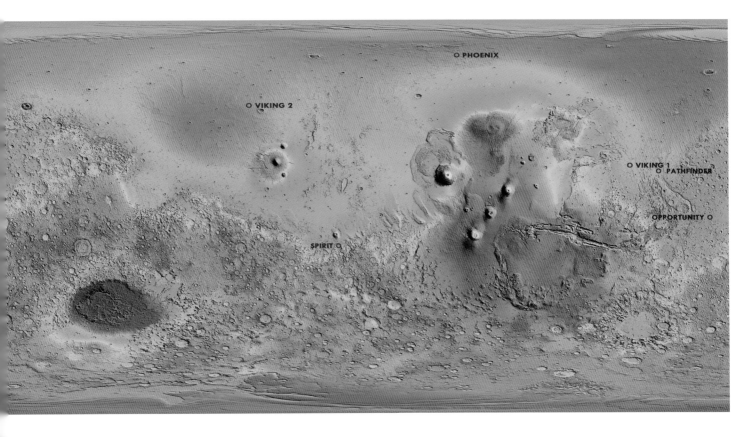

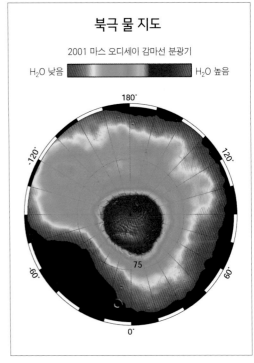

북극 물 지도

2001 마스 오디세이 감마선 분광기

H₂O 낮음   H₂O 높음

위   마스 피닉스는 위도가 약 60도인 북극 가까이 있는 그린 밸리 지역에 착륙했다.

아래 좌측   피닉스 랜더를 제작한 록히드 마틴의 기술자들이 에어로셀 안에 자리 잡은 탐사선에서 일하고 있다.

아래 우측   마스 오디세이 오비터가 보낸 이 사진은 왜 과학자들이 극지방 탐사에 그토록 많은 관심을 갖는지를 보여준다. 그곳에는 물이 언 얼음이, 그것도 대량으로 존재하는 것이 확실하다.

제작을 의뢰했다. 그리고 무엇보다도 여느 탐사 프로그램과 달랐던 것은 통제소였다. 마스 피닉스 랜더 통제소는 애리조나 대학 캠퍼스 안에 있었다. 임무를 수행하기에 적당한 작은 건물에 작업대와 랩톱 컴퓨터가 설치되었고, 착륙 이후 임무를 수행하는 데 필요한 통신선들이 연결되었다. 제트추진연구소는 마스 피닉스 랜더의 비행과 착륙을 담당하지만, 운영은 대학원생들이 하기로 했다.

표면 스테레오 영상 장치

기상 관측 스테이션

현미경, 전기화학, 전도도 분석 장치

화성 하강 영상 장치(아래)

로봇 팔 카메라

로봇 팔

열 및 방출 기체 분석기

우주 탐사에서 대학이 이런 일을 수행하는 것은 처음이었다. 이는 경비를 효과적으로 사용해 최대한의 결과를 만들어낼 수 있는 뛰어난 발상이었다.

마스 피닉스 랜더가 경비를 절감할 수 있었던 또 다른 요소는 활동 기간이었다. 피닉스 랜더의 예상 활동 기간도 다른 대부분의 화성 탐사선들과 마찬가지로 90일이었다. 그러나 다른 탐사선의 활동 기간이 한참 길어지면서 비용도 증가했던 것과 달리 마스 피닉스 랜더의 활동 기간은 연 단위로 연장되는 일은 없을 예정이었다. 피닉스 랜더는 화성의 북극 부근에 착륙하기 때문에 겨울의 혹독한 추위를 이기지 못하고, 겨울이 시작되면 임무가 종료될 것으로 예상했다. 결국 마스 피닉스 랜더도 활동 기간을 연장했지만 그 기간은 두 달을 조금 넘었을 뿐이다. 이는 충분히 예상한 일이었기 때문에 90일 이후의 하루하루는 보너스였다.

착륙선의 설계는 실패로 끝난 마스 폴라 랜더와, 발사도 하지 못한 마스 서베이어 2001의 설계를 바탕으로 했다. 세 개의 착륙용 발이 달린 평평한 플랫폼 측면에 접을 수 있는 원형 태양전지판 두 개와 내부 실험에 쓰

일 샘플을 채취할 로봇 팔 하나가 달려 있었다. 이 로봇 팔은 2.1m까지 늘일 수 있고, 토양을 40cm 깊이까지 팔 수 있었다. 마스 익스플로레이션 로버의 암석 마모기와 비슷하지만 좀 더 강하게 회전하는 암석 마모기는 표면 아래 있는 것에 접근하기 위해 얼음을 파고 들어갈 수 있었다.

장비에는 마스 패스파인더나 마스 익스플로레이션 로

위 작고 가벼운 마스 피닉스 랜더의 설계는 마스 폴라 랜더에서 물려받은 것으로, 2018년에 발사될 예정인 인사이트 랜더에서도 다시 사용될 예정이다.

아래 마스 피닉스 랜더의 착륙 지역은 지구의 영구 동토층에서 발견되는 지형처럼 열에 의한 팽창과 수축이 반복되어 만들어진 것이 확실한 다각형 지형으로 둘러싸여 있다.

마스 피닉스 랜더 프로젝트

프로젝트 형태	화성 착륙선	임무 수행 기간	90일	발사체	델타 II 로켓
발사일	2007년 8월 4일	임무 종료	2008년 11월 2일	탐사선 질량	349kg
도착일	2008년 5월 25일				

버가 사용했던 것과 비슷한 이중 카메라인 표면 스테레오 이미저(SSI)가 포함되어 있었다. 두 개의 현미경도 가져갔는데 하나는 광학현미경이고, 다른 하나는 먼지 입자 하나하나를 분석할 수 있는 원자력 현미경이었다. 그리고 탐사선 바닥에서 착륙 장면을 기록할 마스 디센트 이미저(MARDI)도 장비에 포함되어 있었다.

열 개량 기체 분석기(TEGA)는 토양 샘플을 982℃까지 천천히 가열하면서 성분을 분석할 수 있는 질량분석기와 고온의 열처리 장치를 갖춘 장비였다. 현미경, 전기화학 분석기, 전기전도도 분석기(MECA)를 갖추고 있는 '화학 실험실'은 마스 서베이어 2001 설계에서 가져온 것이다. MECA는 토양 샘플을 물과 섞어 화성 토양의 생물학적 활용도를 측정하는 네 개의 실험 공간을 갖추고 있었다.

로봇 팔 끝에 설치된 열 및 전기 전도도 측정기(TECP)는 화성 토양의 온도 및 습도와 함께 대기 중에 포함된 수증기의 압력도 측정할 수 있었다. 마지막으로 기상관측소(MET)는 추운 공기 안에 포함되어 있는 먼지의 양을 포함한 매일매일의 기상 관측 자료를 수집했다.

피닉스가 일어나다

마스 피닉스 랜더는 무게가 353kg밖에 안 되는 작은 탐사선으로, 2007년 8월에 발사되어 2008년 5월 말에 화성에 성공적으로 착륙했다. 당시 화성 궤도를 돌고 있던 NASA에서 보낸 마스 오디세이와 마스 리커니슨스 오비터 그리고 유럽우주국에서 보낸 마스 익스프레스와 같은 궤도 비행선들이 마스 피닉스 랜더의 착륙 과정을 지켜보았고, 필요한 경우 피닉스와 지구 사이의 통신을 중계했다. 이것은 지구와 피닉스 랜더 사이의 통신을 향상시켰을 뿐만 아니라 피닉스 랜더의 최종 착륙 지점을 정확히 알 수 있도록 했다.

리커니슨스 오비터의 운영자들은 피닉스가 낙하하는 장면을 포착하기 위해 많은 시간을 소비했다. 지구와 화성 사이의 통신 지연 때문에 쉬운 일이 아니었다. 그러나 그들은 피닉스 랜더가 표면 근처에서 낙하산을 펴고 낙하하는 모습을 찍는 데 성공했다. 이는 어디를 출발해 어디로 가고 있으며 일반적인 속도가 어느 정도라는 정보만을 가지고 눈을 감고 셔터를 눌러 고속도로를 달리고 있는 자동차의 사진을 찍는 것과 같았다. 그것은 감동적인 순간이었다.

손에 땀을 쥐게 하는 순간도 있었다. 이전의 화성 착륙선들은 모두 적도 부근에 착륙했다. 그러나 마스 피닉스는 북극 가까이 착륙했기 때문에 어려운 각도로 대기권에 진입해야 했다. 그리고 많은 예산으로 추진되었던 바이킹 이후 처음으로 대기 진입 단계부터 착륙할 때까지 역추진 로켓을 이용했다. 패스파인더와 마스 익스플로레이션 로버는 에어백을 이용해 바닥에 충돌한 후 구르다가 멈추도록 했다. 바이킹 이외에 로켓을 이용하여 표면 안착을 시도한 것은 마스 폴라 랜더가 유일했는데 그 결과가 어떻게 되었는지는 누구나 잘 알고 있었다(91쪽 참조).

많은 예산을 들인 착륙선이 엷은 화성 대기를 통과해서 달리자 압력이 상승했다. (……) 탐사선의 속도를 늦추기 위해 낙하산을 펼칠 시간이 가까워졌다. 그리고 지나갔다. 그러나 낙하산을 펼쳤다는 신호는 오지 않았다. 낙하선을 펼쳤다는 신호는 7초 후에 왔지만 수천만 km 떨어진 관제소의 사람들에게는 7초가 영원처럼 느껴졌다. 낙하산을 7초 늦게 펼치는 바람에 피닉스는 착륙 타원의 중심을 지나쳐 착륙 지역 가장자리에 멈춰 섰다. 그것은 성공적인 착륙이었지만 제트추진연구소로서는 만족할 수 없는 결과였다. 이번에도 위대한 은하 괴물(27쪽 참조)이 말썽을 부리려 했지만 피닉스는 겨우 그

손아귀를 벗어났던 모양이다. 그럼에도 성공적으로 착륙했고, 지구에서는 다시 한 번 환호성이 울렸다.

곧 태양전지가 제대로 설치되었고, 기상 관측 장비가 활동을 시작했으며 카메라는 주변 지역의 사진을 찍었다. 피닉스 랜더가 착륙한 지점의 풍경은 이전에 보던 것과는 달랐다. 흩어져 있는 암석들은 더 작았고, 표면은 거의 평평했다. 가장 눈에 띄게 다른 점은 지면에 많은 선들이 가로질러 나 있어 전체 지형이 커다란 다각형들로 덮여 있었다. 이 다각형의 크기는 1.8m에서 4.2m였고 계절적 온도 변화로 생긴 작은 고랑이 경계를 이루고 있었다. 토양이 수평으로 팽창과 수축을 반복하며 지구의 영구 동토 지역에서 발견되는 것과 같은 이상한 지형이 만들어진 것으로 보였다. 이 다각형 가장자리에 풍

화작용의 흔적이 없는 것으로 보아 최근에 만들어진 듯했다.

마스 리커니슨스 오비터가 지구에서 보낸 명령을 피닉스 랜더에 전달하기를 거부해 로봇 팔을 사용하는 것은 하루 지연되었다. 피닉스 랜더는 지구에서 명령을 받지 못할 때에 대비해 백업 프로그램을 준비해놓고 있었다. 하지만 이 프로그램이 작동하기 전에 마스 리커니슨스 오비터의 문제가 해결되어 명령이 전달되었다. 그리고 다음 날 로봇 팔이 활동을 시작했다.

로봇 팔이 작동을 시작하자 즉시 로봇 팔 끝에 달려

위　로봇 팔에 부착된 카메라로 착륙선 아래를 조사하자 더 많은 다각형이 발견되었다. 이것은 착륙선 로켓엔진이 뿜어낸 뜨거운 기체에 의해 표면에 노출된 물이 언 얼음이었다.

147

INSIDER'S VOICE

피터 스미스
Peter Smith
마스 피닉스 책임 연구원

"나는 화성의 생명체를 찾는 일에 많은 시간을 보냈다. 어디를 찾아야 할까? 어떻게 그곳에 갈 것인가? 무엇을 해야 할까? 내가 이런 생각을 하고 있는 동안 우리 학과 교수 중 한 사람이 마스 오디세이 오비터로 화성 북부 평원 아래에서 얼음을 찾아내는 것에 관한 논문을 발표했다. 그는 감마선과 중성자를 이용하여 지하 1m를 조사할 수 있었고, 표면 바로 아래 얼음층이 있다는 것을 확인했다."

"만약 우리가 그곳에 가서 얼음 그리고 그 얼음과 관련 있는 광물과 화학물질의 역사를 이해할 수 있다면 그것은 대단한 탐사가 될 것

이라고 생각했다. 이 지역은 지구 위에 있는 영구 동토층이나 남극에서 발견할 수 있는 지역과 같을까? 지구의 영구 동토층은 깊은 곳까지 얼어 있고, 물질들이 보존되어 있는 곳이다. 지구의 남극과 북극 부근에 있는 영구 동토층에서는 수백만 년 전 생명체의 증거를 발견할 수 있다."

"나는 화성에서도 이런 일이 가능하며 따라서 그런 곳을 탐사해야 한다고 생각했다. 우리는 화성 북부 평원의 영구 동토층 탐사를 이번 탐사의 주된 목표로 삼았다."

있는 카메라로 착륙선 아랫부분을 찍은 놀라운 사진이 전송되었다. 착륙 로켓 아래에는 흰색 다각형 도로 표지처럼 보이는 넓은 흰색 판이 보였다. 흰색 판의 크기는 30cm 정도였다. 이 흰색 판은 착륙 로켓이 표면의 토양과 먼지를 날려 보내 겉으로 드러난 판상의 얼음과 관련된 구조로 생각되었다. 착륙선 주변에서는 이런 구조가 수백 개나 더 발견되었다.

며칠 동안 토양에 압력을 가해 토양의 단단한 정도를 알아보는 것과 같은 시험을 거친 후에 로봇 팔이 얼어붙은 땅의 고랑을 파기 시작했다. 로봇 팔에 달려 있는 국자 형태의 도구로 처음 판 고랑은 도도라고 불렀다. 그리고 이 고랑은 곧 골디락스라고 부른 평행한 고랑들과 연결되었다. 고랑 사진을 본 과학자들은 단단한 흰색 물체에 부딪혔다는 것을 알아차렸다. 물체 표면을 덮고 있던 흙을 쓸어내자 모두 소리를 질렀다. "헤이, 이거 얼음 아니야!" 그러나 화성 탐사는 그처럼 단순하게 진행되지 않는다. 흥분 속에서도 연구팀은 그들이 보고 있는 것이 물이 언 얼음이라고 단정하지 않도록 주의했다. 그들은 고랑에서 눈을 떼지 않았다. 며칠 후 흰색 덩어리

는 사라졌다. 이로써 얼음이었던 것이 확실해졌다. 얼음이 증발했던 것이다. 좀 더 정확히 말하면 낮은 대기압으로 승화해버린 것이다. 사라지는 데 상당한 시간이 걸린 것으로 보아 물이 언 얼음이었다. 드라이아이스(CO_2로 이루어진)는 훨씬 더 빠르게 승화한다.

분석을 위해 토양 샘플이 착륙선 안의 화학분석실로 전달되었다. 토양은 덩어리를 이루고 있어 채집 구멍을 덮은 스크린을 통과하지 못했다. 몇 번 시도했지만 계속 실패했다. 그러나 과학자들은 표본 채집 용기를 흔들어 스크린을 통과시켜 시험용 용기에 집어 넣었다.

부근에 있는 토양 샘플의 분석 결과에 의하면, 토양은 약한 알칼리성을 띠고 있었다. 그리고 바이킹의 탐사 이후 추정해왔던 과염소산염이 토양 속에 포함되어 있다는 것이 확인되었다. 그런데 문제가 생겼다. TEGA에서 합선이 발생한 것이다. 그로 인해 즉시 장비를 못 쓰게 된 것은 아니었다.

맞은편 착륙 지점 북동쪽을 찍은 이 사진은 북극에 가까운 이곳 지형과 다른 착륙선이 본 암석이 많은 풍경의 차이를 잘 보여주고 있다.

엔지니어들은 TEGA를 덮고 있던 문이 열려 있는 동안에는 이런 일이 다시 발생하지 않을 것이라고 판단했다. 따라서 NASA는 지름길을 택하기로 했다. 그들은 더 많은 샘플을 심도 있게 분석할 예정이었다. 그러나 TEGA에 문제가 있다면 바로 물을 위한 실험을 하는 것이 좋았다. 다가오고 있는 겨울 추위를 감안하면 탐사 활동은 이미 반을 넘어서고 있었다.

얼음 샘플을 모으는 일은 생각보다 어려웠다. 조사하고 싶어 했던 얼음은 바위처럼 단단했다. 하지만 몇 주 안에 과학자들은 얼음 샘플을 채취하는 데 성공했다. 그리고 샘플 채집 장비를 통과하는 드라마를 재연한 후, 얼음 샘플이 TEGA 안으로 보내졌다.

오래지 않아 분석 결과가 나왔다. 토양에 물이 포함되어 있었다. 탐사 활동을 시작한 지 두 달이 조금 지난 시점에 NASA는 피닉스가 처음으로 과거가 아니라 현재의 화성에서 물을 발견했다고 발표했다. 얼음을 발견한 것 이외에도 토양 샘플에서 과거 물의 흐름을 보여주는 탄산칼슘을 비롯한 많은 화학물질을 발견하여 고대 액체 상태의 물이 존재했던 지역을 고위도까지 확장했다.

겨울이 되자 주위 환경은 예상했던 대로 변했고, 온도는 급하게 내려갔다. 그러나 9월 말 어느 날 놀라운 일이 벌어졌다. 탐사선 위쪽 하늘에서 물이 얼어 만들어진 눈이 발견된 것이다. 겨울이 다가오고 있다는 최초의, 그리고 확실한 징후였다. 바람의 평균속도는 35km/h였고, 최고 속도는 64km/h였다. -18℃까지 올라갔던 온도는 -97℃까지 곤두박질쳤다.

안녕, 피닉스!

가능한 한 서둘러 나머지 연구 과제를 시작했다. 그러나 추위로 인해 태양전지가 약한 태양 빛을 모아 충전하는 것보다 더 빠른 속도로 전지가 소모되었다. 탐사 활동을 시작하고 115일째 되는 날, 피닉스는 조용해졌다. 몇 주 동안 통신을 재개하려고 시도했지만 대부분의 엔지니어들은 비관적이었다. 착륙선은 극지방에서 겨울을 날 수 있도록 설계되어 있지 않았다.

다음 해 봄에 마스 리커니슨스 오비터가 피닉스의 사진을 찍었다. 태양전지판 중 하나가 망가진 것이 확실했다. 아마도 위에 쌓인 얼음의 무게를 견디지 못하고 붕괴된 것으로 보였다. 피닉스 랜더와의 통신은 끝내 재개되지 못했다.

짧은 표면 탐사 활동에도 불구하고 피닉스는 대단한 성공을 거두었다. 피닉스는 극지방에 착륙한 첫 착륙선이었으며, 바이킹 이후 처음으로 로켓을 이용하여 착륙한 탐사선이었다. 얼어 있는 상태였지만 화성에서 물을 찾아낸 것은 처음이었으며 대학에서 운영한 첫 번째 탐사선이었다. 이전의 패스파인더와 마찬가지로 피닉스 랜더는 적은 비용으로 커다란 성과를 달성했다.

과학자 팀이 피닉스가 수집한 자료를 조사하는 동안 죽어버린 피닉스 랜더의 태양전지판 위에 얼음이 얼고 있었다. 그러나 제트추진연구소의 관심은 이미 새롭고 특별한 탐사선에 쏠려 있었다. 완성되어가고 있던 마스 사이언스 래브러토리는 또 다른 역사를 만들 것이다.

맞은편 위 좌측 고랑을 파자 물이 언 얼음으로 보이는 조각들이 나타났다. 과학자들은 이것이 천천히 사라지는 것으로 보아 드라이아이스가 아니라 물이 언 얼음이라는 것을 확인했다.

맞은편 위 우측 이 사진은 착륙 79일 후 오전 6시에 찍었다. 탐사 활동은 겨우 반이 넘었지만 밤사이 땅 위에 서리가 내렸다.

맞은편 아래 마스 피닉스 랜더가 로봇 팔을 이용해 샘플 채취를 준비하고 있다. 둥근 우산 모양으로 펼친 태양전지판이 좌측 아래 보인다.

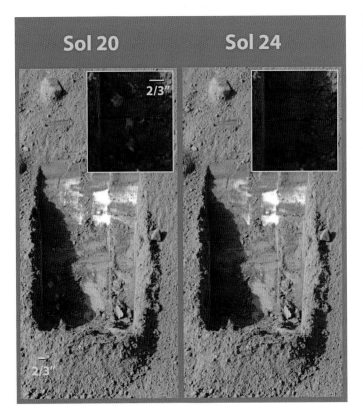

Sol 20 **Sol 24**

2/3"

2/3"

7분 동안의 공포:
마스 사이언스 래브러토리

───────────◆───────────

1970년대에 실시된 바이킹 탐사 프로젝트 이후 이 정도 규모의 화성 탐사 프로젝트를 준비한 적이 없었다. 후에 큐리오시티라고 부르는 마스 사이언스 래브러토리는 훨씬 크고 복잡한 탐사 프로젝트였다. 또한 그때까지 화성에서 실시한 탐사 활동 중 가장 대담한 것이었다. 이전에 실시했던 로버나 궤도 비행선으로부터 배운 모든 것을 결합하여 최고의 탐사 장비를 갖췄으며 그중에는 자동차 한 대 크기의 로버에 두 개의 실험실을 가득 채울 정도의 탐사 장비도 있었다.

통계 자료를 보면 마스 사이언스 래브러토리를 알 수 있다.

마스 사이언스 래브러토리		
무게	907kg	마스 익스플로레이션 로버 스피릿과 오퍼튜니티는 각각 181kg.
장비 무게	125kg	스피릿과 오퍼튜니티는 각각 7kg.
길이	3m	스피릿과 오퍼튜니티는 1.5m.
등반 능력	90cm 높이의 장애물	스피릿과 오퍼튜니티는 45cm의 장애물.
전력 공급	계속해서 전력 공급 가능한 핵연료 플루토늄 238	스피릿과 오퍼튜니티는 낮에만 전력을 공급하는 태양전지 사용.
단열판	지름 4.5m	3.9m가 안 되는 아폴로 사령선의 단열판보다 크다.
예산	기본적인 탐사 활동에 25억 달러	마스 익스플롤레이션 로버의 예산은 약 8억 2000만 달러.

하이테크놀로지가 화성으로 가다

이 새로운 탐사선에는 무거운 질량과 큰 숫자들 외에 다른 무엇이 있었다. 큐리오시티 로버는 마스 익스플로레이션 로버를 확장한 것처럼 보이지만 훨씬 더 복잡한 기능을 가진 로버였다. 바퀴 위에 설치된 화학 및 지질학 실험실과 같았던 큐리오시티의 장비는 바이킹이나 마스 피닉스 랜더처럼 샘플을 섭취하여 화학 성분을 분석하고, 각 원소의 동위원소까지 분석해낼 수 있었다. 이런 분석의 기본 목표는 화성의 암석이나 토양에 포함되어 있는 유기물질을 찾는 것이었다. 유기물은 과거나 현재의 화성 생명체의 존재를 암시할 수 있으며, 적어도 생명체에게 유리한 환경을 확인할 수 있게 해주었다. 생명체 자체를 찾아내 확인할 수 있는 장비는 가지고 있지 않았지만 유기물만으로도 생명체 존재에 대한 단서를 얻을 수 있을 것이다. 큐리오시티는 과거와 현재의 조건을 조사하는 탐사의 주된 목적을 훌륭히 수행할 모든 장비를 갖추고 있었다.

큐리오시티 로버의 탐사 장비는 예전에 사용하던 장비와 비슷해 보였지만 기능이 훨씬 향상된 것이었다.

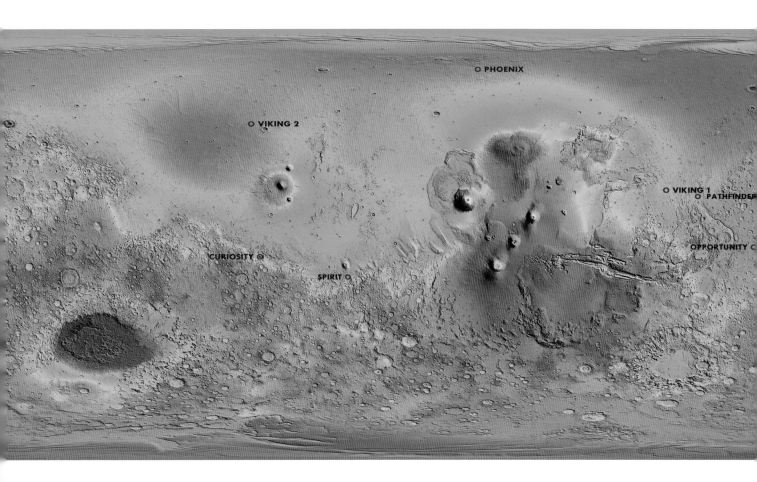

맨 위 큐리오시티는 화성 고원과 현무암 평원의 경계 부근에 있는 크레이터 안에 착륙했다.

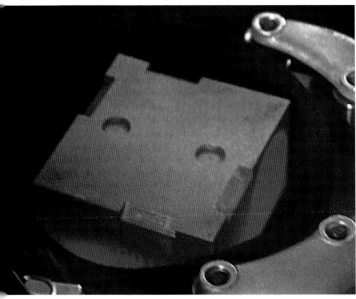

아래 좌측 붉은색으로 보이는 뜨거운 플루토늄 238이 큐리오시티의 연료다. 이 플루토늄 동위원소는 반감기가 88년이지만 14년이 지나면 다른 문제로 전력 공급이 원활치 못하다.

아래 우측 레이저로 작동하는 분광기인 켐캠(위)과 아래 있는 흰색 상 안에 보이는 작은 렌즈들로 이루어진 마스트캠이 설치된 큐리오시티의 카메라 마스트.

앞쪽 마스트에는 정지 화면과 3D 동영상을 찍을 수 있는 고해상도 마스트 카메라가 설치되었다. 광각 카메라와 망원 카메라도 갖추고 있었다. 마스트에는 로봇 팔이 닿지 않는 6m 떨어진 곳의 목표물에 레이저를 발사하여 목표물을 가열하고 이때 발생하는 빛을 분석할 수 있는 망원 분광기인 케미스트리 앤드 카메라 콤플렉스(ChemCam)도 설치되었다. 이 카메라는 레이저로 가

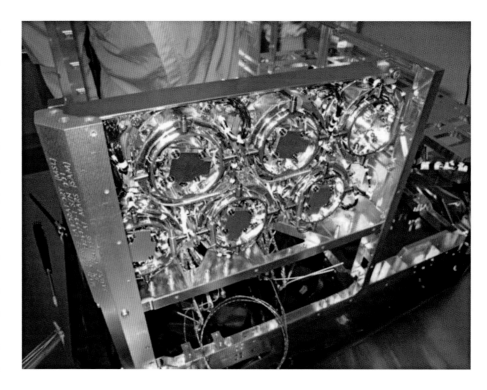

열할 때 발생하는 얇은 암석 증기가 내는 빛을 분석하여 암석의 성분을 알아낼 수 있었다. 마지막으로 내브캠(NavCam)이라고 부르는 운행에 이용되는 두 개의 흑백 카메라와 기상 정보를 수집하는 데 사용되는 로버 인바이론먼트 모니터링 시스템(REMS)도 마스트에 설치되었다.

마스 익스플로레이션 로버들처럼 로봇 팔은 앞쪽으로 확장할 수 있었다. 로봇 팔 끝에는 다음과 같은 탐사 장비들이 설치되어 있었다.

- **마스 핸드 렌즈 이미저**(MAHLI): 이 카메라는 암석이나 토양의 입자를 볼 수 있도록 마이크로미터 수준의 사진을 찍을 수 있었다.
- **알파 엑스선 분광기**(APXS): 이전 모든 로버들이 사용했던 분석 장비를 개량한 장비.
- **암석 세척 브러시, 새로운 충격 드릴**: 가루로 만든 암석 샘플을 착륙선 실험실로 전달하는 데 사용되는 장비.

로버의 몸체에는 로버 아래 표면 근처에 있는 물을 측정하는 중성자 다이내믹 알벨도(DAN) 그리고 주변 환경에서 나오는 방사선을 계속 측정하는 래디에이션 어세스먼트 디텍터(RAD)가 설치되어 있었다. 그러나 진정한 마술은 로버 안쪽에서 펼쳐지고 있었다. 로봇 팔로 수집한 샘플을 두 장비 중 하나로 전달하는 여닫는 뚜껑이 달린 통로에 설치된 두 장비는 다음과 같다.

- **화학적 광물 실험실**(heMin): 암석과 토양 샘플을 통과시켜 엑스선으로 디퓨전 패턴을 만들어 분석하여 샘플이 어떤 광물로 이루어져 있는지 알아낸다.
- **화성 샘플 분석실**(SAM): 생명체나 생명 물질의 원료가 되는 유기물을 찾아낼 수 있는 질량 분석기, 기체 크로마토그래프, 레이저 분광기가 설치되어 있었다.

위 화성 표면 분석기(SAM)는 전자 오븐 크기에 분석 장비를 가득 설치한 혁신적인 장비였다.

로버 주변에는 더 많은 흑백 카메라가 설치되어 있었다. 해즈캠이라고도 부르는, 위험을 피해가는 데 쓰일 이 카메라들은 큐리오시티가 장애물에 부딪히지 않고 운행하는 것을 도와줄 것이다. 로버에 아래 방향으로 설치된 카메라는 로버 아래를 계속 촬영하여 착륙 지점을 정확히 찾아내고 근처 지형에서 지질학자들이 흥미 있어 할 목표물을 찾는 데 사용될 것이다.

큐리오시티의 힘

이제부터는 마스 사이언스 래브러토리의 로버를 큐리오시티라고 부르기로 하자. 큐리오시티는 길고 힘든 임신 기간을 거친 후에 탄생했다. 모든 것이 예상했던 것보다 힘들었다. 경비 일부를 분담하기는 했지만 다른 나라가 프로젝트에 참여하면서 프로젝트가 지연되고 의사소통에 문제가 발생했다. 그리고 스케줄을 지연시키고 많은 예산을 소모하는 또 하나의 기술적 문제가 있었다. 바로 착륙과 관련된 것이었다.

최근 보낸 착륙선들은 화성에 도착하면 바로 궤도에 들어가지 않고, 착륙 지점을 선정한 다음 준비가 되었을 때 하강했다. 큐리오시티와 같은 무거운 탐사선이 속도를 줄여 화성 궤도로 들어가는 데 사용될 연료까지 가져간다면 발사 자체가 불가능할 것이다. 그리고 이미 우리는 매일 화성을 돌고 있는 마스 리커니슨스 오비터가 있으며 아래에 무엇이 있는지 알고 있었다. 따라서 더 좋은 방법은 6개월이나 7개월 후에 화성이 있을 위치를 향해 탐사선을 발사하는 것이었다. 화성에 가까이 다가가면서 정확한 착륙 지점을 정하고, 화성의 엷은 대기층으로 뛰어들어 착륙 지점으로 향하는 것이었다. 그들이 이 과정을 공포의 7분이라고 부른 것은 이해되는 일이다. 큐리오시티 팀이 해내야 할 일은 907kg이나 되는 로버를 빠르게 감속시켜 걸어가는 속도로 화성 표면

에 안착시키는 방법을 찾아내는 것이었다. 지구 중력의 38%밖에 안 되는 화성의 작은 중력이 도움이 되기는 하겠지만 대기는 그다지 도움이 되지 못했다. 화성의 대기는 마찰에 의해 많은 열을 발생하기에 충분했고, 착륙선이 경로에서 벗어나기에 충분할 정도로 두꺼웠지만 엔지니어들이 원하는 만큼 탐사선을 감속시키기에는 너무 엷었다.

패스파인더와 마스 익스플로레이션 로버들의 성공적인 화성 착륙으로 인해 에어백으로 착륙하는 방법이 가장 먼저 고려되었다. 그러나 새로운 로버는 너무 무거웠을 뿐만 아니라 이 방법을 사용하여 착륙하기에는 너무 정밀하고 민감한 장비들을 많이 싣고 있었다. 그렇다면 어떤 착륙 방법이 있을까? 907kg이나 되는 큐리오시티는 635kg이던 바이킹 착륙선보다 무거웠지만 착륙용 로켓과 착륙용 다리를 사용하면 안전한 착륙이 가능하지 않을까? 그러나 이 방법으로 착륙하기 위해서는 탐사선의 무게를 더 무겁게 할 착륙 스테이지를 필요로 했다. 그리고 착륙한 후에 로버가 화성 표면으로 가려면 스테이지를 내려가야 한다는 문제가 뒤따랐다. 큐리오시티처럼 무거운 로버에게는 매우 위험한 일이 될 수도 있었다.

엔지니어들이 많은 기발한 아이디어를 제안했다. (……) 다른 설계들과 함께 착륙한 후에 거대한 맥주 캔처럼 부서질 수 있는 착륙 스테이지도 검토되었다. 그러나 크고 무거운 로버가 올라가 있는 착륙 스테이지는 스테이지의 자체 무게 때문에 또 다른 문제가 발생한다. 대부분의 질량이 위에 있으면 빗자루 위에 볼링공을 얹어놓은 것처럼 균형을 잡지 못하고 넘어져 사고를 일으킬 것이다.

화성 표면과 관련된 문제도 있었다. 화성 표면은 암석으로 덮여 있어 착륙선이 암석 위에 착륙하는 경우에 대

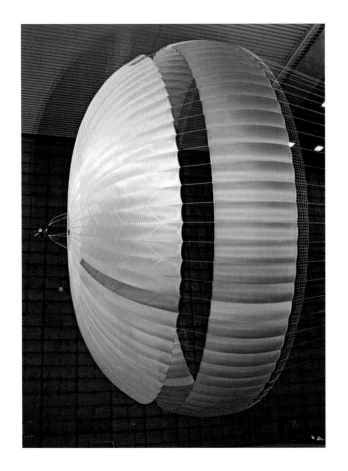

비해야 한다. 착륙선이 작은 암석 위에 내려앉는 것을 피할 방법이 없으며 그렇다고 표면을 쓸어버릴 로켓엔진을 사용할 수도 없었다. 분석에 사용될 화성 토양에 영향을 주는 것은 가장 피해야 할 일이었다. 또한 즉시 로버를 운행할 수 있어야 했다. 커다란 착륙 스테이지와 로버가 표면으로 내려가는 데 사용한 램프를 치우는 일에 귀중한 시간을 낭비할 수는 없었다.

결국 프로젝트를 책임진 과학자들은 처음부터 다시 시작했다. 과거 경험으로부터 남겨진 유산은 바이킹 탐사선에서 사용된 커다란 단열재와 역추진 로켓, 모든 착륙선에서 사용된 커다란 낙하산이 있었다. 그러나 아무도 이렇게 큰 단열판을 만든 적이 없었다. 바이킹을 만드는 데 사용된 노하우는 오래전에 사라졌다. 그리고 초음속에서 큐리오시티처럼 무거운 탐사선을 감속시키는 데 사용될 찢어지지 않는 거대한 낙하산을 만드는 것도

어려운 문제였다. 한마디로 말해 이번 프로젝트는 악몽이었다.

착륙 스테이지를 사용하지 않는 다양한 방법도 제안되었다.

로버의 바퀴와 다리를 이용하여 착륙하는 것은 어떨까? 로버의 다리와 바퀴는 강했고, 암석에도 견딜 수 있었으며, 이미 아래쪽에 부착되어 있었다. 로버가 무겁기 때문에 로켓을 위쪽에 두고 로버가 로켓에 매달리도록 하면 균형을 잡는 문제도 해결할 수 있었다. 하지만 로켓이 표면을 태우거나 오염시키는 문제가 남아 있었다. 스카이 크레인sky crane의 개념이 탄생한 것은 그때였다.

마지막으로 선택된 설계는 다음과 같이 작동했다. 로버는 다른 착륙선들처럼 보호 에어로셸 안에서 화성 대기에 진입한다. 그런 다음 화성 대기를 통과하면서 속도를 줄여 정해진 시점에서 작지만 무거운 '균형추'를 방

출해 무게중심을 바꿔 적당한 방향을 유지하도록 한다.

계속해서 커다란 초음속 낙하산이 펼쳐져 낙하산의 속도를 더 감속시킨다. 속도가 충분히 감속되면 낙하산을 분리하고 단열판을 낙하시킨다. 그리고 더 많은 로켓을 점화하여 큐리오시티를 거의 공중에 떠 있을 정도로 감속한다. 그 뒤에는 로켓에서 윈치를 이용하여 네 개의 나일론 줄을 풀어 로버를 아래로 내린다. 로버가 표면에 도착했다는 신호를 보내면 줄을 끊고 공중에 떠 있던 로켓은 다른 곳으로 날아가 먼 곳에 충돌하도록 한다. 이렇게 하면 로버가 바퀴를 땅에 대고 똑바로 서서 운행할 수 있는 상태로 착륙할 수 있을 것이다.

이륙…… 그리고 착륙?

패스파인더의 파격적인 착륙 방법과 마찬가지로 스카이 크레인 착륙 방법도 쉬운 방법이 아니었다. 그러나 무거운 로버를 화성 표면에 안전하게 착륙시키는 방법

중 가장 덜 복잡했다. 그들은 로켓과 낙하산을 설계하고 제작해 시험했으며 4.5m 너비의 무거운 단열판을 만들었다. 모든 요소들이 자체적인 문제를 안고 있었다. 그러나 하나씩 해결해 드디어 큐리오시티가 완성되었다. ……거의.

화성 표면에 착륙하는 모든 것은 화성 표면과 로버 안에 들어 있는 민감한 부품이 지구 세균에 오염되는 사태를 막기 위해 멸균 작업을 해야 한다.

최초의 행성 착륙선이었던 바이킹 프로젝트에 들어간 예산의 10분의 1은 오염 방지를 위한 멸균 작업에 쓰였다. 그러나 큐리오시티에는 그런 엄격한 기준이 적용되지 않았다. 하지만 멸균 작업은 아직도 복잡한 과정이었다. 로버에는 많은 민감한 장비들이 포함되어 있었다. 프로젝트 기획자들은 세척 작업이 지나치거나 장비를 손상시키지 않도록 조심해야 했다.

여러 해 동안의 시험, 재설계 등을 거친 후 큐리오시

맞은편 좌측　큐리오시티의 낙하산은 NASA의 에임스 리서치 센터의 풍동 (Centerwind tunnel)에서 시험을 마쳤다. 이것은 화성에서 사용된 가장 큰 낙하산이며, 초음속으로 달리는 탐사선에서 펼쳐진다.

맞은편 우측　스카이 크레인은 큐리오시티를 위해 개발한 새로운 착륙 시스템의 이름이다. 큐리오시티 로버는 예전에 사용했던 방법을 사용하기에는 너무 무거웠다. 따라서 낙하산, 로켓 그리고 윈치를 적절히 조합하여 로버를 안전하게 착륙시켰다.

좌측　긴장이 감돌던 공포의 7분이 지난 후 비행 통제사들이 큐리오시티의 착륙을 축하하고 있다.

우측　마스 사이언스 래브러토리는 2011년 11월 26일 아틀라스 V 로켓에 실려 지구를 떠났다. 이 프로젝트는 예정보다 이미 2년이 지나 있었다.

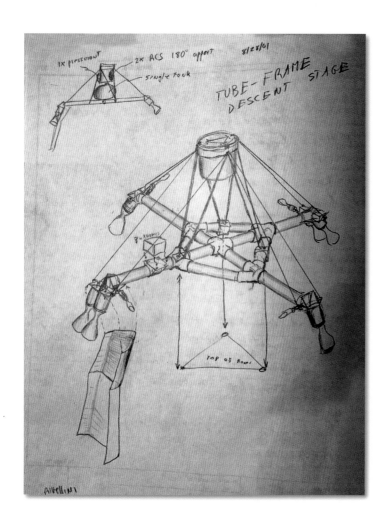

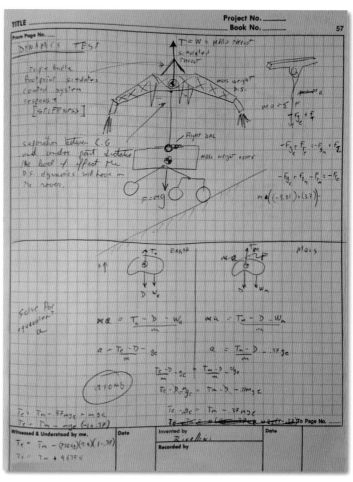

INSIDER'S VOICE

톰 리벨리니
Tom Rivellini

EDL 하드웨어를 책임진
기계공학 엔지니어

큐리오시티의 착륙 시스템 설계를 최종 결정하는 단계에 난상 토론이 벌어졌다. 이상해 보이는 아이디어를 포함해 모든 아이디어가 검토되었다. "우리는 무거운 로버를 화성에 착륙시키는 방법에 대한 모든 아이디어를 검토하느라 3일 동안 토론을 벌였다. 미구엘 산마틴 Miguell Sanmartin은 자기 팀이 마스 익스플로레이션 로버를 제어하면서 배운 교훈을 적용하기를 원했다. 난상 토론에서 좀 더 단순한 방법을 생각해내려고 애썼던 우리는 미구엘이 제안한 로켓에서 줄을 이용해 로버의 바퀴로 착륙하는 방법으로 돌아왔다. 우리가 화이트보드에 우리의 생각을 그림을 그려 설명했을 때 사람들이 말도 안 된다고 웃었던 것을 아직도 기억하고 있다. 그들은 이 대담한 제안을 농담 정도로 취급했지만 차츰 이 아이디어를 좋아하기 시작했다. 그것도 많이. 이 방법은 우리가 해결하려 했던 모든 문제를 해결해줄 것이다. 이 아이디어가 제대로 작동하기만 한다면……. 제대로 작동하는지는 직접 시험을 통해 확인하는 수밖에 없었다. 우리는 화이트보드 밖에서도 이 아이디어가 작동하는지 알고 싶었다. 놀랍게도 모든 분석은 스카이 크레인이 정신 나간 생각이 아닐 뿐만 아니라 생각했던 것보다 훨씬 좋은 아이디어라는 것을 보여주었다. 우리가 해낸 것이다!"

티는 마침내 발사 준비를 마쳤다. 2011년 11월 26일, 큐리오시티가 미국에서 가장 큰 아틀라스 V 로켓에 실려 케이프 캐너벌을 이륙해 화성으로 향했다.

지구를 떠난 지 8개월이 조금 더 지난 2012년 8월 5일에 큐리오시티는 화성에 도착했다. 다른 착륙선들과 마찬가지로 긴 통신 지연으로 인해 큐리오시티도 자체적으로 착륙을 시도해야 했다. 화성 착륙은 항상 긴장되는 일이었지만 이번 경우는 긴장감이 훨씬 컸다. 큐리오시티의 커다란 크기와 복잡한 장비들, 새로운 착륙 방법, 단 하나의 탐사선만 간다는 사실 등이 긴장감을 더해주었다. 미국은 물론 전 세계의 엄청난 관중들이 공포의 7분을 지켜보기 위해 텔레비전 앞으로 몰려들었다. 수백 명의 기자들은 제트추진연구소 미디어 센터에 설치된 대형 스크린 앞에 진을 쳤다. 그리고 착륙과 관련된 선택된 소수와 귀빈들은 제트추진연구소의 통제 센터에 자리 잡았다.

화성 상공 125km에서 화성의 대기 상층부를 통과한 탐사선은 봉우리들과 크레이터 벽으로 둘러싸인 크레이터 한가운데 있는 19km 길이의 착륙 목표 지역으로 향했다(마스 익스플로레이션 로버의 착륙 지역은 길이가 154km였다). 단열판이 2093℃의 열을 흡수했다. 제트엔진은 2만 921km/h의 속도에서 1609km/h의 속도까지 감속하는 동안 탐사선의 자세를 유지했다. 그동안 보호 에어로셸 안의 온도는 10℃로 유지되었다.

곧이어 텅스텐으로 만든 균형추가 조심스럽게 계산된 시간에 맞춰 방출되어 탐사선이 얇은 화성 대기를 활강하면서 좀 더 속도를 줄일 수 있도록 각도를 조정했다. 11km 상공에서 낙하산이 펴지고 단열판을 투하했다. 낙하산은 1.6km 상공에서 분리되기 전까지 큐리오시티의 속도를 1600km/h에서 274km/h로 감속시켰다. 레이더가 표면까지의 거리를 측정하여 컴퓨터에 전달하기 시작했다.

잠시 자유낙하한 후에 고도 1.6km 바로 아래서 로켓을 점화하여 분리된 후 아직도 함께 낙하하고 있던 낙하산과 에어로셸로부터 멀어졌다. 아직도 48km/h의 속도로 낙하하고 있던 244m 상공에서 바퀴가 내려져 제자리에 고정되었다.

18m 상공에서 로켓이 탐사선을 거의 떠 있는 정도로 감속했고, 큐리오시티는 줄을 통해 땅에 내려졌다. 줄이 끊어진 후 착륙 스테이지는 멀리 날아갔다.

15분 후, 전파 신호가 제트추진연구소에 도착했다. 착륙 통신 담당자였던 알 첸Al Chen이 살짝 떨리는 목소리로 말했다.

"착륙이 확인되었습니다. 화성에 무사히 도착했습니다!"

온 방 안에 환호성이 넘쳤다. 전 세계는 박수를 치고, 웃고, 믿을 수 없다는 표정으로 머리를 흔들었으며 심지어 울기까지 했다. 화성 탐사를 위한 위대한 모험은 아직도 계속되고 있었다.

맞은편 좌측　이전에 사용했던 모든 착륙 방법을 거부한 후 엔지니어들은 스카이 크레인 제안을 받아들였다. 이것이 최종적으로 받아들여진 착륙 시스템을 톰 리벨리니가 처음으로 그린 그림이다.

맞은편 우측　스카이 크레인의 작동을 나타낸 이 그림은 로켓에서 어떻게 나일론 줄을 이용하여 로버가 매달려 있다가 바닥에 충분히 가까워졌을 때 안전하게 땅에 내릴지를 보여주고 있다. 이 시스템이 완벽하게 작동하는 것을 보고 많은 사람들이 놀랐다.

우리가 찾고자 한 것을 찾았다

큐리오시티는 2012년 5월 5일 미국 서부 시간으로 오후 10시 32분, 화성에 안전하게 착륙했다. 처음 전송된 사진은 해즈캠이 보호용 플라스틱 덮개를 통해 찍은 것이었다. 해상도가 낮은 흑백사진이었지만 게일 크레이터 바닥의 멋진 풍경을 담고 있었다.

게일 크레이터는 과학자들이 많은 회의를 통해 후보지를 물색하고, 장단점을 토론한 다음 하나하나 줄여나가는 어려운 과정을 거쳐 착륙 장소로 선정되었다. 과학자들은 회의를 통해 몇 개까지 후보지를 줄였음에도 몇 달 후에는 처음부터 다시 토론을 벌이기도 했다. 결국 다른 형태의 암석과 지형들이 인접해야 하고, 이 지형들이 로버의 운행 가능 범위 안에 있어야 한다는 기준을 만족시키는 몇 개의 후보지가 선정되었다. 이 중 가장 중요한 것은 과거 물의 활동에 대한 증거가 있어야 한다는 것이었다. 지질학자들은 조사할 샘플을 많이 수집할 수 있는 지역을 원했다. 특히 과거에 물과 상호작용했던 암석 샘플이면 더 좋을 것이다. 화성에 물이 많던 시기에 급류에 떠내려온 여러 종류의 자갈과 토양이 퇴적되어 있는 충적선상지와 같은 지역이 이상적인 착륙 지점이었다.

그러나 엔지니어들은 착륙 지점이 충분히 평평해서 안전한 착륙을 보장할 수 있고, 비교적 방해를 덜 받고 주변 지역에서 로버를 운행할 수 있어야 한다고 주장했다. 커다란 크레바스, 복잡하게 분리되어 있는 지형, 모래언덕은 후보지에서 제외되었다. 그리고 착륙 지역은 착륙할 때 목표로 삼을 착륙 타원을 포함할 수 있도록 충분히 넓어야 했다. 고도가 낮은 곳이면 더 두꺼운 대기로 인해 착륙이 유리해질 것이다. 이러한 요소들이 착륙 지점 선정에 중요한 고려 사항들이었다.

게일 크레이터

결국 게일 크레이터가 경쟁에서 이겼다. 게일 크레이터는 지름이 거의 160km나 되기 때문에 안전 착륙을 보장할 넓은 공간을 제공할 수 있었다. 마스 오디세이와 마스 리커니슨스 오비터가 보내온 사진들에는 착륙 타원이 충분히 들어갈 수 있는 크레이터 바닥이 잘 니타나 있었다. 또한 많은 복잡한 지질학적 변화가 진행되고 있었고, 부근에 거대한 충적선상지가 있어 다양한 암석 샘플을 구할 수 있었다. 암석들 대부분은 크레이터 벽에서 왔을 것이고 그중 일부는 가장자리 꼭대기에서 온 것도 있을 것이다. 크레이터 중심부에는 높이가 4267m나 되는 커다란 산이 있었다. 이 산은 수백만 년 동안의 퇴적작용으로 형성된 것으로 보였다. 이 산의 지층을 조사하는 것은 타임머신을 타고 과거로 여행하는 것처럼 한 장소에서 수십억 년 동안의 지질학적 역사를 둘러볼 수 있을 것이다. 착륙 지점에서 멀지 않은 곳에는 여러 가지 형태의 지형이 모이고 있었다. 따라서 큐리오시티가 레이저로 작동하는 분광기를 이용하여 암석을 분석할 기회를 많이 가질 수 있고, 샘플을 정밀한 내부의 실험실로 전달할 드릴을 이용할 기회도 많다. 결국 게일 크레이터가 큐리오시티의 착륙지로 최종 선정되었다.

아이올루스 산이라고도 부르는 샤프 산은 특별히 흥미 있는 곳이었다. 다른 크레이터(예를 들면 달에 있는 티코 크레이터) 중심에 있는 산들과 비슷해 보이지만 형성 과정은 전혀 달랐다. 티코를 비롯한 다른 많은 태양계 안의 크레이터는 운석이나 소행성이 달이나 다른 천체에 충돌하는 순간, 중심에 산이 만들어졌다. 이러한 엄청난 충격은 중심부를 다시 튀어 오르게 하고 이것이 굳어 경사가 급한 산이 만들어지는 것이다. 그러나 게일 크레이터의 산은 달랐다.

격렬한 충돌이 빈번했던 약 38억 년 전쯤에 엘리시움 플라눔이라고 부르는 이 지역에 큰 운석이 충돌하여 게일 크레이터가 형성되었다. 지름이 154km인 게일 크레이터가 처음 형성되었을 때는 중심에 산이 없었다. 산이 있었다 해도 이 산은 완전히 묻혀버렸을 것이다. 수백만 년 동안 게일 크레이터는 바람과 물이

가까이 있는 평원에서 날아온 모래, 흙, 암석과 같은 퇴적물로 채워졌다. 그리고 다시 오랜 세월 동안 이 퇴적

물들이 강한 바람에 깎여나가면서 중심에 샤프 산을 남겨놓은 것이다. 지질학자들은 이 산을 굳어져버린 먼지더미라고 불렀다. 남아 있는 산속의 지층은 수십억 년의 화성 역사의 완전한 기록으로, 가장 오래된 층에서부터 차례로 쌓여 만들어진 화성의 역사책이었다.

큐리오시티는 샤프 산과 크레이터 벽 사이에 착륙했다. 착륙 지점은 《화성 연대기》의 저자 레이 브래드버리Ray Bradbury의 이름을 따라 브래드버리라고 불렀다.

엔지니어들과 통제사들이 시스템을 확인하는 일주일 동안 로버는 그냥 서 있었다. 큐리오시티는 공포의 7분을 잘 견뎌낸 것 같았다. 그러나 기상 센서 하나가 손상되었다. 착륙할 때 바닥에 있던 자갈에 부딪혀 못 쓰게 된 것이 분명했다. 하지만 큐리오시티는 똑같은 센서를 하나 더 가지고 있었다. 따라서 하나가 망가진 것은 큰

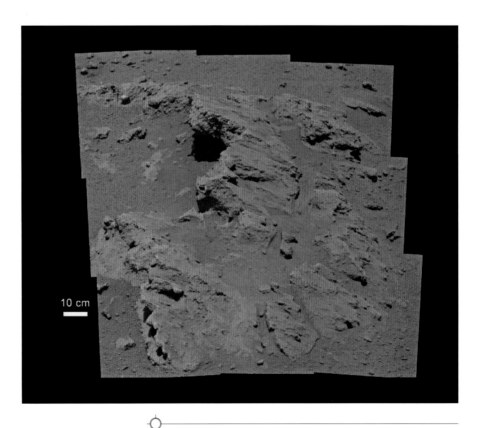

10 cm

위 화성에 착륙하고 약 한 달 반이 지난 시점에 큐리오시티는 호타라고 부르는 지역에 도달했다. 이곳은 둥근 자갈과 퇴적층이 있는 고대 강바닥이었다.

위　탐사 활동을 시작하고 두 달 후 큐리오시티는 마스트캠(MastCam)이 찍은 사진에 보이는 록네스트 지역
에 도착했다. 이 사진은 암석 색깔을 지구 암석의 색깔과 비슷하게 보이도록 하기 위해 흰색을 보강했다.

문제가 되지 않았다. 이제 주변 답사를 시작할 차례다.

곧장 산으로 향하는 대신 과학자들은 산과는 반대 방향으로 향하기로 결정했다. 부근에 글레넬그라고 이름 붙인 지역이 있었다. 여기에는 세 가지 독특한 형태의 암석이 있었다. 그곳에서 샘플을 채취해 조사하면 많은 것을 알 수 있을 듯싶었다. 이전 착륙선과 로버의 연구자들은 조사했던 암석과 지역에 많은 별난 별명을 붙였다. 그러나 이번에는 지질학자들이 지구에서 지질학적으로 유명한(적어도 지질학자들에게는) 지역의 이름을 사용했다. 흥미있는 암석이 많이 분포해 있는 글레넬그와 옐로나이프(곧 게일 크레이터의 일부를 가리키는 이름으로 사용되는)는 이 지역에 잘 어울리는 이름이었다. 글레넬그는 화성의 고대 역사에 대한 정보를 제공할 수 있는 층상의 기반암으로 보였다. 큐리오시티는 화성 하루에 6m씩 전진하는 속도로 0.4km 떨어져 있는 이 지역을 향해 달리기 시작했다.

궤도 비행선에서 찍은 사진에 글레넬그는 모래나 자갈보다 열을 잘 보존하는 '열용량'이 큰 지역으로 나타나 있었다. 이는 이 지역이 오랜 시간을 두고 고운 퇴적물이 굳어 형성되었음을 나타냈다. 따라서 이곳을 뚫어 샘플을 채취하면 중요한 정보를 얻을 수 있을 것이다. 로버가 앞으로 나아가는 동안 내부의 실험실인 SAM과 CheMin은 아직 비어 있었지만 측정을 계속하고 있었다. 시험 결과는 배경 자료로 사용될 것이다. 그리고 존재할지도 모르는 오염 물질을 확인하여 나중에 샘플 분석 결과에서 이 값을 제외할 수 있을 것이다.

글레넬그로 향하는 도중에 호타(이번에도 지구에 있는 비슷한 지형의 이름을 따라 명명된)라고 부르는 분열된 표면이

위 큐리오시티는 최초의 드릴 탐사 장소인 존 클라인 부근에서 셀카를 찍었다. 이 사진은 로봇 팔 끝에 있는 카메라를 이용해 팔을 움직이면서 여러 장의 사진을 찍은 후 합성하여 로버 전체의 사진이 나오도록 한 것이다.

있는 지역에 도착했다. 이 지역 풍경은 놀라웠다. 큐리오시티 프로젝트의 책임 지질학자였던 존 그로트징거 John Grotzinger가 '누가 도시 보도블록을 망치로 내려친 것처럼'이라고 묘사했듯이 비교적 평평한 골짜기 바닥이 어지럽게 갈라져 있어 마치 콘크리트 판이 강한 압력을 받아 변형된 것처럼 보였다. 자세히 관찰해보니 모든 종류의 자갈과 침니가 지층에서 발견되었다. 이 자갈들은 둥글고 매끄러웠으며, 모래와 침니가 단단히 달라붙어 있었다. 이 모든 것은 오래전에 냇물에 의해 퇴적된 지구의 지형들처럼 오랫동안 흐르는 물에 의해 운반된 후 퇴적되었다는 것을 나타내는 것이었다.

몇 주일 안에 큐리오시티는 고대의 강바닥을 만났다. 이것은 최초로 확인된, 과거의 화성에 빠르게 흐르던 물이 있었으며 양이 많았음을 보여주는 확실한 증거였다. 오랫동안 멀리서 이동한 후 크레이터 바닥에 퇴적되어 굳어진 것으로 보이는 암석들의 발견으로 고대 화성이 많은 물을 가지고 있었다는 것을 확인할 수 있었다.

놀라운 발견이기는 했지만 이 지역은 큐리오시티 프로젝트의 기본 임무인 생명체가 존재할 수 있는 환경이나 유기물을 찾아내기에 적당한 장소는 아니었다. 또한 유기화합물을 찾기에도 적당한 장소가 아니었다.

다음 몇 주일 동안 로버는 록네스트라고 부르는 지역으로 이동했다. 이곳에서 큐리오시티는 일부 샘플을 채취하기 위해 로봇 팔과 로봇 팔에 달린 국자 모양의 샘플 채취 장치를 이용했다. 샘플은 CheMin 실험실로 보내졌다.

분석 결과는 지구나 화성을 뒤흔들 만한 것은 아니었다. 샘플 안에 있던 입자들은 화산활동을 기원으로 하는 화성암의 일종인 현무암으로, 하와이 섬들과 같은 지구의 화산 지역에서 발견되는 암석과 같은 종류였다. 그리고 이 암석의 성분은 스피릿이 많은 시간을 보냈던 구세프 크레이터에서 발견한 암석들의 성분과 비슷했다. 그럼에도 불구하고 이것은 최초의 실험실 분석으로는 훌륭한 결과였다. 호타에서의 관측 결과와 이곳의 경사진 퇴적 지층을 종합해보면 궤도 비행선의 관찰을 바탕으로 추정했던 게일 크레이터 형성 과정에 대한 가설이 확실하다는 것을 알 수 있었다. 기반암이 오랫동안 수면 아래 있던 물질에 의해 형성된 후, 물과 제한적인 상호작용을 해서 단단하지 않았던 표면 물질이 바람에 의해 불려나갔다는 가설은 확실해 보였다.

큐리오시티는 느리지만 쉬지 않고 옐로나이프 베이를 향하면서도 샘플을 채취해 CheMin과 SAM을 이용하여 분석했다. 2012년 11월 말에 NPR 전파 분석 결과가 살아 있는 생명체일 가능성이 있는 유기물을 샘플에서 발견한 것이 아니냐는 논란을 불러왔다. 이러한 논란은 즉시 두 번째 분석을 통해 확인되었고, 흥미로운 결과가 나왔다. 12월에 개최된 중요한 지질학 학술회의에서 큐리오시티 프로젝트의 책임자였던 그로트징거와 SAM 분석 기기의 책임 과학자였던 폴 마하피 Paul Mahaffy가 분석 결과를 자세히 설명한 후에야 논란은 진정되었다. 간단히 말해 샘플에서 유기물을 확인한 것은 사실이지만 그것이 화성에서 만들어진 것인지 지구에서 옮겨간 오염 물질인지는 확실하지 않다는 것이었다.

맞은편 위쪽 큐리오시티가 샘플을 채취하려고 판 구멍을 조사하기 위해 ChemCam을 어떻게 사용했는지를 그래프로 보여주고 있다. 위쪽 좌측에 있는 원이 시험 구멍과 샘플을 채취한 구멍이다. 위쪽 가운데 부분에는 구멍들 사이에 있는 레이저로 태운 자국이 보인다. 위쪽 우측은 실제 동전 크기의 드릴 구멍에 나 있는 레이저 자국이다.

맞은편 아래 존 클라인에 있는 드릴 구멍. 우측은 드릴을 시험한 구멍이고 가운데 부분은 실제로 샘플을 채취한 드릴 구멍이다.

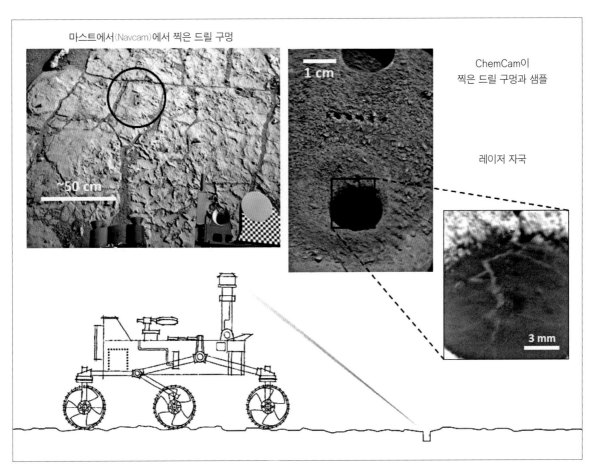

마스트에서(Navcam)에서 찍은 드릴 구멍

~50 cm

1 cm

ChemCam이
찍은 드릴 구멍과 샘플

레이저 자국

3 mm

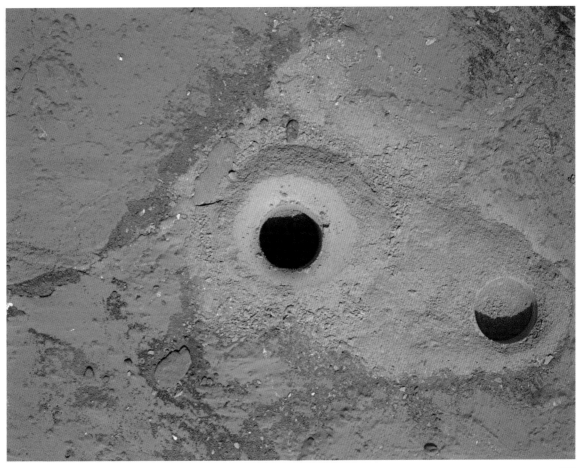

존 그로트징거
John Grotzinger

마스 사이언스 래보러토리
책임 과학자

존 그로트징거는 마스 사이언스 래브러토리 프로젝트의 초기 단계부터 착륙 2년 후 기본 임무를 마칠 때까지 책임 과학자로 일했다. 그는 2012년 8월에 있었던 큐리오시티의 착륙 순간을 또렷하게 기억하고 있다.

"그것은 형언할 수 없을 정도로 기쁜 순간이었다. 그러나 그때 나는 '이 장소가 우리가 원하던 장소였으면' 하는 생각을 하고 있었다. 우리는 착륙 장소를 선정하는 데 6년이라는 긴 시간을 소비했다."

큐리오시티의 특수 기능을 감안할 때 적절한 착륙 지점의 선택은 매우 중요했다. 고통스러운 과정을 통해 10여 개의 후보지 중 중심부에 샤프 산이 우뚝 솟아 있는 게일 크레이터로 좁혔다.

게일은 모든 사람들이 만족할 수 있는 장소 같았다. (……) 그러나 특정 분야에서는 다른 착륙 지점에서 더 많은 것을 얻을 수 있었다. 게일 크레이터의 문제는 샤프 산 외에는 특히 매력적인 장소가 없다는 것이었다. "일부 사람들은 바람에 불려온 모래 더미인 샤프 산에서는 아무것도 발견하지 못할 것이라고 했다. 그러나 문제는 이 바람에 불려온 모래가 물에 의해 변형되었다는 것이었다. 우리는 그곳에서 점토층을 보았고 수화된 황산염을 보았다."

착륙 6개월 후 첫 번째 드릴 샘플을 분석했을 때 우리의 선택이 옳았다는 것이 증명되었다.

그로트징거는 "인내는 큐리오시티의 중간 이름이다"라고 말하면서 섣부른 예단에 선을 그었다. 그리고 사람들의 관심에 고마워하면서 조심스러운 탐사를 계속해나갔다.

심봤다

2103년 초에 큐리오시티 프로젝트의 중요한 전환점이 가까워졌다. 큐리오시티가 처음으로 드릴을 사용하게 된 것이다. 이 장비는 빠르게 회전하는 스쿠르드라이버나 정 또는 망치처럼 암석을 갈아 가루를 만들어 분석할 수 있도록 하는 장비였다.

2월 중순에 지질학자들은 최초로 드릴 샘플을 채취할 수 있는 지역을 발견했다. 옐로나이프 베이 안에 있는 존 클라인이라고 부르는 이 지역은 글레넬그로부터 61m 정도 떨어져 있었다. 화성을 달리는 데는 시간이 걸린다.

암석을 부수는 작업은 조심스럽게 진행되었다. 수백만 km 떨어진 곳에서 원격조종을 통해 새로운 장비를 처음 사용하는 것이 그 장비의 마지막이 될 수도 있었다. 드릴을 사용할 곳을 충분히 조사한 다음 DRT의 철로 된 브러시로 암석 표면을 닦아냈다. 그리고 ChemCam이 레이저를 발사해 암석 증기를 만들어 기본적인 암석의 조성을 확인했다. 그런 다음 MAHLI 카메라로 근접 사진을 찍었다. 존 클라인이 강바닥을 이루는 기반암인 퇴적암, 특히 이암이라는 데 모두 동의했다. 따라서 이제 드릴을 사용할 차례가 되었다.

하지만 드릴과 관련해 염려스러운 점이 있었다. 지상 실험에서 드릴에 가끔 합선이 발생했었다. 문제가 되는 듯한 부품은 다시 설계된 부품으로 교체되었다. 그러나 격렬한 드릴 작업의 특성상 엔지니어들은 아직도 안심할 수 없었다. 따라서 얼마나 자주, 그리고 얼마나 강하게 구멍을 뚫을 것인지를 조심스럽게 결정했다. 시험적으로 몇 개의 구멍을 뚫은 다음 마지막으로 샘플을 채취할 구멍을 뚫었다. 그리고 놀라운 일이 벌어졌다. 암석 표면은 붉은색(산화철로 이루어진 대부분의 화성 표면과 마찬가지로)이었지만 구멍을 뚫을 때 발생하는 가루가 회색이었다! 이는 이 지역에서는 표면의 산화가 깊은 곳까지 진행되지 않았음을 뜻하는 것이어서 과학적으로 중요했다.

구멍을 뚫을 때 발생한 회색 가루를 로봇 팔의 샘플 수집 장치로 모은 다음 분석 장비까지 전달하는 긴 과정이 진행되었다. 이 가루에 대한 분석이 진행되는 동안에 ChemCam의 레이저로 동전 크기 정도의 구멍 안 여러 곳을 태워 빠르게 분광기로 분석을 마쳤다.

컴퓨터 때문에 약간의 지연 후 SAM과 CheMin의 분석 결과가 나왔다. 이 분석 결과에 대해 책임 엔지니어 롭 매닝은 "우리는 우리가 찾고자 하던 것을 찾았다"라고 표현했고, 그로트징거는 "심봤다"라고 말했다. 이 첫 번째 그리고 단 한 번의 드릴 실험 분석 결과는 이번 임무를 성공적인 것으로 만들었다. 그렇다면 분석 결과는 무엇이었을까? 그것은 고대 화성이 생명체가 서식할 수 있는 곳이었음을 확인한 것이었다. 고대 화성에 미생물이 살았을 수도 있다. 고대 화성에는 많은 장소가 적어도 허리까지 오는 마실 수 있는 물로 차 있었을 것이다.

큐리오시티는 기본적인 질문의 답을 찾았다. 탐사 활동은 앞으로 계속되겠지만 모두들 긴장을 풀 수 있을 것이다. 그로트징거가 "대가를 지불했다"라고 말했듯이, 그들은 첫 6개월 동안에 NASA가 원했던 기본적인 임무를 완수한 것이다.

그럼에도 로버는 지칠 줄 모르는 핵연료의 도움을 받으면서 계속 나아갔다. 샤프 산이 멀리 보였다.

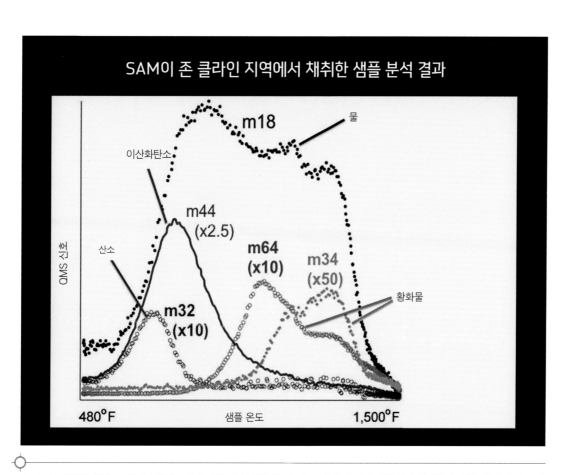

좌 분석 장비가 드릴 구멍에서 채취한 작은 샘플을 분석한 결과는 놀라웠다. 화성은 생명체가 존재할 수 있는 환경이었고, 미생물이 존재했다면 생존이 가능했을 것이다.

샤프 산 위로

큐리오시티는 2013년에 더 많은 드릴 샘플을 이용한 조사와 토양 분석 그리고 ChemCam을 이용한 조사를 통해 화성이 과거 어느 시점에 생명체가 살아갈 수 있는 환경이었을 뿐만 아니라 실제로 생명체가 존재했을지도 모른다는 결론을 이끌어냈다. 온도도 적당했을 것이고, 마실 수 있는 물도 풍부했을 것이다. 그리고 한때 소설가 허버트 조지 웰스가 묘사했던 것처럼 화성은 '식물 성장에 좋은 구름이 많은 대기'를 가지고 있었을 것이다.

이런 성공을 거두고 있는 동안에도 프로젝트 통제사들은 컴퓨터와 메모리가 자주 문제를 일으키는 어려움을 겪고 있었다. RAD 750이라는 CPU를 사용하는 상호 보완적인 두 대의 쌍둥이 컴퓨터가 큐리오시티를 운영하고 있었다. 이 CPU는 1997년 IBM과 모토롤라가 시장에 선보인 파워PC 750을 군사용으로 개조한 것이었다. 오늘날의 기준으로 보면 골동품에 가까운 이 칩은 2012년에도 이미 20년 가까이 된 것이었다. 거친 환경이나 방사선에 잘 견딜 수 있도록 만든 군사용 칩은 민간용 컴퓨터보다 항상 몇 세대 뒤떨어져 있었지만 가격은 하나에 수십만 달러나 했다.

방사선 방호 장치에도 불구하고 컴퓨터와 플래시메모리는 고에너지 입자의 공격으로 성능이 저하되었다. 큐리오시티가 화성 표면에서 활동한 첫 몇 달 이후에는 자주 오류가 발생했다. 이런 오류는 플래시 드라이브에 충돌하는 우주 방사선 입자 때문인 것으로 보였다. 엔지니어들은 일시적인 문제로 생각했지만 계속 나타났고 그때마다 문제된 시스템을 진단하고 다시 프로그램하기 위해 로버 운행 컴퓨터를 다른 컴퓨터로 교체해야 했다.

2013년의 첫 몇 달 동안에 로버는 옐로나이프 베이의 조사를 완료했다. 이 조사는 존 클라인에서 알아낸 수십억 년 전의 화성에 물이 풍부한 환경이 있었다는 사실을 재확인했다. 이 지역은 오래전에 많은 양의 고여 있는 물과 흐르는 물에 잠겨 있었으며 미생물의 생존에 우호적인 환경이었던 것이 확실했다.

기본 임무를 완수했다

1주년이 되는 8월까지 큐리오시티는 기본적인 임무를 훨씬 넘겨 완수했다. 화성 표면을 1.6km 달렸고, 7000상의 사진을 지구로 전송했으며, 2000개의 목표물에 ChemCam 레이저를 발사했다. 그러나 과학자들은 이제 시작이었다.

후속 드릴 샘플이 게일 크레이터의 형성 과정에 대한 그들의 가설을 정밀하게 해줄 새로운 자료를 계속해서 제공했다. 이런 자료는 화성 전체 지형의 형성 과정에

어쉬원 바사바다
Ashwin Vasavada

마스 사이언스 래브러토리
프로젝트 과학자

"화성에서 거의 4년을 보낸 후에도 큐리오시티는 잘하고 있다. 그리니 노화의 징후가 나타나고 있다. 여러모로 볼 때 우리는 임무의 반을 지나고 있다. 우리 팀과 로버가 그동안 성취한 것들은 나에게 대단한 자긍심을 갖게 한다. 그리고 앞으로 우리가 할 수 있는 모든 것들에 대해 조급한 마음을 갖게 한다."

"우리는 산의 높은 곳으로 올라가 궤도 비행선의 관측 자료에서 황산염이 풍부한 것으로 밝혀진 암석층에 도달할 수 있기를 바란다. 이 암석은 아마도 좀 더 건조한 환경에서 형성되었을 것이다. 담수호가 증발하여 염수로 전환되는 과정은 화성이 어떻게 변화해왔는지를 알려줄 것이다. 약 36억 년 전 게일 크레이

터가 형성될 때 화성은 오늘 우리가 큐리오시티로 탐사하고 있는 행성과는 많이 달랐다. 대기는 더 누꺼웠고, 기후는 온난해 액체 상태의 물이 존재할 수 있었다."

"다음 몇 년 동안 큐리오시티는 샤프 산의 암석층을 오를 것이다. 그리고 크레이터와 샤프 산의 형성에 핵심 역할을 했던 호수에 대한 질문의 답을 찾을 것이다. 이 호수들은 얼마나 오랫동안 존재했을까? 현재의 춥고 건조한 기후로의 변화는 점진적으로 이루어졌을까 아니면 급작스럽게 진행되었을까? 그리고 화성은 얼마나 오랫동안 생명체에 우호적인 환경이었을까?"

대해서도 많은 것을 알려줄 것이다. 크레이터 바닥은 40억 년 이상 된 것이었다. 그리고 오랫동안 물로 덮여 있었다. 그다음에는 크레이터가 모래와 퇴적물로 가득 찼다. 이후 수백만 년 동안 바람에 의해 물질들이 깎여나갔다.

유기물도 발견되었지만 그 기원은 확실하지 않았다. 많은 끈질긴 실험과 재실험을 거친 후 과학자들은 이것이 지구에서 가져간 오염 물질이 아니라는 것을 확인했다. 다행스러운 결과였다. 그러나 아직 의문은 남아 있었다. 이것이 화성에서 만들어진 것일까 아니면 화성 밖에서 온 것일까? 콘드라이트라고 알려진 운석들도 탄소 화합물인 유기물을 포함하고 있다. 이 유기물은 태양계 초기

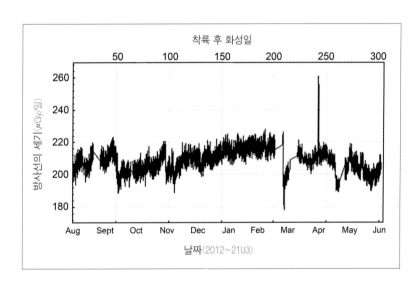

착륙 후 화성일

날짜(2012~2103)

에 형성되어 많은 양이 떠돌아다니다가 달이나 다른 천체에 충돌하고 있다. 큐리오시티가 발견한 유기물이 이런 운석에서 온 것이 아닌지 아니면 화성에서 만들어진 것인지 확실치가 않았다. 생명과학은 큐리오시티의 주

맞은편　큐리오시티의 '두뇌'는 이전 매킨토시 컴퓨터에 사용했던 것과 같은 PowerPC 칩을 방사선을 방호할 수 있도록 개조한 칩이었다. 만약의 사태에 대비해 두 개의 동일한 컴퓨터가 사용되었다.

위　화성에서 첫 300일 동안의 방사선 측정 결과를 보여주고 있는 그래프. 이 결과는 적절하게 방호 장비를 갖추면 화성에서 살아갈 수 있다는 것을 나타낸다. 방사선이 가장 강한 경우는 우측에 나타난 245일째 되던 날 측정한 것으로 태양 활동이 활발한 시점에 측정한 것이다.

임무가 아니었으므로 이것이 생명체에 기원을 둔 것인지를 직접 시험해볼 수는 없었다. 그러나 어떤 경우든 유기물의 발견은 커다란 진전이었고, 이미 달성한 많은 업적 목록에 추가될 수 있었다.

모든 화성 표면 샘플의 분석은 화성 토양에 스며들어 있는 과염소산염 때문에 매우 복잡했다. 그리고 노출된 화성 표면은 수백만 년 동안 대양으로부터 오는 자외선에 의해 변형되었다는 사실 역시 분석 작업을 어렵게 했다. 드릴을 이용하면 어느 정도 이 문제를 피해갈 수 있다. 그러나 이런 문제를 확실히 피해가기 위해 미래 탐사에서는 드릴로 1m 이상의 구멍을 뚫어 내부 깊숙한 곳에서 샘플을 채취해 분석해야 할 것이다. 표면 가까이 있는 생물은 태양 방사선과 먼 우주에서 오는 우주 방사선에 죽어버렸을 가능성이 있다. 위에 있는 절벽의 보호

를 받거나 암석 아래 있는 토양은 예외일 수 있다. 이런 부분을 조사하는 것은 미래 탐사가 해야 할 일이다. 이는 2020년에 보낼 로버의 일일 수도 있다.

큐리오시디가 화성에서 보낸 시간이 1년이 되자 RAD 방사선 센서로부터 중요한 측정 결과가 수집되기 시작했다. 이 센서는 화성에서 12개월을 머무는 동안 노출되는 방사능의 세기를 측정하고 있었다. 측정 결과에 의하면, 180일간 화성을 여행하고, 500일 동안 화성 표면에서 활동한 후에 다시 지구로 돌아오는 데 180일 걸려 총 2.4년을 화성 탐사 활동을 위해 보낸 사람은 1시버트의 방사선에 피폭된다는 것을 알 수 있었다. 이는 최소한의 방호를 했을 때의 결과였다. 그것은 이 사람이 살아 있는 동안 암에 걸릴 확률이 5% 증가한다는 것을 의미했다. 미래의 유인 화성 탐사에서는 화성으로 여행

하는 동안, 그리고 화성 표면에서 활동하는 동안 적절한 방호가 필수적이라는 것을 알 수 있다.

화성이 과거에 생명체가 존재할 수 있는 환경이었다는 것은 이제 의심할 여지가 없게 되었다. 적어도 게일 크레이터 수변은 그랬다. 35억 년 전에서 40억 년 전 사이에 존재했던 물은 염도가 낮았다(프로젝트에 참여한 과학자 하나가 "이 물은 마실 수 있어요"라고 말했다). 물은 중성이었으며, 미생물이 영양분으로 사용할 수 있는 화학물질인 철과 황을 포함하고 있었다.

이제 더 높은 지역으로 올라가볼 차례였다. 몇 번 더 정지해서 분석 작업을 한 후 큐리오시티는 마침내 샤프 산으로 향했다. 로버는 모래언덕이나 암석으로 뒤덮인 지형과 같은 일부 어려운 지형을 통과해야 했다. 그러나 일단 출발하자 느리기는 했지만 꾸준히 전진했다. 마스

익스플로레이션 로버 스피릿이 반복적으로 모래에 빠졌던 것과 같은 어려운 일들(114~123쪽 참조)은 커다란 바퀴가 달린 큐리오시티에겐 문제 되지 않았다. 그러나 화성 지형을 건너는 것과 관련된 다른 문제가 불거졌다. 이 커다란 바퀴에 문제가 생기기 시작한 것이다.

큐리오시티의 바퀴는 견인력, 강도, 무게를 고려하여 가장 완벽하게 설계되었다. 하나의 알루미늄 덩어리를 깎아 만든 바퀴의 크기와 모양은 대략 작은 맥주 통 정도였다. 표면 금속은 매우 얇았고, 미끄러짐을 방지하기 위해 훨씬 강한 쐐기 모양의 돌기(그라우저라고 부르는)가 엇갈리게 부착되어 있었다. 바퀴 끝부분은 강도를 보강

위 딩고 갭에는 큐리오시티가 옐로나이프 베이에서 샤프 산으로 갈 때 지나야 하는 모래언덕이 있다. 로버는 느리고 조심스럽게 이 지역을 지나가기 전에 정밀하게 견인력을 시험했다.

맨 위 2015년 5월 큐리오시티는 오래된 이암으로 이루어진 마리아 패스 지역에 도착했다. 가운데 흰색으로 보이는 것은 최근 모래 폭풍으로 형성된 모래 더미다.

아래 좌측 이 사진은 3세대 화성 로버의 바퀴들을 비교해 보여준다. 가운데 있는 가장 작은 바퀴는 패스파인더의 소저너 로버가 사용한 것이고, 좌측 바퀴는 마스 익스플로레이션 로버, 우측의 커다란 바퀴는 큐리오시티가 사용한 것이다.

우측 게일 크레이터 바닥을 가로질러 여행할 때 큐리오시티 바퀴에 생겼던 펑크와 균열의 예다. 바퀴 표면의 금속은 얇아 손상되기 쉬운 반면 그라우저라고 알려진 돌기는 훨씬 강했다. 그리고 바퀴 안에는 금속 테가 보강되어 있었다.

하기 위해 안쪽으로 싸여 있었으며 안쪽 중심선에는 두꺼운 원형 테가 설치되어 있었고, 바퀿살이 이 테두리로부터 허브로 연결되어 있었다. 바퀴는 강해 보였지만 실제론 매우 약했다.

펑크가 나고 찢어지기 시작하면서 바퀴가 생각보다 약하다는 것이 확실해졌다. 처음에는 몇 개의 작은 구멍이 보였는데 점점 크게 찢어졌다. 일부는 엄지손가락이 들어갈 정도로 컸다. 미끄럼 방지용 돌기 사이에서 발생하여 바퀴의 강도나 모양에는 큰 영향을 주지 않았지만 바퀴 전체에 이런 균열이 나타났다. 엔지니어들은 이 균열에 계속 신경 써야 했다. 바퀴에는 먼지 속에서 회전수를 확인하기 위해 뚫어놓은 구멍이 있었다. 이 구멍들은 작았고 한 줄로 배열되어 있었다. 그런데 이 구멍들

우측 붉은 모래로 덮인 큐리오시티가 윈자나에서 셀카를 찍었다. 사암의 드릴 샘플은 이 부근에서 채취되었다.

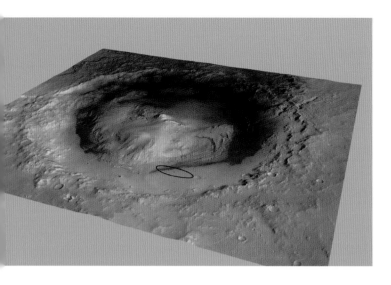
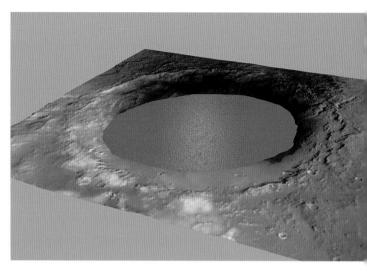

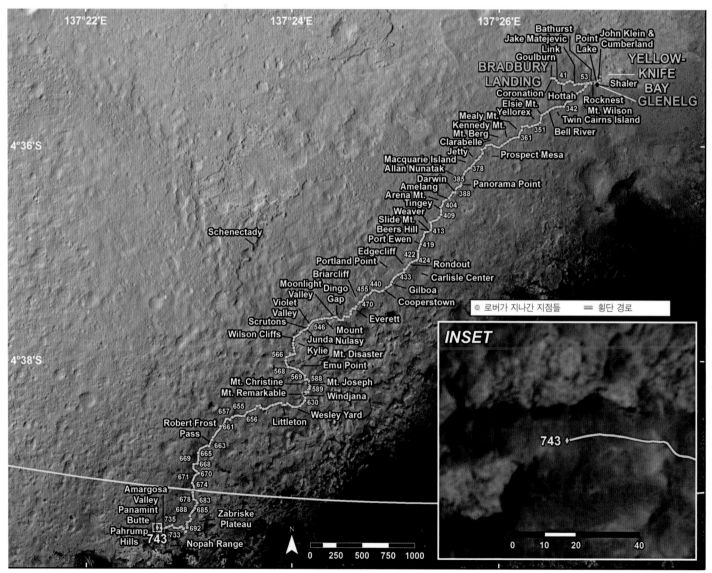

137°22'E
137°24'E
137°26'E

Bathurst
Jake Matejevic
Link
Goulburn
BRADBURY
LANDING
41
53
Point
Lake
John Klein &
Cumberland
YELLOW-
KNIFE
BAY
GLENELG
Shaler
Coronation
Elsie Mt.
Yellorex
Hottah
Rocknest
Mt. Wilson
Twin Cairns Island
342
Mealy Mt.
Kennedy Mt.
Mt. Berg
351
Bell River
Clarabelle
361
Jetty
Prospect Mesa
Macquarie Island
Allan Nunatak
378
Darwin
385
Panorama Point
Amelang
388
Arena Mt.
Tingey
404
Weaver
409
Slide Mt.
Beers Hill
413
Port Ewen
419
Edgecliff
422
Portland Point
424
Rondout
Briarcliff
433
Carlisle Center
Moonlight
Valley
440
Gilboa
Dingo
Gap
455
Cooperstown
Violet
Valley
470
Scrutons
Everett
Wilson Cliffs
546
Mount
Junda Nulasy
Kylie
Mt. Disaster
566
Emu Point
568
Mt. Christine
569
588
Mt. Joseph
Mt. Remarkable
589
Windjana
630
Wesley Yard
657
655
Robert Frost
661
656
Littleton
Pass
663
665
669
668
671
670
674
Amargosa
Valley
678
683
Panamint
688
685
Zabriske
Butte
735
Plateau
Pahrump
Hills
733
692
743
Nopah Range

4°36'S

Schenectady

4°38'S

로버가 지나간 지점들   횡단 경로

INSET

743

0 250 500 750 1000

0 10 20 40

N

이 이제는 길어 보였고, 아무렇게나 배열되어 있는 것처럼 보였다. 이 구멍들이 바퀴를 망가뜨리고, 탐사 활동을 망가뜨릴 것처럼 보였다.

제트추진연구소에서 시험했을 때도 특정한 상황에선 바퀴 면이 쉽게 펑크 날 수 있다는 것을 보여주었다. 몇 개의 균열과 펑크로 전체적인 바퀴의 강도는 큰 영향을 받지 않았지만 이런 일은 피하고 싶은 것이었다. 그리고 큐리오시티는 상상할 수 있는 가장 나쁜 형태의 암석들이 덮인 지역으로 들어가고 있었다. 바위들이 마치 용의 이빨처럼 보였다. 평평한 평원에 이상한 형태의 풍화작용으로 인해 길쭉한 못처럼 생긴 날카로운 바위들이 널려 있었다. 수백만 년 동안 부드러운 흙은 날아가고 '이빨' 모양의 암석만 남게 된 것이다. 큐리오시티는 위험을 무릅쓰고 이 지역을 지나가야 했다. 잘못해서 바위에 걸려버리면 더 이상 앞으로 갈 수 없을 것이었다.

과학자들은 가장 안전한 경로를 선택했다. 그리고 앞바퀴에 작은 압력을 주기 위해 설치한 현가장치를 이용하여 후진으로 운행해야 했기 때문에 시간이 더 걸렸다. 전진으로 운행할 경우 바위가 바퀴를 펑크 낼 수도 있었다. 일단 용의 이빨을 지나가자 로버 운행자는 경로 선택에 훨씬 더 신경 썼다. 한때는 수백 m나 되는 옛 강바닥의 모래 더미 위를 달리기도 했다. 그것이 가장 평평하고 안전한 길이었다.

맞은편 위 좌측 컴퓨터가 만든 오늘날의 게일 크레이터를 나타낸 사진. 마스 사이언스 래브러토리의 착륙 타원이 크레이터 바닥에 표시되어 있다.

맞은편 위 우측 게일 크레이터의 지형 자료를 바탕으로 만든 이 사진은 액체 상태의 물로 차 있던 35억 년 전의 모습을 보여주고 있다.

맞은편 아래 착륙 이후 2105년 중반까지 큐리오시티의 이동 경로를 보여주는 지도. 이동 경로의 최종 도착지는 파럼프 힐스(사각형 안)이다. 이곳에는 게일 크레이터에서 가장 오래된 암석층이 있다.

위 큐리오시티가 탐사 활동을 시작한 후 3년째 진입하던 2015년 9월에 찍은 이 사진은 샤프 산의 고지대다. 약 3km 정도 떨어진 곳에 보이는 산은 물에서 형성되는 많은 양의 적철광을 포함하고 있다.

아래 등반의 시작: 샤프 산의 산기슭. 이 지역은 큐리오시티가 게일 크레이터에서 가장 고도가 높은 중심 봉우리를 향해 긴 등반을 시작한 곳이다. 젊은 암석층이 많이 발견된 이곳에서 과거의 화성에서 물이 어떤 역할을 했는지에 대한 답을 찾을 수 있을 것이다.

~2 KM

화성 이정표

2014년 6월 말에 마스 사이언스 래브러토리 팀은 화성 달력으로 1주년이 되는 날에 축배를 들었다. 화성의 1년은 지구의 687일이다. 이 기간은 이 프로젝트의 기본 탐사 활동 기간이기도 했다. 다음 2년 동안의 탐사 활동 예산이 확보되었다. 샤프 산은 눈앞에 있었다. 산의 경사면에 접근하는 동안 몇 번의 드릴 탐사와 샘플 채취가 있었다. (……) 그리고 12월에 NASA는 놀랍게도 로버 주변에서 메테인이 올라오고 있는 것을 발견했다고 발표했다. 그것은 잠시 동안 일어난 일이었다. 이런 일은 전에 없었던 일이어서 관계자들이 모두 의아해하며 긴장했다. 화성에서의 메테인 이야기는 흥미로우면서도 혼란스러운 것이었다. 메테인이 어디서 왔는지 알 수 있는 방법이 없었다. 메테인은 로버 주변에 잠시 나타났다 사라졌다. 메테인의 근원은 지질학적인 것일 수도 있고, 생물학적인 것일 수도 있다. 그러나 메테인을 다시 관찰할 수는 없었다. 하지만 관련자 모두는 또 다른 메테인을 찾기 위해 눈을 부릅떠야 했다.

새로운 드릴 작업을 통해 다시 유기물의 징후를 찾아냈고, 게일 크레이터에서 물이 사라진 시기를 알 수 있는 자료들을 얻었다. 2015년 초에 SAM 장비가 질소를 감지했다. 질소의 존재는 화성이 과거에 생명체에게 우호적인 환경이었다는 또 다른 증거였다. 이제 과거 화성에 살고 있던 배고픈 미생물의 메뉴에 질소, 황, 수소, 산소, 인 그리고 탄소가 포함되었다. 그리고 태양 빛도 있었다. 어떤 화성 미생물은 화학합성을 하기 때문에 암석 속에서 암석을 먹으며 살아갈 수도 있을 것이다.

2015년이 지나가면서 로버는 산기슭의 언덕으로 향했다. 샤프 산의 기반을 통과하는 골짜기에 접근하는 완만한 경사면을 이용해 큐리오시티는 천천히 위로 올라갔다. 로버에서 보내오는 자료는 위로 올라감에 따라 지층에 커다란 변화가 있음을 보여주었다. 크레이터 바닥 부근에는 현무암이 더 많았던 것과 달리 높은 곳에는 이산화규소를 포함한 암석이 더 많았다. 어떤 지역에서는 암석의 90%가 이산화규소로 이루어져 있었다. 이것은 물과의 상호작용이 있었음을 보여주는 것이었다. 그러나 이 특정한 암석층에 왜 그렇게 많은 이산화규소가 포함되어 있는지, 그리고 이것이 무엇을 의미하는지는 아직도 수수께끼로 남아 있다.

2015년이 끝날 때쯤 마스 사이언스 래브러토리의 핵심 연구원들이 중요한 과학 논문을 발표했다. 이 논문은 큐리오시티의 탐사 활동과 관련된 수십 편의 논문 중 하나였다. 그러나 이 논문은 큐리오시티가 화성에 도착한 이후의 탐사 활동을 요약해 놓은 것이어서 특별한 의미가 있었다.

저자들은 게일 크레이터가 퇴적물로 채워졌다는 것과, 33억 년 전에서 38억 년 전 사이에 크레이터 안에 호수와 강이 있었다는 것, 그리고 고대 화성은 현재의 화성보다는 지구와 훨씬 더 비슷했다는 것을 확인했다. 게일 크레이터의 저지대는 4억 년에서 5억 년 동안 퇴적물로 채워졌다. 이는 예전에 추정했던 것보다 훨씬 빠른 속도다. 궤도 비행선의 관측에 의하면, 이 퇴적물의 높이는 183~213m다. 전체적인 게일 크레이터의 퇴적층 높이는 800m나 된다. 213m보다 높은 곳에 있는 퇴적층은 물보다는 바람에 의해 퇴적된 것으로 보인다. 5억 년 동안의 퇴적작용으로서는 놀라운 높이다.

이 논문은 NASA가 화성에서 지금도 활동 중인 염도가 매우 높은 계절적인 물의 흐름을 발견했다고 발표한

맞은편 2016년 초에 큐리오시티는 나미브 둔에 도착했다. 이곳에서 큐리오시티는 바퀴로 문지르거나 분석 장비를 이용한 분석 등을 통해 모래를 시험했다.

것과 같은 달에 출판되었다. 이 흐름은 따뜻한 기후에 나타났다가 엷은 대기 속으로 빠르게 증발되어 사라진다. 그러나 큐리오시티가 발견한 고대 냇물이나 호수 그리고 강에 어떻게 그토록 많은 물이 존재할 수 있었는지 알 수 없다. 지질학적 증거는 더 두껍고, 더 따뜻하고, 더 습도가 높은 대기의 존재를 가리키고 있다. 그러나 고대의 기후 모델은 지질학자가 본 것을 설명하지 못하고 있다. 고대 화성 기상 이론가들의 드로잉 보드로 다시 돌아가야 할 때다.

존 그로트징거가 최근 발견을 설명하면서 큐리오시티의 탐사 활동을 가장 잘 요약했다. "우리는 화성을 단순하게 생각하는 경향이 있다. 우리는 한때 지구도 단순하게 생각했었다. 그러나 자세히 살펴보면 화성에서 우리

가 보고 있는 것들의 복잡성을 깨닫게 된다. 지금은 모든 가정을 다시 평가해보아야 할 때다. 우리는 어디에선가 중요한 무엇을 잃어버리고 있다."

그리고 그것은 화성에서 탐사를 계속해야 하는 확실한 이유가 된다. 2106년에는 엑소마스 오비터와 랜더가 도착할 것이고, 2018년에는 NASA의 인사이트 오비터가 도착할 것이다. 2020 마스 로버는 2022년에 발사될 것이다. 이 네 대의 진보된 탐사선이 잃어버린 것이 무엇인지를 알아낼 수 있기를 바란다.

위 2016년 3월에 큐리오시티는 풍화된 오래된 암석이 있는 세스리움 캐니언 지역에 도착했다. 이곳에서는 핵연료 전력 공급 체계에서 합선이 계속 발생해 어려움을 겪었다. 이로 인해 로버의 속도가 느려지긴 했지만 멈추지는 않았다.

음과 양: 마벤 그리고 망갈리안

수십 년 동안 화성 탐사는 두 나라에 의해 시도되었고 미국만 성공을 거두었다. 화성 탐사선의 실패율이 반에 가까운데, 대부분의 실패는 소련에서 보낸 탐사선들이었다. 일본이 1998년에 자체적인 작은 오비터를 보내려 했지만 그 역시 실패로 끝났다. 화성은 현실적으로 미국의 영토라고 할 수 있었다.

2003년에 유럽에서 보낸 마스 익스프레스가 성공적으로 화성 궤도를 돌아(101쪽 참조) 유럽을 화성 탐사에 성공한 두 번째 나라로 만들었다. 2011년에 발사된 러시아의 최근 탐사선인 포보스-그룬트는 러시아의 궤도 비행선과 함께 중국 궤도 비행선을 싣고 갔다. 이로써 화성 탐사에 참가한 나라는 다섯으로 늘었다. 하지만 이 탐사선은 지구 궤도를 벗어나는 데 실패하고 2012년에 재진입 시도에서 불타고 말았다. 그동안에도 NASA에서는 몇 년마다 한 대씩 계속해서 화성 탐사선을 보냈다.

그런데 2013년에 화성 탐사를 시도한 나라 명단이 달라지기 시작했다. 매리너 4호가 화성 근접 비행에 성공하고(27쪽 참조), 48년이 지난 2013년에 새로운 나라가 이 경기에 참가했다. 인도가 2013년 11월에 마스 오비터 미션이라고도 부르는 망갈리안 탐사선을 발사해 2014년 9월 24일, 성공적으로 화성 궤도에 진입시킨 것이다.

인도의 위업

이것은 임대한 로켓을 이용하여 작은 시험용 궤도 비행선을 발사한 것이 아니었다. 망갈리안은 무게가 1360kg이나 되었고, 인도가 자체 제작한 PSLV 로켓으로 발사되었다. 화성에 도달한 네 번째 나라이며 첫 번째 아시아 국가로 만든 인도의 성공은 자긍심을 갖게 하기에 충분한 것이었다. NASA는 자문과 추적 그리고 항해 보조 등을 통해 인도를 지원했고, 강력한 디프 스페이스 네트워크Deep Space Network를 계속 사용하도록 하고 있다. 그러나 설계, 조립, 발사는 모두 인도에 의해 이루어졌다. 인도는 또한 탐사선과의 통신을 위해 자체적인 디프 스페이스 네트워크를 만들었다. 이 탐사 프로젝트에 들어간 총비용은 7000만 달러가 조금 넘는, 행성 탐사 비용치고는 놀라울 정도로 적은 금액이었다.

탐사선의 설계는 초기 인도 달 탐사선인 찬드라얀 달 궤도 비행선을 바탕으로 했다. 찬드라얀 달 궤도 비행선은 2008년에 달 궤도 비행을 성공적으로 마쳤다. 같은 해에 인도는 다음번 탐사 목표가 화성이라고 발표했다. 2013년에 발사하기로 예정된 화성 탐사 프로젝트는

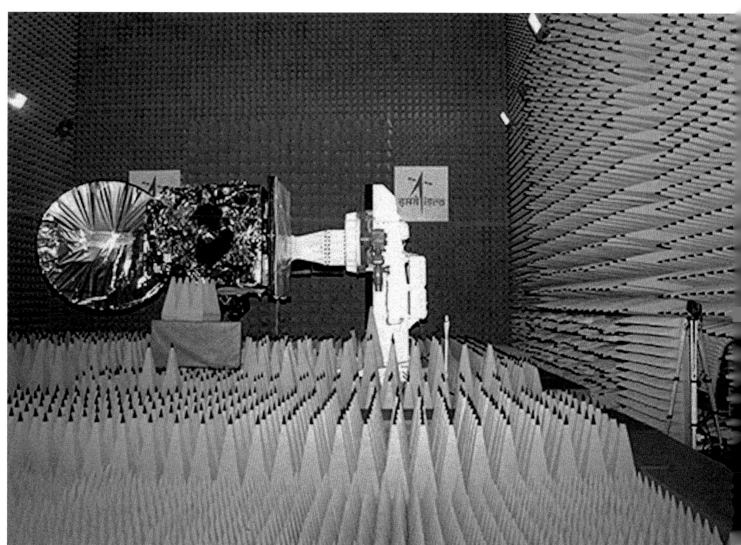

망갈리안프로젝트

프로젝트 형태	화성 착륙선
발사일	2013년 11월 5일
도착일	2014년 9월 24일
임무 수행 기간	1년 반 + 연장 중
임무 종료	계속 진행 중
발사체	극 위성 발사체
탐사선 질량	1337kg

2012년에 승인되었다. 화성 궤도 비행선을 제작하기에는 충분한 시간이 아니었다. 덕분에 행성 탐사선의 빠른 제작 기록을 세우기도 했다.

여러 가지 면에서 이것은 기술을 과시하기 위한 탐사였지만 인도의 과학적 목적은 야심적이었다. 화성 표면에 대한 일반적인 조사와 함께 망갈리안은 화성 대기의 메테인에 대해서도 조사할 계획이었다. 그리고 화성 대기가 계속 우주로 빠져나가는 것과 관련된 대기 상층부의 역할과 메커니즘을 조사하는 것도 망갈리안의 임무에 포함되어 있었다. 조사 장비에는 다음과 같은 것들이 포함되어 있었다. 리만 알파 포토미터(LAP), 화성 메테인 센서(MSM), 화성 외기 중성 성분 분석기(MENCA), 다른 물질과 함께 메테인을 찾는 데 사용할 질량분석기, 광물 분포를 알아내기 위해 필요한 표면 온도를 측정할 열 적외선 영상 분석기(TIS), 사진을 찍는 데 사용될 화성 컬러 카메라(MCC).

6개월 동안의 임무를 마친 후에도 망갈리안은 임무를 계속할 수 있도록 승인되었다. 탐사선에는 연장된 임무를 수행하는 데 필요한 연료가 충분했다. 망갈리안은 대기 중에 포함된 먼지의 양을 측정하는 데 성공했고, 다양한 고도에서의 대기 성분을 알아냈다. 화성의 위성인 데이모스에 대한 조사도 이루어져 뒷면 사진을 지구로 전송하기도 했다. 데이모스는 조석력에 의해 고정되어 항상 같은 면만 화성을 향하고 있다. 따라서 화성 탐사선이 데이모스의 뒷면 사진을 찍기란 쉽지 않은 일이었다. 데이모스 뒷면은 화성을 향하고 있는 면보다 매끄러웠으며 색깔이 달랐다. 데이모스에 대한 이와 같은 흥미로운 조사 결과는 미래의 데이모스 탐사를 촉진시킬 것이다.

맞은편 맨 위　인도 우주연구소의 관제소에서 관제사들이 망갈리안 화성 궤도 비행선을 모니터링하고 있다.

맞은편 아래　모든 전자기파를 흡수하는 무반향 실험실에서 전자기 간섭 실험을 하고 있다.

마벤의 길

인도가 탐사선을 발사하고 몇 주 후 NASA는 오랫동안 기다렸던 마벤 탐사선을 화성으로 보냈다. 마벤(MAVEN)은 화성 대기 및 진화된 전개라는 뜻의 영어 단어들의 앞 글자를 따서 만든 이름이었다. 화성 대기의 대부분이 어떻게 우주 공간으로 빠져나갔는지를 조사할 수 있도록 설계된 마벤은 망갈리안보다 이틀 빠른 2014년 9월 22일에 화성에 도착했다. 이것은 피닉스 랜더와 함께 마지막 스카우트급 탐사 프로그램 중 하나였다. 망갈리안의 화성 도착과 거의 동시에 이루어진 마벤의 화성 도착은 인도의 탐사선을 양이라고 할 때 음에 해당되었다. 50년의 경험을 자랑하는 고도로 전문화된 NASA의 탐사선이 새롭게 부상하는 우주 강국이 보낸 처녀비행을 하는 인도의 탐사선과 만난 것이다.

화성 대기의 진화 과정은 수수께끼다. 표면에서 활동하는 로버의 조사 결과는 화성이 과거 한때 많은 물을 가지고 있었음을 보여주고 있었다. 최근의 조사 자료에 의하면, 물이 많던 시기는 대략 35억 년 전에서 40억 년 전 사이이다. 이런 결론은 마스 익스플로레이션 로버 그리고 큐리오시티 로버의 탐사 활동에 참여했던 지질학자들이 내렸다. 매리너 9호 이후 궤도 비행선에서 찍은 사진에 나타난 물에 의한 침식 지형들도 이런 결론을 뒷받침하고 있다. 하지만 고대 화성 기후를 연구하는 다른 과학자들(이들을 고기상학자라고 부른다)은 오늘날 화성에서와 같이 물이 빠르게 증발하거나 즉시 얼어붙는 것

을 막아줄 밀도가 높고 따뜻한 대기의 흔적을 찾지 못하고 있다. 그렇다면 대기는 어디로 간 것일까? 화성은 고대 대기의 99%를 잃어버린 것으로 추정된다. 마벤의 기본 임무는 이러한 극단적인 변화의 원인을 찾아내는 것이었다.

마스 오디세이와 마스 리커니슨스 오비터의 설계를 바탕으로 한 마벤의 제작도 록히드 마틴에서 했다. 특수한 임무 때문에 마벤이 가져간 과학 장비는 이전 궤도 비행선들의 장비와 조금 달랐다. 카메라가 없었으며 모든 장비는 화성 대기를 조사하는데 사용할 수 있도록 설계되었다. 태양풍 조사 및 태양풍과 화성 대기의 상호작용을 조사하는 데 사용할 장비, 화성의 약한 자기장(장기간에 걸친 대기의 유실 원인이라고 생각되는)을 조사할 자기력계, 대기 상층부를 조사하는 데 사용할 영상 자외선 분광기(IUVS) 그리고 대기의 성분을 조사하는 데 사용할 중성 기체와 이온 질량분석기를 가져갔다. 마지막 장비는 망갈리안의 MENCA 장비와 유사한 것이었다.

마벤은 제한된 예산으로 수행한 프로젝트였지만 무게가 가볍지는 않았다. 탐사선의 몸체는 한 변의 길이가 2.4m인 육면체로 태양전지판을 펼치면 너비가 11.5m나 되었다. 그리고 무게는 2449kg이었다.

마벤의 첫 한 해 동안의 관측 결과를 분석한 연구자들은 계속 행성에 충돌하는 태양의 고에너지 입자들로 이루어진 태양풍이 약한 자기장을 가지고 있는 화성의 대기를 대부분 우주로 날려 보냈다고 결론지었다. 이는 예상했던 결론이었다. 그들은 또한 대기의 유실 속도가 태양에서 오는 에너지가 증가하는 태양 폭풍 때 빨라진다는 것을 알아냈다. 대기의 유실 속도는 초당 113g으로, 전체 행성으로 보면 많은 양이 아니지만 수십억 년 동안 유실된 양은 엄청나다. 그리고 태양 활동이 활발해지면 대기 유실 속도도 증가하는데 태양계 형성 초기에는 태

게일 크레이터

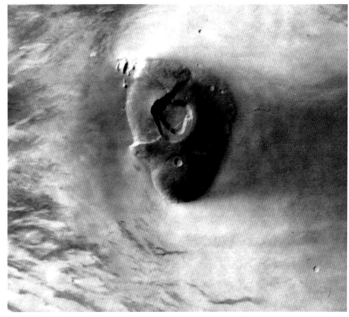

맞은편 마벤의 로고(2013).

위 좌측 망갈리안의 화성 컬러 카메라가 촬영한 게일 크레이터에 있는 큐리오시티 기지.

위 우측 망갈리안이 찍은 거대한 화성 화산 타르시스 톨루스, 가장 넓은 지점의 너비가 155km인 이 화산은 매리너 9호가 처음 발견했다.

우측 NASA의 마벤이 화성에 이르는 경로를 나타낸 그림. 화성을 지날 때쯤 마벤은 그림에 나타난 긴 타원 궤도로 들어가기 위해 연료의 반을 소모했다. 후속 로켓 점화를 통해 최종 궤도로 들어간 마벤은 이전 탐사선들이 사용했던 에어로브레이킹을 하지 않고 과학 탐사를 수행할 낮은 궤도로 진입했다.

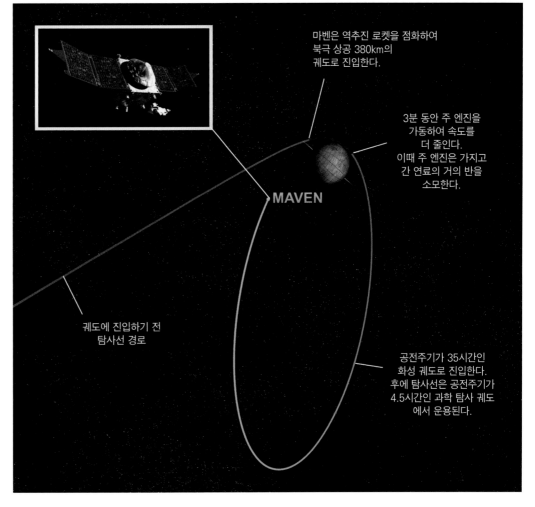

마벤은 역추진 로켓을 점화하여 북극 상공 380km의 궤도로 진입한다.

3분 동안 주 엔진을 가동하여 속도를 더 줄인다. 이때 주 엔진은 가지고 간 연료의 거의 반을 소모한다.

MAVEN

궤도에 진입하기 전 탐사선 경로

공전주기가 35시간인 화성 궤도로 진입한다. 후에 탐사선은 공전주기가 4.5시간인 과학 탐사 궤도에서 운용된다.

양 활동이 활발했었다. 화성은 오랜 세월 동안 많은 대기를 잃고 있었던 것이다. 화성 대기는 극적인 변화를 거쳐 현재는 초기 대기의 1% 정도만 남게 되었다.

주로 양성자와 전자로 이루어진 태양에서 날아온 고에너지 입자는 화성에 160만 km/h의 속력으로 충돌한다. 이러한 충돌로 발전기에서와 같이 전기장이 만들어진다. 이 전기장은 화성 대기에 있는 이온을 가속시켜 우주 공간으로 달아나도록 만든다. 이런 일이 수십억 년 동안 계속되면서 화성은 춥고 메마른 행성으로 변했다.

마벤은 대기 유실과 관련된 자세한 것을 조사하기 위해 계속 활동하고 있다. 그러나 과거 물을 많이 포함하고 있어 생명체에 우호적이었던 화성을 오늘날의 메마른 화성으로 변화시킨 화성의 얇은 대기와 관련된 큰 질문의 답은 얻어낸 것으로 보인다. 마벤의 임무 연장은 남아 있는 빈칸이 모두 메워질 때까지 계속될 것이다. 그리고 2018년에 화성 착륙선을 보낼 계획인 인도의 다음 모험도 계속될 것이다.

맞은편 2013년 11월 18일, 플로리다 케이프 캐너버럴에서 마벤이 아틀라스 V 로켓에 실려 발사되었다.

위 비행을 준비하는 기술자들과 비교하면 마벤의 크기를 짐작할 수 있다.

아래 이 그래프는 마벤의 주 탐사 임무 중 하나인 화성의 대기 유실을 나타내고 있다. 각 그래프는 화성에 충돌하는 태양풍 입자에 의해 다른 대기 원소들이 오랫동안에 걸쳐 화성을 탈출하는 것을 보여주고 있다. 화성은 자기장의 보호를 받지 못하고 있다.

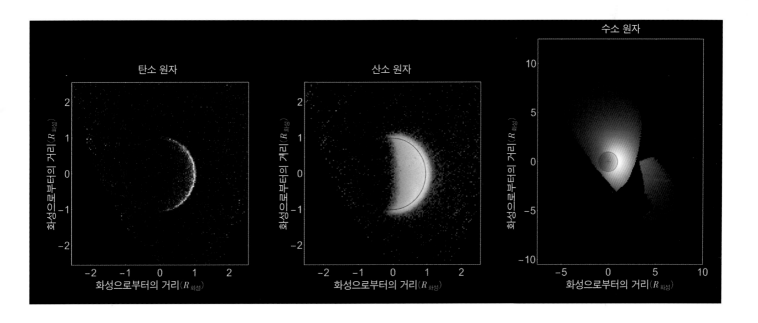

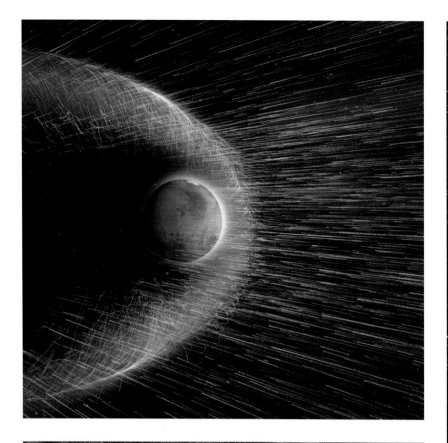

맞은편 좌측 위　태양에서 불어오는 많은 양의 고에너지 입자들로 이루어진 태양풍이 화성을 지나가면서 대부분의 화성 대기를 튕겨내는 것을 나타낸 그림. 지구와 달리 화성은 아주 약한 자기장을 가지고 있다.

맞은편 좌측 아래　지구의 경우에는 태양풍이 훨씬 활동적인 자기권에 의해 방향을 바꾸어 흐르게 된다.

위　에너지가 크게 증가하는 시기인 태양 폭풍 동안 만들어진 강력한 태양풍이 화성 대기에 포함된 이온을 튕겨내는 것을 나타낸 그림.

마벤

프로젝트 형태 화성 착륙선

발사일 2013년 11월 18일

토착일 2014년 9월 22일

임무 수행 기간 2년 이상

임무 종료 계속 진행 중

발사체 아틀라스 V

탐사선 질량 809kg

다음 단계:
인사이트 그리고 마스 2020 로버

───────────◈───────────

2년마다 화성 탐사선 발사의 최적기가 오기 때문에 이때마다 화성 탐사선을 보내야 한다는 압력을 받게 된다. 그러나 한정된 예산과 프로젝트 진행의 지연으로 항상 탐사선 발사 최적기에 맞추어 탐사선을 보내기는 어렵다. 마벤과 망갈리안이 2014년에 화성에 도달했으므로 NASA는 2016년 도착을 목표로 인사이트라고 명명된 새로운 착륙선을 발사할 예정이었지만 치명적 결함이 발견돼 보류되었다. 이것은 디스커버리급의 프로젝트로, 소요 예산은 4억 2500만 달러다. 돈과 시간을 절약하기 위해 마스 피닉스 랜더의 설계를 화성 깊숙한 곳을 탐사하려는 임무에 맞도록 수정하여 사용했다.

새로운 인사이트가 화성 안으로……

인사이트는 마벤과 마찬가지로 특수한 조사 과정을 따르도록 만들어진 특수 임무를 띤 탐사선이다. 인사이트의 기본 임무는 화성 지하의 지질학적 조사를 통해 화성의 전체 구조에 대한 자료를 수집하는 것이다. 화성은 태양계의 지구형 행성 중 하나다. 암석으로 이루어진 지구형 행성에는 지구, 수성, 금성, 화성이 있다. 나머지 행성들은 전혀 다른 진화 과정을 거친 기체 행성이다. 고대 이후 변하지 않고 남아 있는 화성 표면을 조사하면 화성뿐만 아니라 지구형 행성 전체에 대해 많은 것을 알아낼 수 있다. 화성 표면은 바람과 모래에 의해 조각되었다. 이른 시기에는 물에 의해 영향을 받았지만 지금의 화성은 수십억 년 동안 극심한 풍화 과정과 격렬한 구조 변화가 있었던 지구와 비교하면 지질학 박물관과 같다.

화성의 내부 구조는 전혀 탐사되지 않고 남아 있는 마지막 중요한 부분이다. 화성의 뜨거운 핵(지구의 핵보다 훨씬 작을 것으로 추정되는), 맨틀, 지각을 조사하고 그 결과를 지구와 비교하면 암석으로 이루어진 지구형 행성의 초기 형성 과정을 상당 부분 이해할 수 있게 될 것이다.

무게가 363kg인 인사이트 랜더는 임무를 수행하기 위해 특수 장비를 화성으로 가져갈 예정이다. 이들 장비 가운데 가장 중요한 두 장비 중 하나는 내부 구조를 알아내기 위한 지진 실험 장치(SEIS)다. 지진계는 지진을 측정할 수 있을 뿐만 아니라 화성의 내부 구조도 알아낼 수 있다. 지진계는 매우 민감해 멀리 떨어진 운석의 충돌도 감지할 수 있다. 바이킹 착륙선도 기초적인 지진계(하나만 작동했다)를 가져갔지만 SEIS는 훨씬 민감한 장비다. 두 번째 장비는 열흐름과 물리적 성질을 탐사하는 장비(HP3)다. 이 장비는 화성의 내부에서 표면으로 흐르는 열을 측정할 것이다.

인사이트가 가져갈 장비 중에는 회전 및 내부 구조 실험 장비도 포함되어 있다. 이 장비는 탐사선의 전파 신호를 이용하여 화성 자전 속도를 정밀하게 측정할 것이다. 이것은 화성의 내부 구조와 정확한 질량을 결정하는 데 도움을 줄 것이다. 착륙선의 데크와 로봇 팔에 설

───────────────────

맞은편　인사이트의 화성 착륙 상상도. 인사이트는 성공적인 마스 피닉스 착륙선의 설계를 바탕으로 하고 있다.

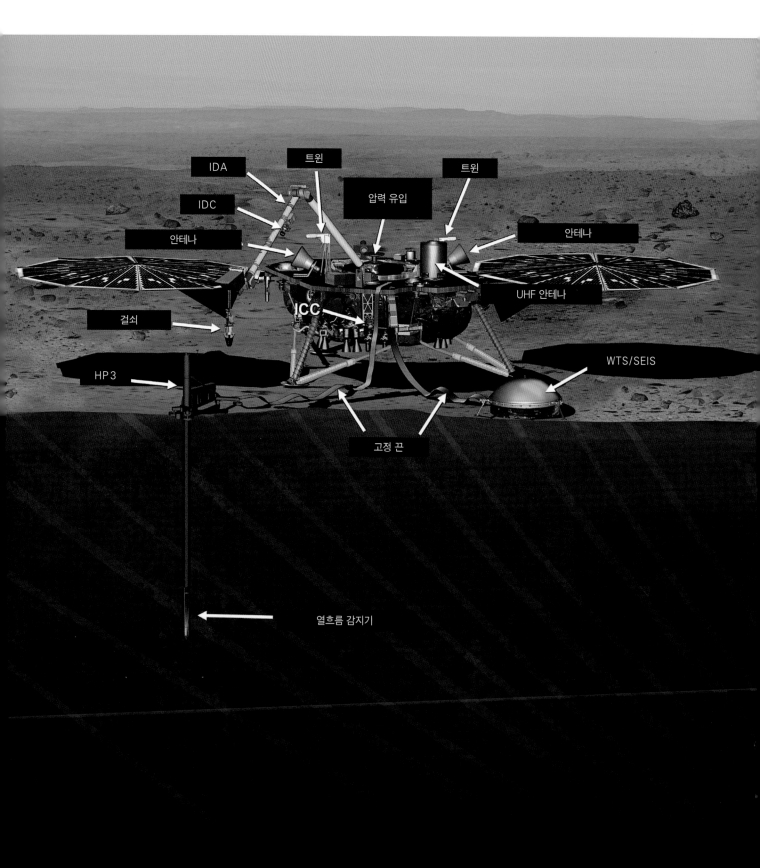

치될 두 개의 작은 카메라는 위치를 결정하고. SEIS 지진계의 설치 위치를 조사하는 데 사용될 것이다. 그리고 자기력계와 기상 측정 장치도 인사이트의 장비 목록에 포함되어 있다.

HP3 열흐름 실험은 화성에서 치음 실시되는 것으로, 오래전부터 화성에서 실시해보고 싶어 했던 실험이었다. 아폴로의 달 탐사에서는 1970년대에 비슷한 장비를 달에 설치했다. 하지만 그때는 우주 비행사가 센서가 달린 막대를 달 표면 깊숙이 박아 넣어 설치했지만 화성에서는 비슷한 일을 우주비행사 대신 로봇이 하는 첫 번째 시험이 될 것이다. 이 실험에서는 45cm 길이의 막대를 내부 망치를 이용해 화성 표면 5m 아래 설치할 것이다. 이 막대에 연결된 선에는 일정한 간격으로 열 감지 센서가 달려 있다. 화성 내부로부터 열 감지 센서에 도달하는 열의 흐름을 측정하여 과학자들은 화성의 내부 구조와 그 지역의 구조를 추정할 수 있을 것이다.

착륙 후에 인사이트의 로봇 팔을 이용하여 SEIS의 지진계를 내려 표면에 설치할 것이다. 이것은 화성 착륙선의 또 다른 최초 기록이 될 것이다. 충분한 시험을 거쳤고, 매우 단순해 보이지만 무인 행성 탐사에서 첫 번째로 시행하는 모든 실험은 모든 가능한 실패 시나리오를 감안하여 지구에서의 시험을 거쳐 작동을 확인한다. 제트추진연구소의 열 감지 센서와 지진 센서 연구팀은 이 장비가 성공적으로 설치되어 자료를 전송해올 때까지 긴장을 풀 수 없을 것이다.

인사이트 탐사에서는 화성 탐사선을 위한 새로운 통신 기술도 시험할 계획이다. 인사이트가 착륙하기 전에 작은 육면체 모양의 인공위성 두 대를 화성 궤도에 배치할 예정이다. 통신 중계 역할을 맡은 이 미니 궤도 비행선의 주 임무는 인사이트 랜더가 화성 표면으로 내려가

맞은편 2018년에 발사될 예정인 인사이트 착륙선. 인사이트는 지진계인 WT/SEIS, 열흐름 감지기인 HP3를 가져갈 예정이다. 이 두 장비는 화성 내부 탐사를 주 임무로 하는 인사이트 착륙선의 가장 중요한 장비다.

아래 좌측 화성 대기로 진입하기 전에 인사이트는 착륙 과정 추적을 도와줄 큐브셋을 화성 궤도에 설치했다.

아래 우측 엘리시움 플라니티아에 있는, 길이가 130km인 인사이트의 착륙 타원. 이 지역은 인사이트 탐사선을 위한 가장 적합한 후보지로 평가되고 있다.

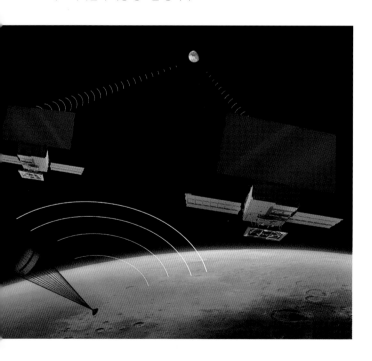

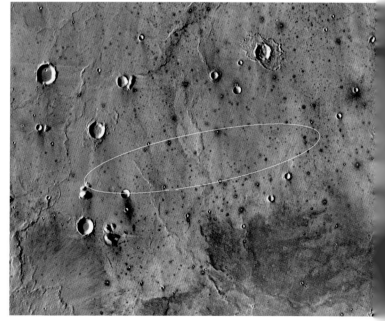

는 동안 전파 신호를 지구로 전송하는 것이다. 이 방법이 효과적이면 더 많은 큐브셋CubeSat이 화성 궤도로 보내질 것이다. 큐브셋들은 착륙 과정을 지원하면서, 마스 오디세이나 마스 리커니슨스 오비터와 같은 커다란 과학적 탐사선이 수행해온 착륙선이나 로버들의 통신을 중계하는 2차적인 임무를 보조하게 될 것이다.

인사이트 탐사선은 2016년 발사를 위해 제작되어 시험을 거치며 준비되어왔다. 그러나 지진계와 관련된 문제로 지연되고 있다. 지진계는 매우 민감한 부품이 거의 마찰이 없는 환경에서 작동하도록 하기 위해 진공상태로 밀폐되어 있다. 비행 전 시험에서 진공 밀폐에 문제가 있는 것이 발견됨에 따라 제트추진연구소는 수리하거나 교체를 시도하고 있다. 현재 2018년으로 예정된 새로운 발사 일정이 발표되었다.

마스 2020 로버

마스 2020 로버는 화성에 보낼 다음번 탐사선이다. 복잡성, 야심 그리고 예산 부분에서 큐리오시티(152쪽 참조)와 경쟁할 수 있는 로버로, 경비를 절약하기 위해 큐리오시티와 같은 골격으로 설계되었다. 큐리오시티의 25억 달러보다 훨씬 적은 15억 달러 정도의 예산이 잡힌 마스 2020은 이전과는 다른, 그리고 좀 더 복잡한 장비들을 가지고 갈 것이다. 이 탐사선은 이름을 통해 예측할 수 있는 것처럼 2020년에 발사될 예정이다.

마스 2020 로버의 임무는 매우 인상적이다. 주된 목표는 과거와 현재의 생명이 살 수 있는 환경을 찾아내는 것이다. 다시 말해 큐리오시티의 임무를 보다 심도 있게 하는 것이다. 생명체의 구성 성분인 유기화합물을 결정하기 위한 좀 더 향상된 장비도 포함될 것이다. 이 장비는 큐리오시티의 ChemCam과 유사하지만 생명의 흔적이나 생명의 징후를 찾아낼 수 있는 기능을 갖추고 있

다. 다른 실험도 이루어지겠지만(아래 요약되어 있음), 가장 주목을 끄는 것은 암석 샘플 채취용 드릴과 샘플 저장장치다. 이 로버는 암석의 샘플을 채취한 다음 미래 지구로 가져와 분석하기 위해 저장할 것이다. 이것은 화성에 대한 우리의 이해를 크게 바꾸어놓을 것이다.

이 로버가 싣고 갈 특수한 장비는 다음과 같다.

- **마스트캠-Z**MastCam-Z: 큐리오시티가 사용했던 카메라의 성능을 향상시킨 카메라. 이 카메라는 목표물 줌인 기능을 가지고 있다(큐리오시티는 광각렌즈와 망원렌즈가 달린 두 개의 카메라를 사용했다).

- **슈퍼캠**SuperCam: 큐리오시티의 ChemCam을 업그레이드한 것이다. 멀리 있는 목표물을 레이저로 태울 때 나오는 빛을 분석하여 광물의 성분을 분석하는 기능은 비슷하다. 그러나 슈퍼캠은 암석이나 토양 표면에 있는 유기물을 구별해낼 수 있다. 따라서 탐사해야 할 지역을 훨씬 빠르게 찾아낼 수 있을 것이다.

- **엑스선 리소케미스트리**Lithochemistry**를 위한 행성 장비**PIXL: 큐리오시티의 CheMin과 마찬가지로 PIXL은 엑스선 형광을 이용해 로봇 팔이 넣어주는 샘플의 구성 원소를 알아낸다. 그러나 CheMin보다 훨씬 정밀한 분석이 가능하다.

- **생명체가 살 수 있는 환경 조사 장비**(SHERLOC): 자외선 레이저를 이용하여 생명체나 생명체 전구물질인 유기물질을 찾아낸다.

- **화성 환경 분석 장비**(MEDA): 바람의 방향과 속도, 온도, 대기 압력, 습도, 대기 중 먼지 입자의 크기나 모양을 측정하는 기상 관측 장비.

- **화성 지하 탐사 레이더 이미저**(RIMFAX): 지표면을 투과하는 레이더를 이용하여 로버 아래 있는 지하의

마스 2020 로버

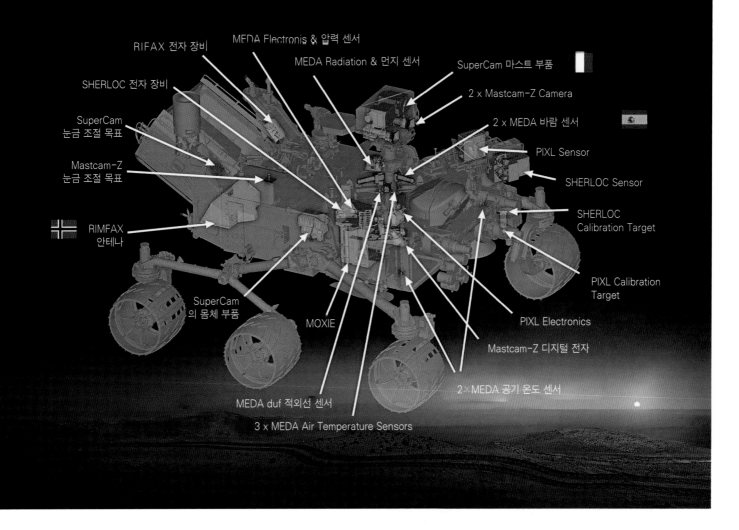

RIFAX 전자 장비

MEDA Flectronis & 압력 센서

SHERLOC 전자 장비

MEDA Radiation & 먼지 센서

SuperCam 마스트 부품

2 x Mastcam-Z Camera

SuperCam
눈금 조절 목표

2 x MEDA 바람 센서

Mastcam-Z
눈금 조절 목표

PIXL Sensor

SHERLOC Sensor

RIMFAX
안테나

SHERLOC
Calibration Target

SuperCam
의 몸체 부품

PIXL Calibration
Target

MOXIE

PIXL Electronics

Mastcam-Z 디지털 전자

2×MEDA 공기 온도 센서

MEDA duf 적외선 센서

3 x MEDA Air Temperature Sensors

위 　2020년에 발사될 예정인 마스 2020 로버는 성공적으로 임무를 수행했던 오퍼튜니티의 설계를 바탕으로 하고 있다. 그러나 화성 대기에서 산소를 추출하는 기술을 시험할 MOXIE를 포함하고 있는 내부는 크게 달라질 것이다.

마스 2020

프로젝트 형태	화성 로버
발사일	2020년 예정
도착일	2020년 예정
임무 수행 기간	기약 없음
임무 종료	기약 없음
발사체	아틀라스 Ⅴ 예정
탐사선 질량	907kg

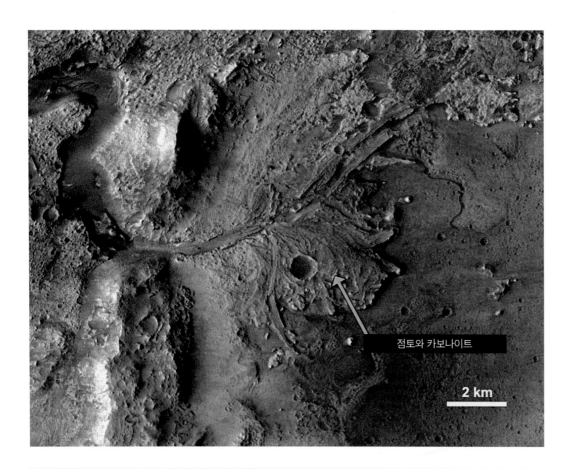

점토와 카보나이트

2 km

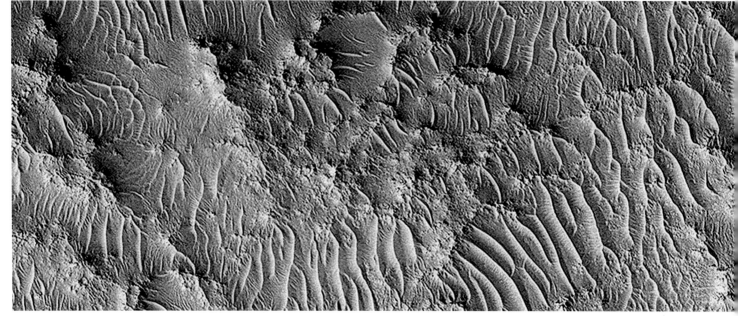

위 마스 2020 로버의 착륙 후보지 중 가장 유력한 지역인 예제로 크레이터. 너비가 45km 인 이 지역에는 물에 의해 형성된 지형이 많다.

아래 오랫동안 존재했던 예제로 호수는 생명체 가 살았을 가능성이 있다. 우주생물학 실험 장 비를 가지고 있는 마스 2020 로버에게 예제로 는 매력적인 착륙 지점이다.

맞은편 마스 2020 로버가 한때 화성에 존재 했던 생명체를 찾아낸다면 화성과 우주 그리고 우리 자신을 보는 방법을 극적으로 바꿔놓을 것이다.

지질학적 구조에 대한 고해상도 정보를 제공하는 장비.
- **화성 산소 현장 자원 활용 실험**(MOXIE): 화성 대기에서 산소 추출 시험을 하게 될 장비.

마지막 장비인 MOXIE는 유인 화성 탐사에 대비한 것이다. 이산화탄소를 많이 포함하고 있는 화성 대기에서 산소를 추출해낼 수 있게 되면 숨 쉴 수 있는 공기와 마실 수 있는 물, 그리고 로켓 연료를 만드는 데 사용할 수 있을 것이다. 이 장비의 이름은 화성에서 발견되는 자원을 미래에 화성에 갈 사람을 지원하는 데 사용할 수 있는 능력을 의미한다.

마스 2020 로버는 큐리오시티와 마찬가지로 드릴을 가지고 갈 것이다. 그러나 큐리오시티처럼 암석과 토양을 갈아서 먼지와 같은 샘플만 제공하는 것이 아니라 표면을 관 형태로 뚫어 암석 샘플을 채취할 수 있도록 개량되었다. 가져가는 31개의 작은 관을 이용해 암석 샘플을 수집한 뒤 미래 샘플 회수 프로젝트에 대비하여 저장해둘 것이다.

마스 2020 로버는 큐리오시티를 성공적으로 화성에 착륙시킨 것과 같은 스카이 크레인 시스템을 수정하여 이용할 것이다. 착륙 지점에 대한 평가는 아직도 진행 중이다. 최종 결정은 몇 년 후에나 내려지겠지만 가장 유력한 후보지는 예제로 크레이터다. 너비 45km인 이 크레이터의 크기는 큐리오시티가 착륙했던 게일 크레이터의 4분의 1 정도다. 착륙은 어려운 과정이 될 것이다. 그러나 큐리오시티가 게일 크레이터에서 발견한 것으로 미뤄보면 예제로는 매력적인 장소다. 이 크레이터는 수백만 년 전에 틀림없이 많은 양의 물이 차 있던 곳이다. 그리고 지질학적 다양성이 탐사의 대가를 지불해

줄 것이다. 많은 침식 수로가 암석과 토양을 집수 지역으로 날라왔을 이런 토양과 암석은 로버가 가지고 가는 정밀한 장비가 분석할 중요한 자원이 될 것이다. 오랫동안 존재했던 물은 한때 화성 미생물을 위한 최적 환경이었을 것이라는 점도 착륙 지점 선정에서 유리하게 작용할 것이다.

다른 기술을 포함시키는 문제도 논의되고 있다. 심각하게 고려하고 있는 새로운 기술 중 하나는 로버로부터 높이 날아올라 지형의 사진을 찍어 전송할 수 있는 소형 헬리콥터, 즉 드론이다. 사람의 감독 아래 자체적으로 운행하는 현대 로버에게는 앞에 있는 지형에 대한 많은 정보가 필요하다. 그런데 화성의 지도는 정밀하지 않고, 로버의 마스트에 설치된 카메라는 장애물 너머를 볼 수 있는 능력이 제한적이다. 따라서 헬리콥터나 다른 종류의 드론은 암석, 모래언덕, 산등성이 너머를 볼 수 있는 보다 향상된 능력을 제공할 것이다.

이 프로젝트에는 또 다른 기회가 있을지도 모른다. 마스 2020 로버는 준비가 진행 중이다. 최종 결정은 아마도 2020년 발사일에 맞출 수 있도록 2018년이나 2019년쯤 내려질 것이다. 이 책을 쓰고 있는 현재까지는 로버가 수집한 암석 샘플을 지구로 가져오기 위한 탐사선이나 예산에 대한 계획이 없다.

마스 2020 로버는 인간을 화성에 보내는 결정적인 동기를 제공할 것이다. MOXIE 장비가 예상대로 잘 작동하면 화성 대기에서 산소를 모을 수 있는 우리의 능력에 대한 확신을 갖게 되어 유인 화성 탐사 계획에 큰 진전이 있을 것이다. 그리고 생명체나 과거 생명체의 증거가 발견되면 우리가 화성을 보는 방법을 영원히 바꿔놓을 것이다.

러시아의 차례: 유럽의 엑소마스

마스 익스프레스의 놀랄 만한 성공 이후(99쪽 참조) 유럽은 새로운 화성 탐사 계획을 수립하기 시작했다. 2008년과 이후 몇 년 동안 유럽우주국과 NASA는 몇 개의 탐사 프로그램을 발표했다. 두 우주국은 복수의 탐사선을 차례로 보낼 계획을 세웠다. 이 프로그램의 첫 번째 탐사선이 될 NASA의 마벤(184쪽 참조)과 비슷한 기능을 가진 궤도 비행선은 시험 착륙선과 함께 화성으로 날아갈 것이다.

그리고 2년 후에는 궤도 비행선을 중계 기지로 사용하는 착륙선과 함께 로버가 화성으로 갈 것이다. 유럽우주국에서 러시아의 소유스 로켓을 이 탐사선들의 발사에 이용하는 문제에 대해 논의한 후에 NASA는 미국의 아틀라스 V 로켓을 제공하겠다고 제안했다. 이 탐사선들은 2016년과 2018년에 발사될 예정이었다. 이 계획은 NASA가 미국의 과학 예산이 대폭 삭감되고, 다른 프로젝트에 많은 예산이 들어가면서 이미 결정된 탐사 계획도 취소해야 했던 2012년 NASA가 발을 빼기 전까지 여러 차례 수정되었다. 그리고 NASA가 발을 빼면서 유럽은 다시 러시아로 돌아갔다.

트레이스 가스 오비터와 스키아파렐리
쌍둥이 엑소마스 탐사선들은 2년 간격을 두고 따로 발사될 예정이다. 이 프로젝트의 이름은 화성에 있는 외계 생명체라는 뜻의 영어 단어 앞 글자들을 축약한 것이다. 이름이 의미하는 것처럼 이 탐

사의 목적은 화성에서 생명체를 찾아나는 것이다. 독특한 설계로 만들어진 이 프로젝트는 두 번에 걸쳐 발사될 네 개의 탐사선으로 구성되었다. 2016년에는 트레

위 엑소마스 프로젝트의 첫 번째 탐사선에는 2016년에 발사된 트레이스 가스 오비터가 포함되어 있다. 이 궤도 비행선의 기본 임무는 화성 대기에서 메테인을 찾아내는 것이다.

이스 가스 오비터(TGO)와 스키아파렐리 착륙선이 같은
해 말쯤 화성 도착 예정으로 발사될 예정이다. 그리고
2018년에는 비슷한 착륙 스테이지가 로버를 싣고 화성
으로 향하게 될 것이다. 따라서 이 탐사 프로젝트는 두
대의 궤도 비행선, 두 대의 착륙선 그리고 한 대의 로버
로 이루어질 예정이다.

이 프로젝트의 각 탐사선들은 모두 특정한 목표를 가
지고 있다. 2016년에 발사된 트레이스 가스 오비터와
스키아파렐리 착륙선은 함께 비행하다 화성에 도달하
기 며칠 전에 분리된다. 가스 오비터는 화성 대기에 소
량만 존재하는 특정한 기체를 찾아내도록 설계되어 있
다. 가스 오비터가 찾고자 하는 기체 중 가장 중요한 기

체는 생명 활동에 의해 만들어졌을 가능성이 있는 메
테인이다. 만약 프로페인과 메테인이 함께 발견된다면
메테인이 생명체에 기원을 두고 있을 가능성이 커진
다. 만약 이산화황이 발견된다면 메테인이 지질학적
인 반응에 의해 만들어졌다는 주장이 설득력을 얻을
것이다.

마스 익스프레스 오비터는 몇 년 전 화성 대기에서 메
테인을 찾아냈다. 하지만 간헐적인 관측으로 메테인의
기원을 알아낼 수는 없었다. 트레이스 가스 오비터가 화
성 대기에서 메테인을 찾아내고, 그것이 생물학적인 기
원을 가지고 있다는 사실이 밝혀진다면 역사적인 발견
이 될 것이다.

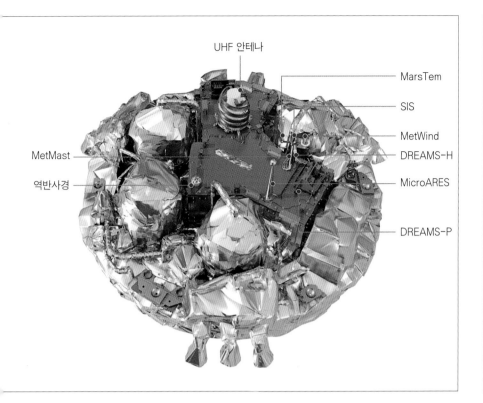

UHF 안테나

MarsTem

SIS

MetWind

DREAMS-H

MetMast

역반사경

MicroARES

DREAMS-P

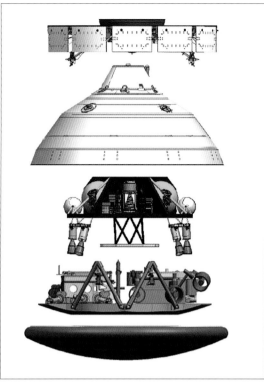

지질학 환경: 형태

기반암 지역

FRT
0810D

FRT
04B66

언덕 지역

18.5° N

선상 퇴적

18° N

기반암 지역

FRT
09A16

쿠군 수로

17.5° N

17° N

수로들

FRT
0843B

FRT
810FE9

16.5° N

HRL
0A3DE

km

0 10 20   40   60   80

-25° W   24.5° W   -24° W   23.5° W   -23° W   22.5° W

맞은편 　화성에 가까워지자 2016 엑소마스 트레이스 가스 오비터는 스키아파렐리 착륙선을 분리했다. 러시아에서 설계한 스키아파렐리는 화성에 안전한 착륙을 시도한 후 약 일주일 동안 과학적 자료를 지구로 전송할 예정이다.

위 좌측 　스키아파렐리 착륙선은 기본적으로 2018년으로 예정된 엑소마스 로버의 안전한 화성 착륙을 위한 시험 착륙선이었다. 그러나 며칠 동안 사용할 전지와 과학 장비를 갖추고 있었다.

위 우측 　열 차단 장치를 보여주는 EDM 구조.

아래 옥시아 플라눔은 39억 년 전의 점토를 함유한 암석이 가장 많이 노출되어 있는 지역이다.

트레이스 가스 오비터에 실린 장비에는 적외선 분광기 한 대와 두 대의 자외선 분광기로 이루어진 NOMAD라는 이름의 복합 분석기가 포함되어 있다. 러시아 장비인 대기 화학 분석기(ACS)도 대기의 조성을 정밀하게 분석하기 위해 적외선 분광기를 사용할 것이다. 역시 러시아 장비인 FREND라고 부르는 중성자 감지기는 화성 표면 몇 cm 안에 포함된 수소를 탐지하고 이를 통해 얼음의 분포를 알아낼 것이다. 마지막으로 스위스가 제공한 카메라는 고해상도 사진 촬영에 사용될 것이다.

스키아파렐리 진입, 하강, 착륙 시험 모듈(Schiaparelli EDM)은 엑소마스 로버를 화성 표면에 착륙시킬 2018년 착륙 스테이지를 위한 기술 시험 역할을 할 것이다. 스키아파렐리 EDM은 지름 2.4m의 접시 모양이다. 이 모듈도 작은 과학 장비들을 가져가지만 준비해간 전지로는 며칠밖에 작동시킬 수 없을 것이다.

태양전지와 핵연료를 이용한 발전이 모두 논의되었다. 러시아가 유럽우주국에 핵연료 발전기를 제공할 것을 고려했지만 성사되지 않았다. 따라서 착륙선은 전지를 이용하여 며칠 동안만 작동하도록 계획이 축소되었다.

트레이스 가스 오비터에서 분리된 후 스키아파렐리 착륙선은 화성 대기에 진입하여 단열판, 낙하산, 역추진 로켓을 이용하여 착륙할 것이다. 하강 마지막 단계에서는 로켓을 이용할 것이다. 착륙선이 표면에 닿은 후에도 남아 있는 에너지는 착륙선 본체 아래의 부서질 수 있는 스테이지가 흡수할 것이다(큐리오시티의 착륙에도 제트추진 연구소 팀이 이 시스템을 사용할 것을 제안했지만 거부되었다).

스키아파렐리의 착륙 지점은 마스 익스플로레이션 로버 중 하나인 스피릿이 착륙했던 지역(111쪽 참조)과 같은 메리디아니 플라눔이다. 스키아파렐리는 대기 중의 먼지 함유량에 대한 기초 조사를 하고, 바람 속도, 온도, 대기압, 표면 온도와 같은 기상 자료를 측정할 예정이며, 화성에서 먼지 폭풍이 발생하는 주요 원인으로 추정되는 표면의 전기장도 측정할 것이다(유럽우주국은 2016년 10월 19일 화성 표면에 착륙 예정이던 스키아파렐리 착륙선이 착륙 1분 정도를 남기고 통신이 두절되었다고 발표했다. 유럽우주국은 스키아파렐리 착륙선이 2~4km 상공에서 예정되었던 속도인 300km/h보다 훨씬 빠른 속도로 낙하해 그 충격으로 폭발한 것으로 추정했다 - 옮긴이).

엑소마스 로버

2016년 10월 화성 궤도에 도달하는 트레이스 가스 오비터는 7년 동안 화성 탐사 활동을 할 것으로 예상된다.

트레이스 가스 오비터와 스키아파렐리의 탐사 활동이 예정대로 진행된다면 두 번째 엑소마스 탐사선이 2018년에 발사될 것이다. 그러나 2020년으로 연기될 가능성이 없는 것은 아니다. 이번에도 스키아파렐리가 사용했던 것과 같은 착륙 플랫폼을 들어 올리는 데 러시아 프로톤 로켓을 사용할 것이다. 그러나 이번에는 착륙 플랫폼 위에 엑소마스 2018 로버가 올라가 있을 것이다. 표면에 도착한 뒤 308kg의 로버는 램프를 통해 착륙 스테이지로부터 표면으로 내려갈 것이다.

엑소마스 로버의 착륙 예정 지점은 화성 북반구에 있는 옥시아 플라눔으로, 바이킹 1호의 착륙 지점과 마스 익스플로레이션 로버 중 스피릿 로버가 착륙한 지점(40쪽과 152쪽 참조) 중간에 위치해 있다. 이 지역은 대부분 40억 년 전쯤에 형성된 고대 점토층으로 이루어졌다. 표면을 덮고 있는 점토가 부드러워 로버가 드릴로 땅 속 깊은 곳, 외부 환경 변화의 영향을 덜 받은 토양 샘플을 채취하기를 기대하고 있다.

NASA가 보낸 화성 로버들과 마찬가지로 엑소마스

로버는 자체적으로 운행할 수 있는 기능을 갖출 것이다. 트레이스 가스 오비터는 엑소마스 로버와 지구 사이의 통신을 중계할 것이다. 엑소마스 로버의 주목표는 화성 표면에서 생명체의 흔적을 찾는 것이다. 이 목표를 달성하기 위해 엑소마스 로버가 사용할 장비들에는 큐리오시티가 썼던 것과 비슷한 광각렌즈와 망원렌즈를 사용하는 파노라마 카메라 시스템(PanCam), 생명과학 실험실, 고도로 정밀한 질량분석기인 화성 유기 분자 분석기(MOMA)를 포함하고 있는 파스퇴르 장비 그리고 라만 분광기와 같이 사용될 적외선 영상 분석기(MicrOmega-

IR)가 포함되어 있다. 적외선 영상 분석기는 로버 안에 들어온 토양과 암석의 샘플을 분석하여 유기 분자와 생명체의 흔적을 찾아내는 데 사용될 것이다.

로버 아래 3m까지 투과할 수 있는 지면 투과 레이더(WISDOM)는 샘플을 채취하기 적당한 장소를 찾아내는 일을 도울 것이다. 로봇 팔의 드릴 봉 안에는 또 다른 적외선 분광기인 화성 지하 다중 스펙트럼 영상 장치(Ma-MISS)가 부착될 것이고, 큐리오시티의 MAHLI와 비슷

위 2015년 케임브리지 과학 페스티벌에 전시된 엑소마스 로버 시제품.

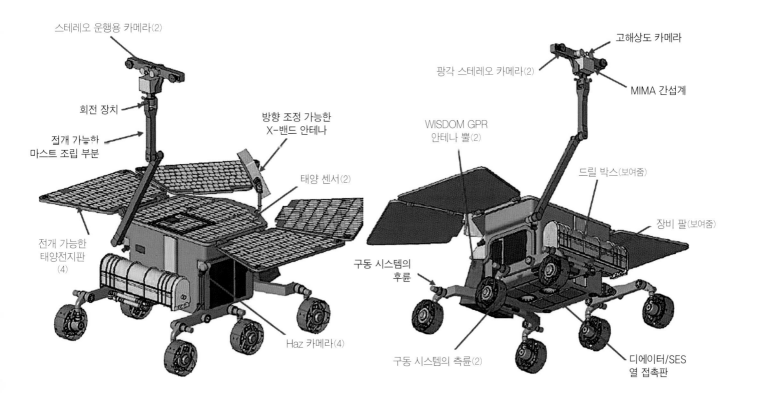

스테레오 운행용 카메라(2)

회전 장치

접개 가능한
마스트 조립 부분

방향 조정 가능한
X-밴드 안테나

태양 센서(2)

전개 가능한
태양전지판
(4)

Haz 카메라(4)

고해상도 카메라

광각 스테레오 카메라(2)

MIMA 간섭계

WISDOM GPR
안테나 뿔(2)

드릴 박스(보여줌)

장비 팔(보여줌)

구동 시스템의
후륜

구동 시스템의 측륜(2)

디에이터/SES
열 접촉판

한 근접 카메라도 로봇 팔에 설치될 것이다.

그러나 엑소마스 로버에서 가장 중요한 장비는 드릴이다. 엑소마스 로버는 최초로 코어 샘플 드릴을 가지고 갈 예정이다. 이 드릴은 표면 아래 2.1m까지 뚫어 강한 방사선이 미치지 않는 곳에 있을지도 모르는 미생물을 찾아낼 것이다. Ma-Miss 분광기는 드릴 내부에서 구멍의 사진을 찍을 것이다. 모든 것이 제대로 진행된다면 17번까지 드릴을 이용해 샘플을 채취할 것이다.

엑소마스 계획에는 많은 변수들이 있다. 엑소마스 탐사 계획의 첫 탐사선인 트레이스 가스 오비터와 스키아파렐리 착륙선은 2106년 초에 발사되었다. 이 착륙선의 착륙 시험이 성공적으로 진행된다 해도 2018년에 로버를 화성 표면에 착륙시키기 위해서는 착륙 플랫폼의 개발을 위해 할 일이 아직 많이 남아 있다. 러시아 우주국은 우주 비행과 로봇 분야에서 많은 경험을 가지고 있지만 화성에 관한 한 지금까지 성공을 거둔 것이 거의 없다. 운이 좋으면 2018년에 유럽우주국과 러시아의 로스코스모스는 동반자로 화성 탐사에서 놀라운 성공을 거둘 수 있을 것이다. 여기에는 외계 생명체의 발견 가능성도 포함되어 있다.

맞은편   유럽 남부 천문관측소의 엑소마스 로버 시험장.

위   많은 수정과 재설계 중에 있는 엑소마스 로버는 접을 수 있는 태양전지판과 막대 관절을 이용한 충격 흡수장치를 기지고 있는 것이 NASA의 마스 익스플로레이션 로버들과 매우 비슷하다.

다음 쪽   바이킹 시대의 메르카토르 투영 지도는 극관에서부터 크레이터가 많은 고원 지역 그리고 평평한 현무암 평원에 이르기까지 화성 표면의 다양한 지형을 보여주고 있다.

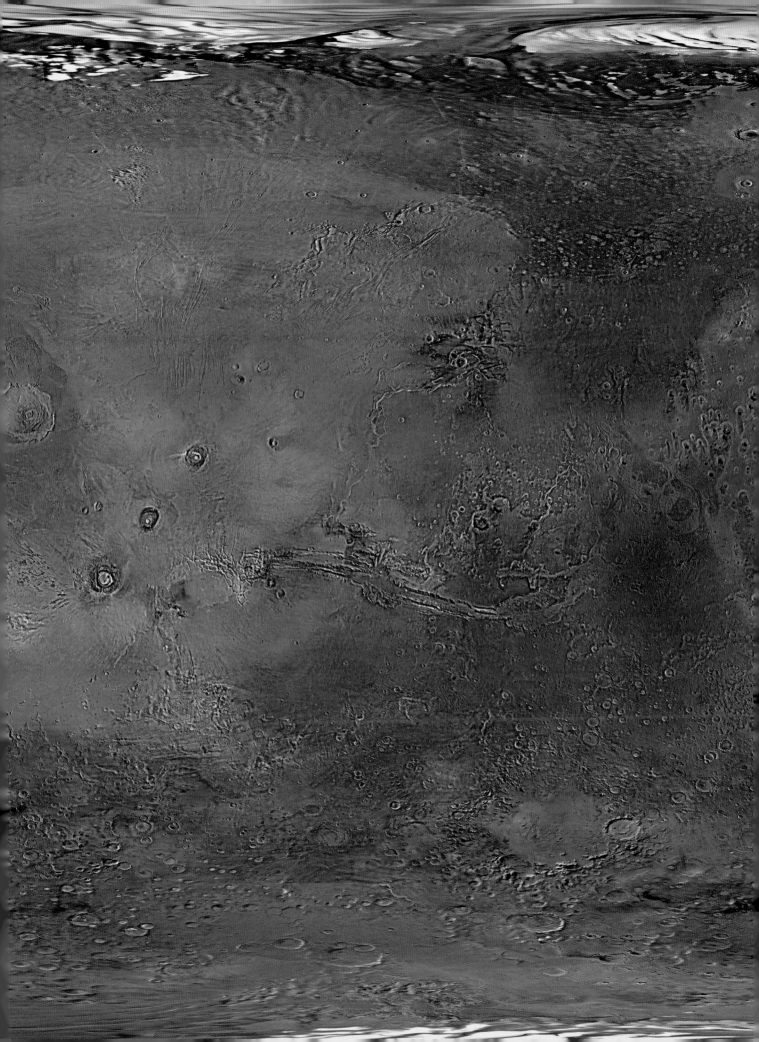

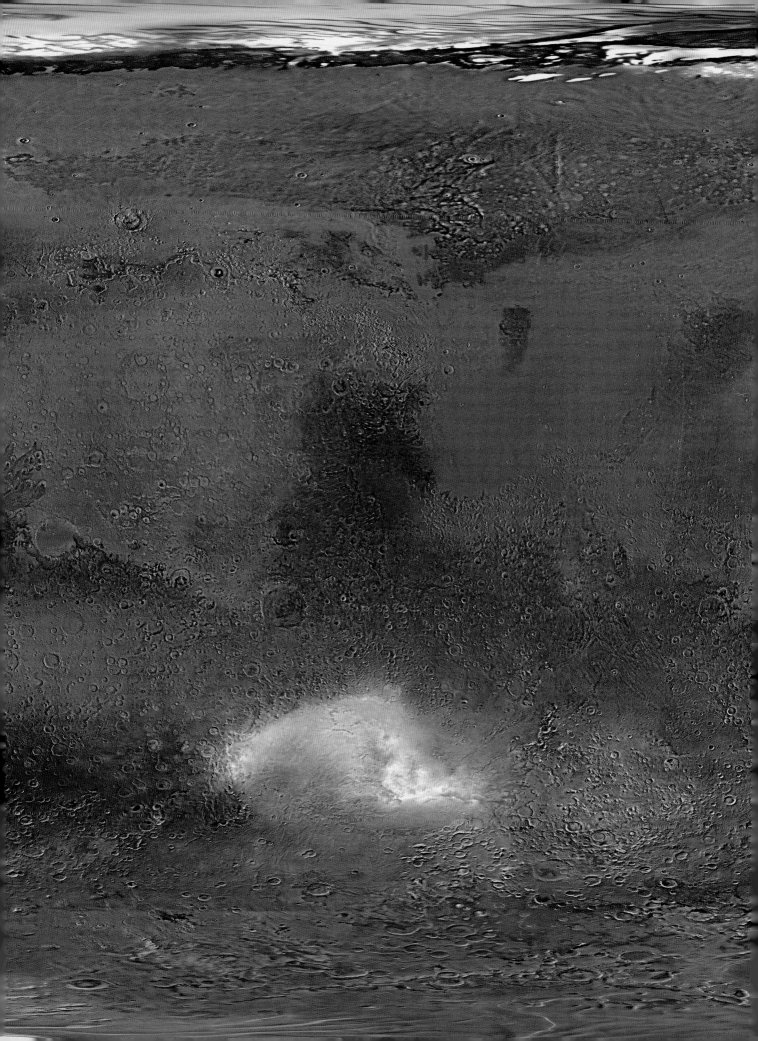

NASA의 계획: 우리에게 25년을 달라

그렇다면 무인 화성 탐사 다음 차례는 무엇인가? 우리는 지난 50년 동안 화성을 근접 비행과 궤도 비행을 했으며, 표면에 착륙하여 돌아다니며 여러 가지 조사를 했다. 토양과 암석 그리고 대기를 분석했으며, 머지않은 장래에 화성 샘플을 지구로 가져올 것이다. 많은 사람들은 이제 우주인을 화성에 보낼 때가 되었다고 생각하고 있다⋯⋯.

물론 왜 화성에 가야 하느냐고 묻는 사람들도 많을 것이다. 이런 질문은 1960년대에 진행된 아폴로 달 탐사 프로그램 때도 제기되었다.

"다른 천체를 탐사하는 데 돈을 낭비하지 말고 지구의 문제를 해결하는 데 사용하는 것이 낫지 않겠는가?"

이런 질문에는 여러 가지 답이 있을 수 있다. 그러나 그중 두 가지 답이 핵심을 가장 잘 지적하고 있다.

무엇보다도 과학 자체가 이 질문의 해답이다. NASA는 오랫동안 함께 일해온 많은 과학자들에게 화성에 사람을 직접 보내는 것이 필요한 이유를 제시해달라는 주문을 했다. 과학자들은 화성에 사람을 보내는 것의 필요성을 몇 가지로 요약했다. 한마디로 말해 적절한 장비를 갖춘 사람이 화성에 가면 로버가 수십 년 또는 그 이상 걸려야 할 수 있는 일을 하루에 할 수 있다는 것이다. 사람은 화성에서 훨씬 빠르게 여행할 수 있다. 마스 익스플로레이션 로버의 하나인 오퍼튜니티가 화성에서 42km를 여행하는 데 10년이 걸렸지만 사람이 직접 로버를 운행하면 아주 짧은 시간에 가능하다. 아폴로 17호 우주 비행사들은 1960년대 기술로 만든 달 로버를

우측 뛰어난 독일 로켓 엔지니어였던 베르너 폰 브라운은 1949년에 출판된 《화성 프로젝트》를 통해 처음으로 화성 여행을 제안했다.

아래 NASA의 초기 화성 탐사 계획을 나타낸 그림.

맞은편 1954년에 월트 디즈니(좌측)가 베르너 폰 브라운(우측)과 포즈를 취하고 있다. 당시 미군을 위해 일하고 있던 브라운은 디즈니가 만든 미래 우주 탐사에 대한 일련의 텔레비전 프로그램의 자문 역할을 했다.

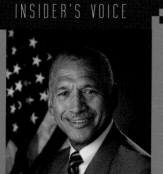

찰스 볼든
Charles Bolden
NASA 국장

찰스 볼든은 인간을 화성에 보내는 전반적인 계획을 열정적으로 추진하고 있는 사람이다. 이 계획의 일부는 우주 비행사보다 먼저 보급 물자와 장비를 화성에 보내는 것이다. 일반 로켓으로는 화성까지 가는 데 너무 오랜 시간이 걸리고 비용이 많이 든다. 볼든은 태양-전기 로켓을 대안으로 생각하고 있다.

"우리는 오늘날보다 훨씬 빠르게 우주 비행사를 화성에 보내기 위해 열심히 일하고 있다. 현재는 화성에 가는 데 여덟 달이 걸린다. 우리는 이 시간을 반으로 줄이고 싶다."

"우리는 화물과 보급품을 화성에 보내는 방법에 대해 연구하고 있다. 화성 표면에 인간을 보내기 위해서는 많은 물자를 가져가야 하기 때문이다. 따라서 우리는 태양-전기 추진 시스템을 생각하고 있다. (……) 현재 우리가 하려고 하는 일은 이런 시스템의 성능을 향상시키는 것이다. 여러 개의 엔진을 묶어 하나로 만드는 것도 그 방법 중 하나다. 그런 형태의 추진을 제한하는 요소는 그것을 가동시키는 데 필요한 전력이다. 따라서 우리는 태양전지를 이용하여 더 많은 에너지를 모으는 방법을 연구하고 있다. 더 많은 에너지를 얻을 수 있으면 더 좋은 성능을 가진 더 큰 엔진이 가능해질 것이다.

우리는 화성 여행자들에 앞서 화물을 보낼 엔진을 찾고 있다. 화성 여행자들은 이 화물을 따라잡아 화성에 가지고 갈 수 있을 것이다."

이용하여 3일 동안 35km를 여행했다. 사람은 또한 새로운 자료를 빠르게 해석할 수 있고, 직접 측정한 자료를 이용하여 탐사 계획을 변경하거나 그 자료를 바로 다음번 탐사에 적용할 수 있다. 컴퓨터나 인공지능의 발달에도 불구하고 인간은 로봇이 수십 년 동안 할 수 있는 일을 며칠 동안에 할 수 있다. 사람을 화성에 보내야 하는 이유에는 여러 가지 있겠지만 이것이 가장 중요한 이유일 것이다.

다음으로 중요한 이유는 인류의 생존 문제와 관련 있다. 지구는 빠른 기후 변화, 빠르게 확산되고 있는 전염병, 전쟁의 위협, 소행성을 비롯한 외계 천체의 충돌과 같은 여러 가지 위험 요소를 안고 있다. 이것들은 모두 우리의 생존을 심각하게 위협하고 있다. 화성을 인간이 살아갈 수 있는 제2의 기지로 만들 수 있다면 지구의 심각한 환경 변화에서도 인류가 살아남을 확률이 크게 증가할 것이다. 위대한 물리학자 스티븐 호킹Stephen Hawking은 "우주로 가지 않으면 인류에게 미래는 없다"라고 말했다. 화성은 태양계에서 인류가 살아갈 수 있는

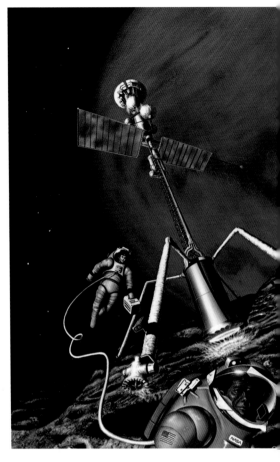

가장 좋은 후보지다.

화성 탐사는 독일 출신으로 미국에서 활동한 로켓 전문가인 베르너 폰 브라운 Wernher von Braun 이 《화성 프로젝트》를 통해 야심적인 화성 탐사 계획을 제안한 1940년대 말부터 논의되어왔다. 그러나 그가 제안한 화성 탐사 방법은 최초의 원자폭탄을 개발한 맨해튼 프로젝트의 경비보다 훨씬 많은 예산을 필요로 했다. 매리너 4호가 1965년에 화성에 도달한 후 우리는 브라운의 제안이 실현성이 없었다는 것을 알게 되었다. 화성은 브라운이 생각했던 것보다 훨씬 방문하기 어려운 장소였다.

화성 탐사에 참가하는 탐사선이 많아지고 화성에 대해 더 많은 것을 알게 되면서 상황은 더 나빠졌다. (……) 화성은 숨을 쉬기에는 너무 얇은 대기를 가지고 있어 사람이 화성에서 살아가려면 우주복을 입어야 할 것이다.

화성의 온도 역시 숨 쉬는 것이 어려울 정도로 낮다. 화성의 표면에는 강한 우주 복사선이 항상 내리쬐고 있다. 토양에는 적은 함량만으로도 인간에게 독이 되는 과염소산염이 포함되어 있다. 지난 50년 동안 화성에서 발견한 이런 사실들은 유인 화성 탐사에 유리하지 않은 것들이었다. 그러나 아직도 화성에 사람을 보내겠다는 목표는 변하지 않았다.

화성에 생명체를

아폴로 달 탐사 계획이 진행되던 1960년대에 NASA

위 좌측　1989년경에 그린 NASA 화성 탐사 상상도.

아래 좌측　최근 화성 건축 설계 연구를 바탕으로 한 화성 탐사의 현대적인 상상도. 뒤쪽에 보이는 착륙선 위에 부풀릴 수 있는 주거지가 보인다.

우측　1986년에 그린, 포보스에 설치한 화성 기지 상상도.

는 달 탐사를 성공적으로 이끈 놀라운 추진력을 먼 우주로 확장하기 위해 다양한 후속 탐사 계획을 검토했다. 그중엔 달 기지 건설도 포함되어 있었고, 지구 궤도를 도는 우주정거장도 검토됐다. 물론 화성으로 사람을 보내는 문제에 대해서도 논의했다. 결국 우리는 임시적인 것이었지만 작은 우주정거장 스카이랩을 만들었고, 지상과 지구 궤도 사이를 왕복하는 우주왕복선을 운행했다. 그러나 유인 화성 탐사는 미국 우주 탐사 프로그램에서 제외되었다. 미국 정부는 예산을 많이 들였던 달 탐사가 일단락된 후 또다시 그렇게 많은 예산을 들여 기술적 모험을 한다면 대중의 지지를 받지 못할 것이라고 생각했다. 미국의 경쟁자였던 소련이 무인 화성 탐사를 계속하고 있었지만 별로 성공을 거두지 못하고 있었던 것도 미국이 유인 화성 탐사를 포기하는 데 일조했다. 무인 화성 탐사에서 어려움을 겪는 가운데서도 소련은 유인 화성 탐사 계획을 세웠지만 실현되지 못했다. 그리고 소련의 달 착륙 계획도 비싼 실패로 끝났다. 소련이 할 수 있었던 것은 지구 궤도에 있는 그들의 우주정거장으로 여행하는 것뿐이었다. 따라서 소련을 이기기 위해 많은 예산을 들여 화성에 사람을 보낼 필요가 없게 되었다.

그럼에도 불구하고 유인 화성 탐사 계획에 대한 논의는 계속되었다. 1970년대와 1980년대에 미국이 달에 도달하는 것을 도와준 많은 우주 항공 분야 회사들이 유인 화성 탐사선을 보내는 방법을 연구했다. 어떤 아이디어는 실현 가능성이 있었다. 그러나 결국 아무도 출발선을 통과하지 못했다. 돈이 없었고, 항공우주국 밖으로부터 예산을 지원받지 못했다.

NASA도 유인 화성 탐사 방법에 대한 연구를 시작했다. 어떤 종류의 기술이 유인 화성 탐사에 대한 열망을 실현시키는 데 필요한지를 알아보기 위한 연구였다. 유인 화성 탐사 계획이 승인되어 예산이 지원될 때를 대비한 이 연구는 유인 화성 탐사 참고 연구라고 불렸다.

첫 번째 연구는 1993년에 마무리되었다. 그리고 다섯 번째 연구는 2009년에 완료되었다. 전체적으로 볼 때 각 연구는 이전 것보다 세련되었고, 기술적으로 좀 더 정교해졌다.

제안된 유인 화성 탐사 방법에는 우주 공간과 화성에서 방사선에 노출되는 것을 제한하는 방법, 전통적인 화학적 추진 방법과 새로운 대체 추진 방법(태양 전기나 핵 추진 같은), 그리고 우주인들에 앞서 화물을 먼저 보내는 방법들이 포함되어 있었다. 또 현장 자원을 개발하여 사용하는 방법과 우주 비행사가 화성에 도달한 후 탐사 활동을 하는 여러 가지 방법에 대해서도 연구했다. 다른 연구에서는 우주인이 화성의 달에 착륙하는 방법에 대해서도 검토했다. 위성에 착륙하는 것은 화성에 착륙하는 것보다 훨씬 쉬울 것이다.

2011년에 우주왕복선 운행이 중지되자 NASA는 다른 대체 수단이 없었다. 그러나 풋볼 구장 크기 정도의 국제우주정거장이 322km 상공에서 90분마다 한 바퀴씩 지구를 돌고 있었다. NASA는 이제 국제우주정거장에 가기 위해서는 돈을 지불하고 러시아 우주국이 운영하는 로스코스모스에서 출발하는 소유스 우주선(역설적으로 이 우주선은 미국보다 먼저 달에 가기 위해 소련이 만들었던 우주선의 후예다)을 이용해야 한다. 그동안 NASA는 천천히 오리온 캡슐의 연구를 계속했다. 그리고 스페이스 X와 보잉이 NASA를 위해 우주인과 화물을 국제우주정거장에 운송하는 계약을 체결했다. 이 모든 것이 2016년 현재 진행되고 있는 일들이다. NASA가 화성 탐사를 염두에 두고 오리온 캡슐이 설계되었다는 것을 확실히 했다. 그들의 계획은 플렉서블 패스(유연한 경로)라고 부른다. 그리고 유인 화성 탐사 부분은 진화 가능한 화성

캠페인으로 지칭하고 있다. 두 가지 모두 제한된 연방 정부 예산과 확실하지 않은 재정 지원이라는 현실 속에서 유인 화성 탐사에 대한 목표를 높게 유지하려는 시도라고 볼 수 있다.

플렉서블 패스

플렉서블 패스는 2004년 조지 W. 부시George W. Bush 대통령에 의해 시작되었지만 2009년에 취소된 콘스텔레이션 계획까지 거슬러 올라갈 수 있다. 달에 우주 비행사를 다시 보내는 콘스텔레이션 계획보다 플렉서블 패스는 현재 제작 중인 오리온 탐사선과 스페이스 라운치 시스템(SLS)의 대형 로켓과 같은 새로운 하드웨어를 여러 가지 목적으로 사용하도록 할 계획이다. 새로운 하드웨어를 사용할 유인 화성 탐사 계획에는 다음과 같은 것들이 포함되어 있다.

- 달 근접 비행 그리고 달 가까이 있는 유인 우주정거장
- 라그랑주 점(지구와 달 사이 그리고 달보다 먼 곳에 있는 안정적인 궤도 점)에 위치하게 될 디프 스페이스 우주정거장.
- 유인 화성 근접 비행 또는 유인 금성 근접 비행
- 화성이나 화성의 위성 중 하나에 착륙
- 소행성 탐사

이 가운데 마지막에 언급한 소행성 탐사는 NASA가 우주정거장 다음으로 2010~2030년에 추진할 가장 중요한 유인 탐사 목표로 삼고 있는 것이다. 처음에는 우주인을 소행성에 보내려고 계획했지만 후에 작은 소행성을 달 근처로 이동시킨 다음, 우주인이 이 소행성을 방문하는 것으로 수정되었다. 소행성 재배치 프로젝트라고 부르는 이 계획의 핵심은 이런 일을 하는 데 필요한 기술이 장기적으로 볼 때 유인 화성 탐사에 필요한 기술로 진화하리라는 것이다.

나이 많은 사람들은 1970년대 NASA가 두 달마다 달에 가는 것과 1970년대에 하나 그리고 1990년대에 다른 하나를 만들어 모두 두 개의 우주정거장을 만드는 것, 10년 동안 한꺼번에 두 개씩 화성 탐사 로버를 보내는 것을 보았다. 이런 위대한 성취에도 불구하고 현재는 달 근처로 옮겨온 3m 크기의 소행성에 대한 탐사도 NASA가 기대하는 것만큼 사람들의 관심을 끌지 못하고 있다. 많은 여론 조사에 의하면 유인 우주 탐사를 시도할 때 달과 화성은 가장 쉬운 목표다. 아폴로 계획과 이후 우주 탐사 프로그램에 참여했던 많은 NASA의 고참 우주 비행사들도 이에 동의한다. NASA는 현재 2035년 이전에 화성 근처에 유인 탐사선을 보낼 계획을 가지고 있지 않다. 아마도 그 후에는 가능할지 모른다. 따라서 NASA의 장기 계획은 2030년대 말에 화성이나 화성의 달에 유인 탐사선을 착륙시키는 것이다.

의회와 예산 관련 부처에서 이런 탐사에 필요한 예산을 확보하는 것이 문제다. 우리는 아직도 비용이 많이 드는 국제우주정거장과 여러 개의 무인 탐사 프로그램을 수행하고 있다. NASA는 현재의 예산 한도 안에서 화성에 도달할 계획을 수립하고 있지만 오히려 고위층의 예산 당국자들을 설득하는 것이 더 쉽고 빠를 것이다. 그러나 화성(다른 목표의 경우도 마찬가지지만) 탐사를 위해 연방 정부 예산의 5% 가까이 사용했던 아폴로 수준의 예산을 확보하는 것은 가능하지 않을 것이다. 현재 NASA의 예산은 이 수준의 10분의 1 정도다. 이런 한계 안에서 새로운 하드웨어 개발은 어려울 것이다. 이 모든 것을 감안할 때 유인 화성 탐사와 관련해 앞으로 어떤 일들이 전개될까?

NASA는 인간을 화성에 보내려는 궁극적인 목적을 달성하는 데 필요한 여러 가지 기술을 느리지만 꾸준히

위　대형 우주 발사 시스템(SLS)은 먼 우주 탐사를 위한 현재 진행 중인
NASA의 프로젝트다. 오리온 탐사선은 이 발사 시스템을 이용해 발사될
예정이다. 측면 부스터는 우주왕복선이 사용했던 고체 연료 로켓을 확장
한 것이다. 바닥에 묶여 있는 네 개의 로켓엔진은 우주왕복선의 주 엔진
을 재활용한 것이다.

다음 쪽　현재 진행 중에 있는 NASA의 화성 탐사 계획인 오리온 캡슐의
상상도에는 오리온 캡슐(위 좌측)이 국제우주정거장 기술을 응용하여 만든
화성 궤도 콤플렉스와 도킹해 있다.

213

개발할 것이다. 최근에 우주 비행사 스콧 켈리^{Scott Kelly}가 우주정거장에 1년 동안 체류하면서 장기적인 무중력 상태 때 인간 신체에 미치는 영향에 대한 귀중한 자료를 수집했다. 계속 탐사 활동을 하고 있는 큐리오시티 로버와 2020 로버는 방사선의 위험에 대한 정보와 현장 자원 이용 가능성에 대한 실험 결과를 제공할 것이다. NASA는 2021~2023년의 어느 시점에 유인 탐사를 위한 시험을 할 것이고, SLS는 2018년에 첫 번째 시험 화성 우주선을 발사할 것이다.

민간 영역에서도 유인 화성 탐사를 위한 기반이 조성될 것이다. 그중 하나가 비겔로우 에어로스페이스라는 회사가 제작한 부풀릴 수 있는 우주 거주 공간이다. 그들은 화성으로 이동하는 동안 사용할 수 있는 것과 비슷한 시제품을 몇 년 안에 우주정거장에서 시험해볼 계획이다. 이것은 오리온 탐사선이 화성으로 향하는 동안 213m³나 되는 생활공간을 제공할 것이다.

물론 다른 나라들도 화성을 목표로 하고 있다. 그러나 지금까지 어느 나라도 NASA가 가지고 있는 우주 공간 비행과 다른 행성에 착륙한 경험을 가지고 있지 않다. 러시아는 정기적으로 유인 화성 탐사에 대한 야심을 밝히고 있다. 그리고 몇 년 전에는 지상에서 500일 동안 화성까지의 모의 비행 시험을 마쳤다. 하지만 그 이상은 아직 공식적으로 예산을 배정받지 못했다. 유럽우주국도 러시아와 공동으로 진행하는 유인 화성 탐사와 단독으로 수행할 유인 화성 탐사를 구상하고 있다. 그러나

최근에 그들은 유인 탐사 목표를 달로 바꿨다. 2003년 이후 중국도 유인 우주선을 발사해왔고, 작은 우주정거장을 궤도에 올려놓기도 했다. 그들의 단기 목표는 커다란 우주정거장 건설과 유인 달 탐사다. 중국은 유인 화성 탐사가 2040년에서 2060년 사이에나 가능할 것이라고 말하고 있다.

현시점에서 NASA는 화성 여행을 고려하고 있는 유일한 국립우주국이다. 그러나 2014년에 작성된 국립연구평의회의 보고서는 NASA가 심각하게 유인 화성 탐사를 고려하기 위해서는 몇 가지 조건들을 충족시켜야 한다고 충고했다. 그 조건들은 예산이 증액되어야 하고, 화성 탐사가 우선적으로 추진되어야 하며, 불필요하거나 관련 없는 프로그램은 중단되어야 하고, 아울러 국제적인 참가가 권유되어야 한다는 것 등이다. 마지막으로 가장 중요한 것은 전반적인 화성 탐사 계획이 승인되고 추진되어야 하며 변경되거나 취소되는 일이 없어야 한다. 중요한 탐사 계획의 변경과 취소는 새로운 대통령이 취임할 때 자주 있어왔다.

이런 충고는 건설적인 것이지만 2년이 지난 지금도 아직 이행되지 못하고 있다. NASA는 우주 비행사가 화성을 탐사하고 화성에 사람이 사는 데 필요한 화성 탐사 프로그램에 필요한 것들을 꾸준히 개발하고 있다. 그러나 이런 계획들이 얼마나 빨리 시행될는지는 시간만이 알고 있을 것이다.

맞은편 위 2016년 현재 NASA의 화성 탐사 계획. 좌측부터: 탐사선이 지구 저궤도(LEO)를 떠나 세 개의 가능한 목적지인 달 부근에 있는 소행성(ARM), E-M L2(달 부근의 라그랑주 점) 또는 달 기지를 향한다. 그곳에서 화성의 위성 중 하나 또는 화성 표면을 향해 출발한다. 위쪽 우측에 있는 것은 원래 궤도를 돌고 있는 소행성을 나타낸다.

맞은편 아래 식량 생산 모듈을 갖춘 화성 기지(좌측에 잘려나간)의 상상도. 일부 식물(아스파라거스를 포함한)이 화성 토양에서 성장할 수 있을 것이라고 믿어지지만 대부분의 식량 생산은 통제된 환경에서 이루어질 것이다.

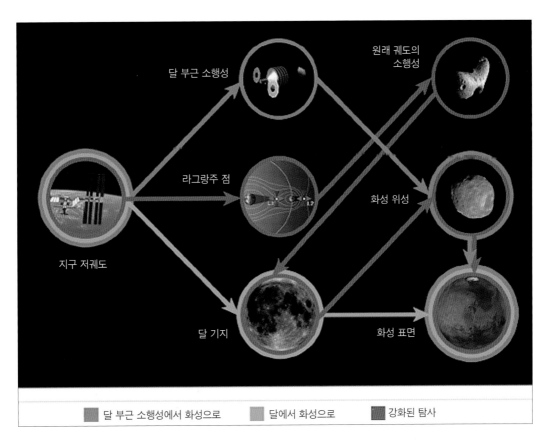

마스 루트 원

NASA의 원대한 계획은 화성에 인간을 보내는 것이지만 접근 방법에는 여러 가지 대안이 있을 수 있다. 이런 계획들의 일부는 규모가 커서 실행으로 옮기기가 거의 불가능한 반면에 일부 제안은 경비를 줄이고 스케줄을 앞당기는 것이 가능하다. 다음 20년 동안 NASA가 유인 화성 탐사에 필요한 예산을 확보하는 것이 확실하지 않은 상태에서 기술적으로 잘 만들어진 이런 대안들은 검토해볼 만한 가치가 있다.

앞에서 이야기했던 것처럼 유인 화성 탐사는 지난 수십 년 동안 엔지니어, 과학자, 작가, 미래학자 그리고 많은 사람들의 마음속에 있었다. 달 다음으로 화성은 태양계에서 인류의 우선적인 목표였다. 여러 나라의 뛰어난 인재들, 많은 우주국들 그리고 수백 개의 대학들이 이런 열정을 실현하기 위한 계획을 제안했다. 이런 탐사 계획들은 단순한 근접 비행에서부터 전초기지나 식민지를 건설하는 것에 이르기까지 형태와 규모가 다양하다.

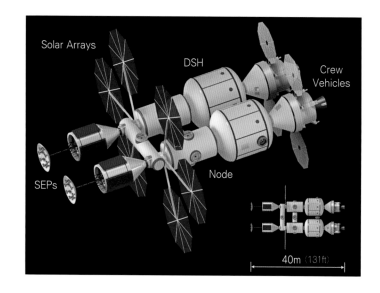

올드린의 사이클러

인류 역사상 달에 발을 디딘 두 번째 사람인 아폴로 우주비행사 버즈 올드린Buzz Aldrin은 화성에 인간을 보내는 방법을 제안했다. 그는 미래 미국 우주 프로그램을 다룬 여러 권의 책을 출판했으며 가장 최근 저서는 《화성 탐험》이다. 올드린의 주장에 의하면, 우리는 잠시 멈춰 숨을 고르고 처음부터 다시 시작해야 한다.

규모가 큰 올드린의 아이디어는 우주 탐사에 참여 중인 여러 나라의 우주국과 민간 회사들을 통합하여 화성으로 가기 전에 우선 달에 사람을 보내야 한다는 것이

다. 그는 달과 달 주변의 공간은 화성에 가기 전에 하드웨어 제작자들이 연구에서부터 훈련에 이르는 모든 것을 할 수 있는 기지를 만들기에 가장 적당한 곳이라고 주장한다. 올드린은 달의 극지방에는 연료를 비롯해 우주에서 필요한 것들을 만드는 데 사용할 많은 양의 물이 존재하는 것으로 확인되었기 때문에 물을 가져갈 필요가 없어 경비를 절약할 수 있다고 지적한다.

올드린은 NASA가 여러 나라들과 민간 회사들의 협력을 이끌어내는 데 앞장서야 한다고 주장한다. NASA

는 경비 절감에서 이익을 볼 수 있고, 다른 나라들은 NASA가 수십 년 동안 쌓은 방대한 경험에서 많은 것을 배울 수 있을 것이다. 여러 나라의 연구소들로 이루어진 국제적 네트워크를 통해 우리는 단지 화성을 탐사하는 데 그치는 것이 아니라 인류를 다행성 종으로 만드는 데 필요한 기반을 더 잘 준비할 수 있을 것이다.

이 계획의 두 번째 부분은 '올드린의 사이클러'로 알려져 있다. 이것은 화성에 갈 때마다 우주선이 화성에 착륙하는 번거로움 없이 우주인들과 화물을 반복적으로 화성에 보낼 수 있는 우주기지 건설 프로그램이다. 한마디로 말하면 사이클러는 지구와 화성 사이의 공간을 왕복하는 대형 화성 기지다. 지구와 화성 사이의 공간에서는 사이클러가 두 행성 사이를 오가는 데 필요한 에너지, 즉 연료를 최소로 할 수 있을 것이다(화성 여행에 필요한 연료 대부분은 지구 궤도 탈출과 진입, 화성 궤도 진입과 착륙에 사용된다. 따라서 지구와 화성 사이의 공간만 왕복하는 사이클러는 많은 연료가 필요 없다 - 옮긴이). 사이클러는 항상 지구와 화성 사이를 왕복하고 있기 때문에 우주인들은 사이클러에서 화성까지만 여행하면 된다. 이것은 뉴욕에서 로스앤젤레스까지 운전하는 대신 공항까지 비행기를 이용하고 공항에서 목적지까지는 택시를 타는 것과 같다.

화성 사이를 여행하는 데 필요한 기지나 연료 저장소와 같은 적절한 기반이 마련되고, 여러 대의 사이클러가 건설된다면 사이클러를 이용하여 지구와 화성 사이에 사람이나 화물을 왕복시키는 것이 매우 간단해질 것이다. 그렇게 되면 정기 노선을 운행하는 비행기처럼 정기적인 화성 왕복 운행도 가능해질 것이다. 하지만 이것은 많은 예산이 소요되는 프로그램이다. 올드린이 여러 나라와 민간 기업이 공동으로 실행해야 한다고 주장하는 것은 이 때문이다. 그러나 이런 프로그램을 실행하면 장기적으로는 많은 경비를 절약할 수 있을 것이다.

마스 다이렉트

많은 사람들의 관심을 끄는 또 다른 계획은 항공공학자 로버트 주브린 Robert Zubrin 이 제안한 것이다. 핵공학, 항공 분야에서 두 개의 석사 학위를 받았으며, 핵공학으로 박사 학위를 받은 그는 마스 소사이어티의 공동 창업자다. 주브린이 1996년에 《화성 케이스》를 시작으로 여러 권의 책을 펴내자 사람들은 주목하기 시작했다. 주브린은 마스 다이렉트라고 부르는 화성 탐사 계획을 구상했다. 마스 다이렉트는 화성 여행을 위한 NASA의 크고 복잡한 설계를 능률적으로 만들기 위한 시도였다.

주브린의 취지는 우주 비행사들보다 먼저 화성 환경에서 유용한 물질을 추출해낼 수 있는 로봇 탐사선을 보내면 화성 여행이 좀 더 쉬워질 수 있다는 것이다. 그런 다음 우주 비행사들은 지구에서 화성으로 직접 여행하면 된다. 그들이 화성에 도착할 때쯤이면 살아가는 데 필요한 물질이 준비되어 있을 것이고, 따라서 적은 물질

맞은편 화성과 지구 사이를 영구적으로 왕복 운행하는 올드린 사이클러를 이용하면 다섯 달 안에 화성까지의 편도 여행이 가능할 것이다.

위 화성 여행을 위한 오리온 캡슐에 추진, 거주, 화물 저장 등의 모듈을 덧붙이면 안전과 안락한 여행이 가능해질 것이다.

만 가져가도 될 것이다. 그렇게 되면 여행과 관련된 많은 것들이 줄어들 것이다.

NASA, 올드린 그리고 다른 사람들도 현지 자원을 이용한다는 것은 마찬가지다. 현재 설계 중인 화성 탐사도 현지 자원을 이용하는 방법을 포함시키고 있다. 그러나 주브린과 그의 동료들이 이런 생각을 처음 제안했다.

보잉의 계획

보잉사가 2014년에 발표한 계획은 국제우주정거장과 미국의 새로운 우주 발사 시스템(SLS)을 포함하여 현재 우리가 가지고 있는 모든 우주 자원을 최대한 활용하자는 아이디어를 기반으로 하고 있다.

이 계획의 핵심 요소에는 전기 엔진으로 운행되는 '스페이스 턱'과 여행하는 동안 우주인들이 생활할 부풀릴 수 있는 거주 공간, 화성 착륙과 이륙에 사용될 수송 수단인 NASA의 오리온 탐사선이 포함되어 있다.

화성 여행은 로봇이 조종하는 화물 착륙선을 SLS를 이용하여 발사하면서 시작된다. 거주 공간과 돌아오는 데 사용할 로켓을 포함하고 있는 우주인이 타고 갈 두 번째 우주선은 달 부근에서 화물선과 랑데부하게 된다. 이 네 개의 모듈은 준비가 되면, 그리고 지구와 화성 사이의 거리가 가까워지면 화성을 향해 출발한다. 그런 다음에는 전기 로켓을 이용하여 느린 경로를 통해 화성을 향해 천천히 항해한다. 약 500일 뒤 화성에 도착하면 화물선이 화성 표면으로 내려간다. 화물선이 안전하게 화성 표면에 도착한 후에는 두 개의 SLS 발사대를 떠난 태양-전기 스테이지와 주거 공간, 오리온 탐사선, 화성 착륙선 그리고 상승용 로켓이 달 부근에서 만나게 된다. 그런 다음 화성으로 출발해 빠른 경로를 따라 항해해 약 256일 후면 화성에 도달한다.

우주 비행사들이 화성 궤도에 도달하면 착륙선을 이용해 화성 표면에 설치해둔 거주 지역 부근에 착륙한다. 그곳에서 머물다가 화성과 지구가 귀환 비행을 하기 좋은 위치에 오면 화성 궤도를 돌고 있는 궤도 비행선과 랑데부한 후 지구로 돌아오게 된다.

복잡해 보이지만 보잉의 계획은 NASA가 개발 중인 우주선의 잠재력과 SLS의 정기적인 발사를 최대한 이용하는 방법이다. 이런 접근 방법의 핵심 요소는 현재 NASA의 예산 안에서 시도해볼 수 있어 아폴로 계획 규모의 요란한 우주 기술 개발을 피할 수 있다는 것이다. 이 계획에는 화성 표면으로 가기 전에 필요한 기술 개발을 위해 소행성이나 화성의 위성을 먼저 방문하는 방법이 포함되어 있다. 최초로 화성에 도착하는 사람은 화성의 위성인 데이모스에서 원격조종으로 화성 표면에 있는 로봇 장비를 이용하여 화성을 탐사할 수도 있다.

스페이스 X

유인 화성 탐사에 대한 논의에서 엘론 머스크Elon Musk의 스페이스 X는 와일드카드다. 2002년에 스페이스 X를 설립한 이후 머스크는 화성에 식민지를 개척하는 것을 주된 목표로 삼고 있다. 이를 어떻게 실현하고 어떻게 이윤을 창출할 것인지는 확실치 않다. 그러나 지구 궤도에서 거둔 회사의 인상적인 성취 덕분에 이 목표는 사람들의 관심을 끌고 있다. 스페이스 X는 상업적 발사에서 대단한 성공을 거둬 경쟁이 거의 존재하지 않던 이 분야에서 경쟁자를 만들어냈다.

이들의 계획에는 스페이스 X가 현재 운용 중인 팰컨 9과 미래의 팰컨 헤비 로켓을 개량한 화성 식민지 수송선(MCT) 설계 및 건설이 포함되어 있다. MCT의 첫 단계는 지름이 10m인 아폴로 시대의 새턴 V 로켓 세 개를 하나로 묶은 것이다. 지름이 15m인 하나의 대형 로켓을 제작하는 것도 검토하고 있다. 자세한 내용은 앞으로 발표될 예정이다. 하지만 그들은 로켓을 2020년 중반에 발사할 수 있도록 준비되길 기대하고 있으며, 이 로켓을 이용해 100톤의 화물을 화성에 보내는 것이 목표이다. 그것은 인상적인 목표다. 머스크가 공언하고 있는 목표는 21세기 중반까지 수만 명을 화성에 보내 그곳에서 일하며 살도록 한다는 것이다.

머스크는 인류가 다른 세상에 근거를 마련하는 것은 인류의 생존을 위해 꼭 필요하며 화성은 가장 좋은 선택이라고 말한다. 또한 경제적 이익과 관계없이 하나의 행성에만 의존하는 것은 너무 위험한 일이라고 주장한다.

위 스페이스 X의 최신 캡슐인 드래곤 2는 언젠가 화성 착륙선에 이용될 것이다.

아래 유럽우주국은 자체적인 화성 탐사 계획을 가지고 있지만 러시아와 공동으로 화성 탐사를 진행할 가능성이 높다. 그러나 현재로서는 화성으로 가기 전에 달 기지를 건설하는 방안을 세심하게 검토하고 있다.

국제적인 노력

유럽우주국과 러시아는 단독 또는 공동으로 화성에 사람을 보내겠다는 의도를 표명했다. 현재 고려 중인 전반적인 접근 방법은 미국과 비슷하다. 러시아의 계획은 여러 면에서 NASA와 보잉의 계획을 섞어놓은 것처럼 보인다. 러시아는 현재 유서 깊은 소유스를 대체할 우주선을 개발하고 있다. 그리고 2024년에 은퇴할 예정인 오래된 국제우주정거장을 대체할 새로운 우주정거장의 설계를 시작했다. 그들은 새로운 우주정거장에서 화성으로 가는 여러 가지 경로에 대해 논의했다. 핵연료를 사용하는 탐사선이나 태양전지-전기를 사용하는 탐사선을 이용하는 방안과 착륙선을 보내고 받아들이는 화성 '기지'와 상승 비행체를 고려 중이다.

공동으로 국제우주정거장을 건설한 경험이 있는 미국과 러시아는 공동으로 화성에 사람을 보내는 방법에 대해 논의한 바 있다. 그러나 우주개발에서의 공동 작업이 어려웠던 과거의 역사와 현재의 지정학적 상황으로 가까운 장래에 이 일이 실현되기는 어려울 것이다.

러시아(소련)는 우주 비행 분야에서 많은 경험을 가지고 있다. 특히 우주정거장 미르와 샬루트를 통해 많은 경험을 축적했다. 비록 자기권 밖으로 우주 비행사를 보내는 데 성공한 경험은 없지만 지구 상에서 500일간의 모의 화성 여행 실험을 마쳤으며 러시아는 우주에서 많은 일을 할 수 있을 것이다.

위대한 도전

지금까지는 미국만 지구 궤도 밖으로 사람을 보낸 경험을 가지고 있다. 그러나 화성 여행을 계획하는 모든 나라는 화성 여행을 가능케 하기 위해 다음과 같은 일들

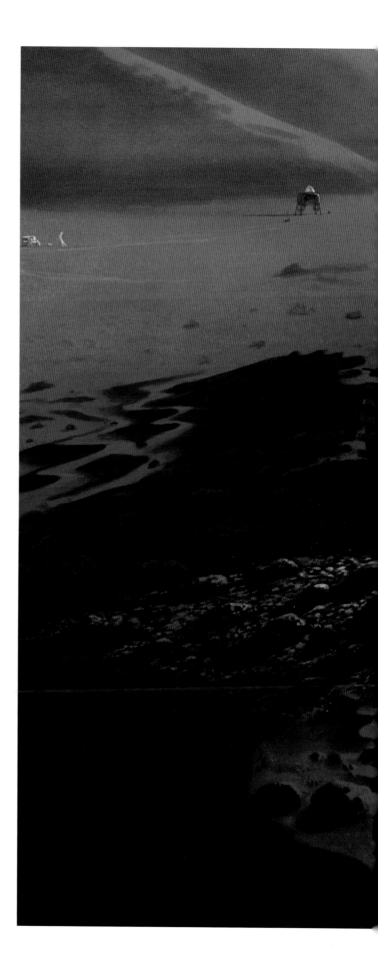

우측 NASA는 유인 화성 탐사에 대한 여러 가지 계획을 가지고 있다. 이 사진은 2006년에 수립된 계획을 나타낸 것이다. 두 명의 우주 비행사가 무인 착륙선과 로버를 조사하고 있다. 그들이 타고 온 우주차가 뒤쪽 좌측에 보인다.

을 해결해야 한다.

- 지구 궤도 또는 지구 궤도 밖에 화성 여행이 가능한 대형 우주선 건설·조립·제작.
- 화성으로 가고 오는 동안에 음식, 물, 숨 쉴 공기와 물자의 공급.
- 여행 도중과 화성 체류 동안의 방사선으로부터 보호.
- 엷은 대기를 가지고 있는 화성에 무거운 우주선의 안전 착륙(사람이 탄 우주선은 현재까지 안전 착륙에 성공한 무인 착륙선보다 훨씬 무겁다).
- 지구 귀환에 필요한 연료의 수송(또는 추출)

그리고 예산 문제가 있다. 화성을 향한 모든 모험은 많은 예산을 필요로 할 것이고, 현재는 가능하지 않은 기술, 대형 로켓의 많은 발사 그리고 화성 여행에 필요한 모든 것을 조달하고 감독할 지상 기반 시설을 필요로할 것이다. 화성은 아무 어려움 없이 인간이 표면에 내려서는 것을 허락하지 않을 것이다. 우주와 화성 표면에서 이미 발견한 자원을 이용하면 지구 궤도로 올려 보낸 후 다시 화성으로 보내야 하는 물자를 크게 줄일 수 있을 것이다. 유인 화성 탐사는 현장 자원을 사용하지 않고도 가능하겠지만 그러려면 엄청난 비용이 들 것이다. 이것이 마스 2020 로버가 화성 환경에서 산소 추출 시험을 할 수 있는 MOXIE 실험 장비를 가져가려는 이유다.

화성에 사람을 보내는 또 다른 간단한 방법은 화성에 사람을 보낸 뒤 내버려두는 것이다. 다시 말해 화성까지의 왕복 여행이 아니라 편도 여행만 준비하는 것이다. 화성 탐사를 계획하고 있는 여러 민간단체가 그런 여행을 조건적으로 지원하겠다는 의사를 밝혔다. 화성에서의 장기 생존이 보장된다면 지구 궤도로 올려 보내야 할 무게를 줄일 수 있으므로 매력적인 방법이 될 수 있다.

이런 형태의 화성 여행에 대한 연구들은 상반된 결론을 내놓고 있다. 일부는 편도 여행 후 체류하는 방법은

감당할 수 있는 정도의 위험 안에서 실현이 가능하다고보고 있다. 그러나 또 다른 사람들은 이 방법에는 많은 문제가 있다고 생각한다. 어떤 경우든 편도 여행으로 화성에 사람을 보내기 전에 더 많은 연구가 선행되어야 할것이다. 그리고 대부분의 사람들은 결국 귀환 여행이 가능해야 할 것이라는 데 동의하고 있다.

화성의 토양, 암석, 대기의 샘플을 지구로 가져와 분석하는 무인 탐사를 가능케 하기 위해서는 훨씬 정밀한 탐사 계획 과정이 필요할 것이다. 마스 2020 로버가 언젠가 지구로 가져올 것에 대비하여 화성 표면 샘플을 저장하는 것도 이 때문이다. 만약 이 샘플들을 지상이나 지구 궤도에 있는 실험실로 가져올 수 있다면 화성 자원을 이용하는 더 좋은 방법을 생각해낼 수 있을 것이다. 우리는 이미 화성의 많은 지역이 어떤 광물 성분을 가지고 있는지 알고 있다. 만약 화성의 암석과 토양을 가지고 직접 실험해볼 수 있으면 화성 물질을 최대한 안전하게 이용하는 방법을 찾아낼 수 있을 것이다.

화성을 향한 인류의 여행은 긴 장정이다. 고대인들이 위대한 능력을 가진 화성인들이 화성의 궁전에 살고 있을 거라 생각했을 때부터 화성 여행은 이미 시작되었다. 그리고 화성은 지구의 자매인 이웃으로 여겨졌다.

지난 세기에 화성은 춥고, 바람이 많이 불고, 암석이 많으며, 엷고 희박한 대기 때문에 생명체가 없는 행성이라는 것이 밝혀졌다. 지난 20년 동안에는 화성에 대한 진실이 더 많이 밝혀졌다. 화성은 아직도 혹독한 환경을 가진 행성이다. 그러나 생명체가 살아가는 데 필요한 요소들을 가지고 있는 것처럼 보인다. 그 생명체는 과거의 미생물이 될 수도 있고, 미래의 인류가 될 수도 있을 것이다. 더 많은 무인 탐사가 진행될 것이고, 결국 인간은 화성에 갈 것이다. 화성에 대한 인간의 끝없는 호기심이 결국은 화성을 우리의 집이라고 부르게 만들 것이다.

화성 탐사 일정

마스닉(마르스니크―이하 같음) 1/마르스 1960A(Marsnik 1/Mars 1960)

소련 화성 탐사선-480kg(1960년 10월 10일)
지구 궤도에 도달하지 못해서 실패

마스닉 2/마르스 1960B(Marsnik 2/Mars 1960)

소련 화성 탐사선-480kg(1960년 10월 14일)
지구 궤도에 도달 실패

스푸트니크 22(마르스 1962A)(Sputnik 22, Mars 1962A)

소련 화성 근접 비행-900kg-(1962년 10월 24일)
로켓의 마지막 단계가 폭발하여 지구 궤도를 벗어나지 못하고 실패

마르스 1(Mars 1)

소련 화성 근접 비행-893kg-(1962년 11월 1일)
화성으로 향하는 도중 통신 두절로 실패

스푸트니크 24(마르스 1962B)(Sputnik 24, Mars 1962B)

소련 화성 착륙선-무게 알려지지 않음(1962년 11월 4일)
지구 궤도 벗어나는 데 실패

매리너 3(Mariner 3)

미국 화성 근접 비행-260kg-(1964년 11월 5일)
화성 근접 비행 시도. 태양전지가 퍼지지 않아 근접 비행 방해. 매리너 3호는 현재 태양 궤도를 돌고 있음.

매리너 4(Mariner 4)

미국 화성 근접 비행-260kg-(1964년 11월 28일~1967년 12월 20일)
매리너 4호는 8개월간의 여행 끝에 1965년 7월 14일 화성에 도달하여 화성 표면으로부터 9846km 떨어진 상공을 지나갔다.
매리너 4호는 최초로 화성의 근접 사진을 제공했다. 매리너 4호는 화성 지형이 나타나 있는 22장의 근접 사진을 지구로 전송했다. 이산화탄소로 이루어진 5~10mb의 대기압을 갖는 엷은 화성 대기를 확인했다. 약한 자기장을 감지했다. 매리너 4호는 현재 태양 궤도를 돌고 있다.

존드 2(Zond 2)

소련 화성 근접 비행-996kg-(1964년 11월 30일)
화성으로 향하는 도중 통신이 두절됐다.

매리너 6(Mariner 6)

미국 화성 근접 비행-412kg-(1969년 2월 24일)
매리너 6호는 1969년 2월 24일 화성에 도달하여 화성의 적도 상공 3437km를 지나갔다. 매리너 6호와 7호는 화성 표면, 대기의 온도, 표면 구성 성분, 대기압을 측정했다. 그리고 200장이 넘는 사진을 찍어 전송했다. 매리너 6호는 현재 태양 궤도를 돌고 있다..

매리너 7(Mariner 7)

미국 화성 근접 비행-412kg-(1969년 3월 27일)
매리너 7호는 1969년 8월 5일 화성에 도달하여 화성의 남극 상공 3551km를 지나갔다. 매리너 6호와 7호는 화성 표면, 대기의 온도, 표면 구성 성분, 대기압을 측정했다. 그리고 200장의 사진을 찍어 전송했다. 매리너 7호는 현재 태양 궤도를 돌고 있다.

마르스 1969A(Mars 1969A)

소련
발사 실패

마르스 1969B(Mars 1969B)

소련
발사 실패

매리너 8(Mariner 8)

미국 화성 근접 비행-997.9kg-(1971년 5월 8일)
지구 궤도 도달 실패

코스모스 419(Kosmos 419)

소련 화성 탐사선-4549kg-(1971년 5월 10일)
지구 궤도 탈출 실패

마르스 2(Mars 2)

소련 화성 궤도 비행선/연착륙선-4650kg-(1971년 5월 19일)
마르스 2호의 착륙선은 1971년 11월 27일, 화성 궤도 비행선에서 분리되었다. 역추진 로켓의 문네로 화성 표면에 충돌하여 자료를 전송하지 못했다. 이것은 인간이 만든 기계 중에서 최초로 화상 표면에 도달한 기계가 됐다. 궤도 비행선은 1972년 3월 3일까지 화성 관측 자료를 전송해왔다.

마르스 3(Mars 3)

소련 화성 궤도 비행선/연착륙선-4643kg-(1971년 3월 28일)
마르스 3호는 1971년 12월 2일, 화성에 도착했다. 마르스 3호의 착륙선은 최초로 화성 표면 착륙에 성공했다. 그러나 30초 동안 궤도 비행선으로 비디오 정보를 송신하고 통신이 중단됐다. 마르스 3호 궤도 비행선은 1972년 8월까지 자료를 전송했다. 마르스 3호 궤도 비행선은 표면 온도와 대기 성분을 측정했다.

매리너 9(Mariner 9)

미국 화성 궤도 비행선-974kg-(1972년 5월 30일)
매리너 9호는 1971년 11월 3일, 화성에 도달하여 11월 24일 화성 궤도에 진입했다. 이것은 지구가 아닌 다른 행성의 궤도에 진입한 최초의 미국 탐사선이었다. 매리너 9호가 화성에 도달했을 때 거대한 모래 폭풍이 일어나고 있었다. 많은 과학 실험이 모래 폭풍이 걷힐 때까지 연기되었다. 최초로 화성의 위성 포보스와 데이모스의 고해상도 사진을 찍었다. 강과 수로 같은 지형을 발견했다. 매리너 9호는 아직도 화성 궤도를 돌고 있다.

마르스 4(Mars 4)

소련 화성 궤도 비행선-4650kg-(1973년 7월 21일)
마르스 4호는 1974년 2월에 화성에 도착했지만 역추진 로켓 고장으로 화성 궤도 진입에 실패했다. 마르스 4호는 화성 200km 상공을 통과해 지나갔다. 일부 사진과 자료를 전송했다.

마르스 5(Mars 5)

소련 화성 궤도 비행선-4650kg-(1973년 7월 25일)
마르스 5호는 1974년 2월 12일, 화성 궤도에 진입했다. 마르스 5호는 마르스 6호와 7호를 위한 영상 자료를 전송했다.

마르스 6(Mars 6)

소련 화성 궤도 비행선/착륙선-4650kg-(1973년 8월 5일)
1974년 3월 12일 마르스 6호는 화성 궤도에 진입하여 착륙선을 발사했다. 착륙선은 대기 중 하강 자료를 전송했지만 착륙에는 실패했다.

마르스 7(Mars 7)

소련 화성 궤도 비행선/착륙선-4650kg-(1973년 8월 9일)
1974년 3월 6일, 마르스 7호는 화성 궤도 진입에 실패하고 착륙선은 화성을 비껴 지나갔다. 궤도 비행선과 착륙선은 현재 태양 궤도를 돌고 있다.

바이킹 1(Viking 1)

미국 화성 궤도 비행선/착륙선-연료 포함 3527kg-(1975년 8월 20일~1980년 8월 7일)

바이킹 2(Viking 2)

미국 화성 궤도 비행선/착륙선-연료 포함 3527kg-(1975년 9월 9일~1978년 7월 25일)
바이킹 1호와 2호 탐사선은 매리너 8호와 9호 궤도 비행선 설계를 바탕으로 한 궤도 비행선과 착륙선으로 이루어져 있었다. 궤도 비행선은 883kg이었고, 착륙선은 572kg이었다. 바이킹 1호는 케네디 우주센터에서 1975년 8월 20일 발사된 후 화성을 향한 여행을 한 뒤 1976년 7월 19일 화성 궤도에 진입했다. 착륙선은 1976년 7월 20일 크리세 플라니티아(금 평원) 서쪽 경사면에 착륙했다. 바이킹 2호는 1976년 7월 20일 화성을 향해 발사되었고, 1976년 9월 3일 화성에 착륙했다. 두 착륙선은 화성의 미생물을 찾아내는 실험을 했다. 이 실험 결과에 대해서는 아직도 논란이 진행되고 있다. 착륙선은 화성 지형의 컬러 파노라마 사진을 찍어 전송했으며 화성의 기후를 조사하기도 했다. 궤도 비행선은 화성 표면의 지도를 작성하고 5만 2000장의 사진을 찍어 전송했다. 바이킹 프로젝트의 기본 임무는 화성이 태양 뒤로 들어가기 11일 전인 1976년 11월 15일 종료되었다. 그러나 바이킹 탐사선은 화성에 도달한 후 6년이 지날 때까지 관측을 계속했다.
바이킹 1호 궤도 비행선은 고도 제어용 연료가 바닥난 1980년 8월 7일 활동을 중지했다. 바이킹 1호 착륙선은 1982년 11월 13일 갑자기 통신이 두절되었고, 다시는 통신을 재개하지 못했다. 이 착륙선이 보낸 마지막 신호는 1982년 11월 11일 지구에 도달했다. NASA의 제트추진연구소 관제사들이 6개월 반 동안 통신을 재개하기 위해 노력했으나 성공하지 못했다. 전체 바이킹 프로젝트는 1983년 5월 21일 종료되었다.

포보스 1(Phobos 1)

소련 포보스 근접 비행/착륙선-5000kg-(1988년 7월 7일)
포보스 1호는 화성의 위성인 포보스를 조사하기 위해 보냈다. 1988년 9월 2일 화성으로 향하는 도중 명령 오류로 실종되었다.

포보스 2(Phobos 2)

소련 포보스 근접 비행/착륙선-5000kg-(1988년 7월 12일)
포보스 2호는 1989년 1월 30일 화성 궤도에 진입했다. 궤도 비행선은 포보스로부터 800km 되는 지점까지 접근했지만 실종되었다. 착륙선도 포보스에 도달하지 못했다.

마스 옵저버(Mars Observer)

미국 화성 궤도 비행선-2573kg-(1992년 9월 25일)
화성 궤도에 진입하기 직전인 1993년 8월 21일 통신이 두절되었다.

마스 글로벌 서베이어(Mars Global Surveyor)

미국 화성 궤도 비행선-1062.1kg-(1996년 11월 7일)
마스 옵저버 탐사선의 실패로 시작된 마스 글로벌 서베이어(MGS) 탐사선은 1996년 11월 7일 발사되어 1998년 3월 이후 화성 표면 지도를 성공적으로 작성했다.

마르스 96(Mars 96)

러시아 궤도 비행선/착륙선-6200kg-(1996년 11월 16일)
마르스 96은 하나의 궤도 비행선과 두 개의 착륙선 그리고 1997년 화성에 도착하기로 되어 있던 표층 천공기로 이루어져 있었다. 마르스 96을 실은 로켓은 성공적으로 이륙했지만 지구 궤도로 들어가는 도중 4단 로켓이 제대로 작동하지 않아 칠레 해안과 이스터 섬 사이의 바다에 추락했다. 이 탐사선은 270g의 플루토늄 238과 함께 바다에 가라앉았다.

마스 패스파인더(Mars Pathfinder)

미국 착륙선/로버-870kg-(1996년 12월)
마스 패스파인더는 1997년 7월 4일 착륙선과 로버를 화성 표면에 착륙시켰다. 여섯 개의 바퀴가 달린 소저너라고 이름 붙인 로버는 착륙선 주변 지역을 탐사했다. 패스파인더의 주 임무는 적은 비용으로도 화성 표면에 착륙할 수 있음을 보여주는 것이었다. 이것은 NASA의 저비용 디스커버리 시리즈의 두 번째 탐사선이었다. 위대한 과학적 업적과 대중의 관심을 이끌어낸 마스 패스파인더의 탐사 활동은 NASA가 패스파인더 착륙선이나 로버와의 정기적인 통신을 중단한 1997년 11월 4일 종료되었다.

노조미(Nozomi)

일본 화성 궤도 비행선-536kg-(1998년 7월 3일)(플래닛 B)
일본우주항공과학연구소(ISAS)는 1998년 7월 4일 화성 환경을 조사하기 위해 노조미 탐사선을 발사했다. 일본이 다른 행성에 보낸 첫 번째 탐사선이었다. 이 탐사선은 2003년 12월에 화성에 도달할 예정이었다. 초기에 발생한 문제로 항해 계획을 수정한 후 ISAS가 화성 궤도 진입 준비를 위한 통신에 실패해 2003년 12월 9일 활동이 종료되었다.

마스 클라이미트 오비터(Mars Climate Orbiter)

미국 화성 궤도 비행선-629kg-(1998년 12월 11일)(마스 서베이어 98 오비터)
이 궤도 비행선은 마스 서베이어 98 착륙선의 동반 탐사선이었지만 실패로 끝났다.

마스 폴라 랜더 (Mars Polar Lander)

미국 화성 착륙선-583kg-(1999년 1월 3일)(마스 서베이어 98 착륙선)

마스 폴라 렌더는 1999년 12월 3일 화성에 착륙할 예정이었다. 마스 폴라 랜더의 순항 스테이지 위에는 아문젠과 스콧이라는 두 개의 디프 스페이스 2 임팩 프로브가 실려 있었다. 프로브의 무게는 각각 3.572kg이었다. 순항 스테이지가 마스 폴라 랜더로부터 분리되면 두 개의 프로브는 순항 스테이지에서 떨어져 나오도록 되어 있었나. 두 개의 프로브는 마스 폴라 랜더가 화성 표면에 착륙하기 15~20초 전에 표면에 충돌하도록 되어 있었다. 지상 관제소와 탐사선이나 프로브 사이의 통신이 두절되었다. NASA는 착륙선 다리를 내리는 동안 생긴 이상 신호를 탐사선이 착륙했다는 신호로 잘못 인식하는 바람에 미리 엔진을 정지하여 표면에 충돌한 것이 사고의 원인이었다고 결론지었다.

2001 마스 오디세이 (2001 Mars Odyssey)

미국 화성 궤도 비행선 착륙선/로버-376.3kg-(2001년 4월 7일)(마스 서베이어 2001 궤도 비행선)

이 마스 궤도 비행선은 2001년 10월 24일 화성에 도달하여 미래 화성 탐사선의 통신 중계 임무를 수행했다. 2010년에 오디세이는 화성에서 가장 오랫동안 활동한 기록을 깼다. 오디세이는 2012년 착륙하는 마스 사이언스 래브러토리이 미션의 지상 운용을 지원한다.

마스 익스프레스 (Mars Express)

유럽우주국의 화성 궤도 비행선/착륙선-666kg-(2003년 6월 2일)

마스 익스프레스 오비터와 비글 2호 착륙선은 2003년 6월 2일 발사되었다. 비글 2호는 2003년 12월 19일 마스 익스프레스 오비터에서 분리되었다. 마스 익스프레스는 2003년 12월 25일 화성 궤도에 성공적으로 진입했다. 2003년 12월 25일 화성 표면에 착륙할 예정이었던 비글 2호는 지상 관제사들과의 통신이 두절되었다.

스피릿 (Spirit, MER-A)

미국 화성 로버-185kg-(2003년 6월 10일)

마스 익스플로레이션 로버(MER)의 하나로 MER-A라고도 불렀던 '스피릿'은 2003년 6월 10일에 발사되었고, 2004년 1월 3일에 화성에 착륙했다. 스피릿과의 최종 교신은 2010년 3월 22일에 있었다. 제트추진연구소는 통신을 재개하려는 시도를 2011년 3월 25일 중단했다. 이 로버는 내부 온도가 너무 낮아 전력이 모두 소모된 것으로 보인다.

오퍼튜니티 (Opportunity, MER-B)

미국 화성 로버-185kg-(2003년 7월 7일)

MER-B라고도 불리는 '오퍼튜니티'는 2003년 7월 7일 발사되어 2004년 1월 24일 화성 표면에 성공적으로 착륙했다.

마스 리커니슨스 오비터 (Mars Reconnaissance Orbiter)

미국 화성 궤도 비행선-1031kg-(2005년 8월 12일)

마스 리커니슨스 오비터(MRO)는 2005년 8월 12일에 발사되어 7개월 동안의 항해를 통해 화성에 도달했다. MRO는 2006년 3월 10일 화성 궤도에 도달하여 2006년 11월에 과학 탐사 활동을 시작했다.

마스 피닉스 랜더 (Mars Phoenix Lander)

미국 화성 착륙선-350kg-(2007년 8월 4일)

마스 피닉스 랜더는 2007년 8월 4일 발사되어 2008년 5월 25일 화성에 착륙했다. 이 착륙선은 스카우트 프로그램의 첫 번째 착륙선이었다. 피닉스는 물의 역사를 조사하고, 얼음이 많은 극지방 토양의 생명 생존 가능성을 알아볼 수 있도록 설계되었다. 태양전지를 이용하는 이 착륙선은 3개월간의 임무를 완수한 후에도 태양 빛이 희미해지는 2개월 동안 더 활동했다. 2010년 5월에 공식적으로 활동이 종료되었다.

포보스-그룬트 (Phobos-Grunt)

러시아 화성 착륙선-730kg/잉후오-I-중국 화성 궤도 비행선-115kg-(2011년 11월 8일)

포보스-그룬트 탐사선은 화성의 위성 포보스에 착륙할 예정이었다. 이 러시아 탐사선은 지구 궤도를 제대로 벗어나지 못했다. 잉후오-1은 포보스-그룬트와 함께 발사된 중국 화성 궤도 비행선이었다. 두 탐사선은 2012년 지구 궤도에서 재진입하는 동안 파괴되었다.

마스 사이언스 래브러토리 (Mars Science Laboratory)

미국 화성 로버-750kg-(2011년 11월 26일)

마스 사이언스 래브러토리는 2011년 11월 26일 발사되었다. 큐리오시티라고 부르는 로버와 마스 사이언스 래브러토리는 화성이 미생물이 생존할 수 있는 환경이었는지를 조사할 수 있도록 설계되었다. 큐리오시티는 2012년 8월 6일 게일 크레이터에 성공적으로 착륙했다.

망갈리안 마스 오비터 미션 (Mars Orbiter Mission, Mangalyaan)

인도 화성 궤도 비행선-15kg-(2013년 11월 5일)

망갈리안 마스 오비터 미션은 2013년 11월 5일 사티시 다완(Satish Dhawan) 우주센터에서 발사되었고, 2014년 9월 24일 화성 궤도에 진입했다. 2015년 3월까지 160일 동안의 계획된 탐사 임무를 완수했다. 이 탐사선은 지금도 화성 지도 제작 작업과 방사선 측정 활동을 계속하고 있다.

마벤 (MAVEN)

미국 화성 궤도 비행선-2550kg-(2013년 11월 18일 발사)

마벤(Mars Atmospheric and Volatile EvolutioN)은 NASA 마스 스카우트 프로그램의 두 번째 탐사선이다. 마벤은 2013년 11월 18일 발사되었고, 2014년 9월 21일 화성 궤도에 도달했다. 마벤의 임무는 화성 역사의 극적인 기후 변화를 심도 있게 이해하기 위해 화성 대기를 세밀하게 측정하는 것이었다.

인사이트 (InSight)

미국 화성 착륙선-(2016년 3월 8일~3월 27일 발사 예정)(2018년 이후로 발사가 연기됨-옮긴이)

인사이트(Interior Exploration using Seismic Investigations, Geodesy and Heat Transport)는 NASA의 디스커버리 프로그램의 열두 번째 탐사선이다. 인사이트는 태양계 암석 행성의 하나인 화성이 왜 지구와 전혀 다르게 신화됐는지를 알아내기 위해 화성 내부를 조사할 예정이다.

자료 출처 http://history.nasa.gov/marschro.htm

용어 설명

기체 크로마토그래프(Gas chromatograph)
샘플의 성분을 분석하는 장비. 기체 크로마토그래프를 이용하여 분석하는 것을 기체 크로마토그래피라고 한다.

대륙간탄도탄(ICBM)
대륙간탄도탄(ICBM)은 핵탄두를 탑재한, 최소 사거리가 5500km인 유도탄을 말한다.

도플러 측정을 위한 초안정 진자
(Ultrastable Oscillator for Doppler Measurements, USORS)
화성 궤도를 도는 동안 전파 신호의 미세한 변화를 추적하기 위해 탐사선의 전파 발생 장치에 연결된 초정밀 시계. 이 장비를 이용하면 행성 중력장을 정밀하게 측정할 수 있다.

마이크로 운석 감지기(Micrometeoroid detector)
질량이 1g 이하인 우주에 떠다니는 암석 입자를 감지하는 장비.

미국항공우주국(NASA)
미국항공우주국(NASA)는 민간 우주 프로그램과 항공공학 연구를 담당하는 미국 정부 기관.

분광학(Spectroscopy)
물질이 방출하는 스펙트럼을 측정하는 것과 관련된 분야를 연구하는 과학 분야.

암석 마모기(Rock Abrasion Tool)
화성 표면에 있는 암석에 지름 45mm, 깊이 5mm의 구멍을 뚫을 수 있는 강력한 연마기.

얕은 지하 레이더(Shallow Sub-surface Radar, SHARAD)
화성 지각 1km 이내에 존재하는 얼음이나 액체 상태의 물을 찾아내는 장비.

열 방출 분광기(Thermal Emission Spectrometer, TES)
TES는 6~50μm의 열 적외선과 0.3~2.9μm의 근적외선에 대한 측정 자료를 수집한다.

자력계(Magnetometer)
강자성체와 같은 자성 물질의 자화 정도를 측정하거나 공간에서 자기장의 방향과 세기를 측정하는 두 가지 일반 목적으로 사용되는 측정 기기.

제트추진연구소(JPL)
연방 정부 예산으로 운영되는 연구 개발 센터로 NASA의 서부 지역 센터다. 미국 캘리포니아 패서디나와 캘리포니아 라카냐다 플린트리지에 위치해 있다.

지진계(Seismometer)
땅의 흔들림을 측정하여 지진의 방향, 세기, 지속 시간을 알아내는 장비.

질량분석기(Mass Spectrometer)
원자나 분자의 질량과 상대적 함량을 측정하는 장비. 전하를 띤 움직이는 입자에 작용하는 자기력을 측정한다.

천체 회전에 대하여(De revolutionibus orbium coelestium)
르네상스 시대의 폴란드 천문학자 니콜라우스 코페르니쿠스가 지동설에 대해 쓴 책.

칼텍(Caltech)
캘리포니아 공과대학, 미국 캘리포니아 패서디나에 있는 사립대학.

태양 플라스마 측정기(Solar plasma probe)
태양풍에 의해 만들어지는 전파나 플라스마 또는 태양풍 이전의 지구 자기권의 플라스마를 측정하는 장비.

플로토늄 238(Plutonium-238)
반감기가 87.7일인 플루토늄의 동위원소.

화성 궤도 레이저 고도계(Mars Orbital Laser Altimeter, MOLA)
마스 글로벌 서베이어에 실려 있던 측정 장비로, 적외선 레이저를 이용하여 궤도 비행선과 화성 표면 사이의 거리를 정밀하게 측정하는 데 사용되었다.

화성 궤도 카메라(Mars Orbital Camera, MOC)
캘리포니아 샌디에이고에 있는 몰린 스페이스 사이언스 시스템이 NASA를 위해 제작한 정밀 카메라.

화성 지진(Marsquake)
조력이나 화산활동으로 일어나는 화성 지진.

화성용 소형 정찰 영상 분광계
(Compact Reconnaissance Imaging Spectrometer for Mars, CRISM)
화성용 소형 정찰 영상 분광계는 과거와 현재의 물의 분포를 광물학적으로 찾아내기 위한 마스 리커니슨스 오비터에 실렸던 가시광선 및 적외선 분광기다.

감사의 글

이 책을 위해 애쓴 사람들의 명단은 매우 길다. 나는 그들 모두에게 큰 빚을 졌다. 좋은 책을 만드는 창조적인 과정을 잘 참고 견뎌준 칼턴 북스의 편집자인 앨리슨 모스Alison Moss와 애너 막스Anna Marx에게 특별히 감사드린다. 편집장인 피어스 머리 힐Piers Murray Hill은 우주 탐사와 우주과학에 관한 책을 가장 잘 만드는 사람이며, 제임스 포플James Pople은 놀라운 책 디자인 솜씨를 유감없이 발휘했다.

NASA의 행성 과학 책임자인 짐 그린Jim Green은 이 책에 실린 많은 내용을 제공해 주었다. NASA를 태양계 깊숙한 곳까지 끌고 가려는 그의 지칠 줄 모르는 노력은 찬사받기에 충분하다.

나의 에이전트 존윌릭John Willig은 모든 일에서 자신이 해야 할 일 이상을 하는 이 분야의 최고다. 이 책을 헌정한 수전 홀든 마틴Susan Holden Martin은 나의 오랜 친구이며 떼려야 뗄 수 없는 동지다. 그녀는 화성 탐사의 진전을 지켜보도록 한 많은 동기를 제공했다. 화성 탐사를 위해 노력하고 있는 비정부 단체들은 화성 탐사를 위한 그녀의 지칠 줄 모르는 막후 노력에 많은 빚을 지고 있다.

제트추진연구소의 전폭적인 지원이 없었다면 이 책을 쓸 수 없었을 것이다. 블레인 바게트Blaine Baggett가 이끄는 제트추진연구소의 언론 및 교육 부서는 다른 곳에서 구할 수 없는 귀중한 자료를 제공해주었다. 제트추진연구소 문서 보관소의 줄리 쿠퍼Julie Cooper는 제트추진연구소 역사에 관한 많은 자료를 친절하게 제공했으며, 화성과 관련된 언론 보도를 확인하는 가이 웹스터Guy Webster는 NASA의 화성 탐사를 일반인들이 이해할 수 있도록 하는 데 놀랍도록 열정적이었다.

바이킹 화성 탐사의 교육 및 보존 프로젝트 책임자였던 레이철 틸먼Rachel Tillman은 이 책을 위해 이전에 공개되지 않은 귀중한 자료를 제공했고, 바이킹 탐사를 다룬 내용이 정확하도록 조언해주었다. 또한 바이킹의 전설을 오랫동안 지키고 있는 그녀의 노력 덕분에 바이킹 착륙선이 보존되어 일반들을 위해 전시되고 있다. 그녀가 운영하는 온라인 바이킹 탐사 박물관은 http://www.thevikingpreservationproject.org에서 관람할 수 있다.

제트추진연구소의 엔지니어이며 마스 사이언스 래브러토리와 마스 패스파인더의 책임 엔지니어였던 롭 매닝Rob Manning은 MER를 위한 EDL팀을 이끌었다. 롭은 이 책을 위해 귀중한 자료를 제공하고 많은 조언을 해주었다. 나는 그가 큐리오시티 로버와 같이 지칠 줄 모르는 핵연료 전지를 가지고 있다고 확신한다. 그는 절대로 에너지가 바닥나는 일이 없을 것이다.

이 책을 위해 여러모로 도움을 준 제트추진연구소와 관련 단체의 사람들은 다음과 같다. 아쉬인 바사바다Ashwin Vasavada, 존 그로드징거John Grotzinger, 존 카사니John Casani(행성 탐사의 전설), 피터 스미스Peter Smith, 로버트 레이턴Robert Leighton, 제프리 플라우트Jeffrey Plaut, 스티븐 스쿼레스Steven Squyres, 리처드 주렉Richard Zurek, 톰 리벨리니Tom Rivellini. 이들에 대한 자세한 내용은 관련 내용을 다룬 부분에서 소개했다.

버즈 올드린Buzz Aldrin은 영구 기반 시설인 마스 사이클러와 관련된 자료를 제공했다. 화성협회의 공동 설립자인 로버트 주브린Robert Zubrin도 많은 자료와 조언을 해주었다. 스페이스 X의 샘 텔러Sam Teller와 필 라슨Phil Larson은 내 질문에 참을성 있게 답해주었다. 감사드린다. 화성에 도달하기 위해 그들의 회사가 하는 일은 우리 모두를 부유하게 만들고 있다. 우리 시대의 가장 유능한 우주 관련 언론인이며 작가인 레너드 데이비드Leonard David는 다른 사람이 답해줄 수 없는 답을 해주었다. 깊은 감사를 드린다.

귀중한 영상 자료를 제공해준 단체들은 다음과 같다. NASA/제트추진연구소, 캘리포니아 공과대학, 유럽우주국, 인도우주연구소와 러시아 우주국인 로스코스모스 그리고 많은 화성 탐사 관련 위키피디아 콘텐츠에 자료를 제공한 사람들은 화성 탐사를 풍요롭게 만들었다.

우주 관련 언론에 특별한 재능을 가지고 있으며 NASA의 행성 탐사를 통해 얻은 영상 자료를 향상시키는 데 많은 시간을 투자한 켄 트레머Ken Kremer에게 특히 감사드린다. 제트추진연구소의 화성 탐사를 통해 우리가 볼 수 있는 놀라운 사진의 일부는 그의 손을 거쳤다. 우리 모두는 그로 인해 좀 더 부유해졌다. 그의 작업은 www.kenkremer.com와 '유니버스 투데이Universe Today'에서 찾아볼 수 있다.

우주 언론과 역사 작가로 전체 원고를 검토하고 조심스럽게 준비한 노트와 통찰력 있는 조언을 해준 데이비드 클로David Clow에게 특별한 감사를 드린다. 그는 유능하고 천부적인 능력을 가진 작가이며, 우주 탐사의 지칠 줄 모르는 후원자다.

이 책에 있는 오류는 모두 나의 책임이다. 우주 탐사 역사에 대한 연구는 쉽지 않다. 때로는 기본적인 내용에도 서로의 주장이 다르다. 접근 가능한 자료를 바탕으로 가장 믿을 만한 내용을 선택할 수 있지만 오류가 끼어들 가능성은 항상 존재한다. 이런 일은 이 분야의 작가들이 겪는 직업적 위험 요소들이다.

이 책의 출판에 참여해준 모든 분들에게 감사드린다. 우리는 인류가 최초로 화성에 발을 디딜 때 함께 축배를 들 수 있을 것이다.

찾아 보기

찾아 보기

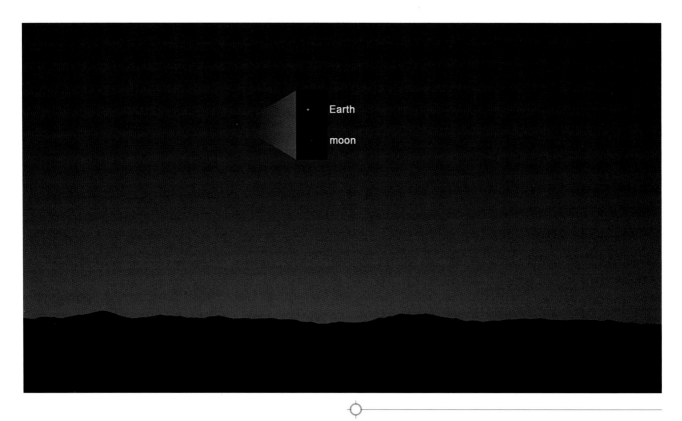

Earth
moon

위 NASA의 큐리오시티 로버가 2014년 1월에 찍은 화성 지평선과 하늘의 모습. 하늘에서 가장 밝은 점이 지구이고, 달은 아래쪽에 있다.

이미지 저작권

본문 이미지 저작권 다음과 같습니다.